高等职业教育扩招系列教材

农业害虫防治

（北方本）

孙　雪　主编

中国农业大学出版社

· 北京 ·

内容简介

本教材共分为四个模块。模块一为基础理论部分，主要介绍昆虫的基础知识，包括昆虫的外部形态特征、生物学性状、常见昆虫的类群、昆虫发生与环境的关系以及农业害虫的综合防治。模块二至模块四为实用技能部分，这三个模块具体介绍主要农业害虫的形态特征、发生规律、预测预报和防治措施，其中模块二主要介绍农作物害虫防治技术，包括水稻、小麦、禾谷类杂粮、油料作物、薯类、地下害虫和储粮害虫的防治技术；模块三主要介绍蔬菜害虫防治技术，包括十字花科蔬菜、茄科蔬菜、葫芦科蔬菜和其他蔬菜害虫的防治技术；模块四主要介绍果树害虫防治技术，包括蛀果类、食叶类、吸汁类和蛀干类害虫的防治技术。

本教材适用于高等职业院校作物种植类专业的教学使用，也可作为基层农业技术人员和从事农业植保工作人员的学习用书。

图书在版编目(CIP)数据

农业害虫防治：北方本/孙雪主编.—北京：中国农业大学出版社，2020.12

ISBN 978-7-5655-2490-5

Ⅰ.①农… Ⅱ.①孙… Ⅲ.①农业害虫-病虫害防治-高等职业教育-教材 Ⅳ.①S435

中国版本图书馆 CIP 数据核字(2020)第 271808 号

书　名 农业害虫防治(北方本)
作　者 孙　雪　主编

策划编辑 康昊婷　张　玉　张　蕊　　**责任编辑** 张　玉　张士杰
封面设计 郑　川
出版发行 中国农业大学出版社
社　址 北京市海淀区圆明园西路 2 号　　**邮政编码** 100193
电　话 发行部 010-62733489,1190　　出 版 部 010-62733440
编辑部 010-62732617,2618
网　址 http://www.caupress.cn　　**E-mail** cbsszs@cau.edu.cn
经　销 新华书店
印　刷 涿州市星河印刷有限公司
版　次 2020 年 12 月第 1 版　2020 年 12 月第 1 次印刷
规　格 787×1 092　16 开本　13 印张　320 千字
定　价 39.00 元

系列教材编审委员会

编审人员

主　编　孙　雪（黑龙江农业职业技术学院）

副主编　宫绍斌（黑龙江农业职业技术学院）

宋　洋（齐齐哈尔市农业技术推广中心）

参　编　胡法龙（黑龙江农业职业技术学院）

孙　宇（黑龙江农业职业技术学院）

高凤文（黑龙江农业职业技术学院）

胡志凤（黑龙江农业职业技术学院）

曹延明（黑龙江农业职业技术学院）

主　审　于　波（黑龙江农业职业技术学院）

总　序

黑龙江是农业大省。黑龙江农业职业技术学院是三江平原上唯一一所农业类高职院校，也是与区域社会经济发展联系非常紧密的农业类高职院校，具有服务国家“乡村振兴”战略的地缘优势。在过去70多年的办学历史中，涉农专业办学历史悠久，培养了大批工作在农业战线上的优秀人才。在长期培养实用人才、服务区域经济的实践中，学院形成了“大力发展农业职业教育不动摇、根植三江沃土不动摇和为‘三农’服务不动摇”的办学理念。20世纪90年代初，学院在农业职业教育领域率先实施模块式教学，在全国农业职业教育教学改革中走在前列。学院不断深化改革，努力服务经济社会发展；不断创新办学模式，努力提升人才培养质量。近年来学院先后晋升为省级骨干院校、省级现代学徒制试点院校，在服务区域经济社会方面成效显著。

学院涉农专业是省级重点专业；有国家财政重点支持的实训基地；有黑龙江三江农牧职教集团，校企合作办学成效显著；有实践经验丰富的“双师”队伍；有省级领军人才梯队，师资力量雄厚。

2019年，学院深入贯彻落实教育部等六部门印发的《高职扩招专项工作实施方案》、教育部办公厅《关于做好扩招后高职教育教学管理工作的指导意见》和国务院印发的《国家职业教育改革实施方案》等文件精神，创新性地完成高职扩招任务，招生人数位居全省首位。学院针对扩招学生的实际情况和特点，实施弹性学制，采用灵活多样的教学模式，积极推进“三教”改革。依靠农学分院和动物科技分院的专业优势，根据区域经济发展的特点，针对高职扩招生源的特点，出版了种植类和畜牧类高职扩招系列特色教材。

种植类专业核心课程系列教材包括《植物生长与环境》《配方施肥技术》《作物生产与管理》《经济作物生产与管理》《作物病虫草害防治》《作物病害防治》《农业害虫防治》《农田杂草及防除》共计8种，教材在内容方面，本着深浅适宜、实用够用的原则，突出科学性、实践性和针对性；在内容组织形式方面，以图文并茂为基础，附加实物照片等相应的信息化教学资源，突出教材的直观性、真实性、多样性和时代性，以激发学生的学习兴趣。

畜牧类专业教材包括《动物病理》《动物药理》《动物微生物与免疫》《畜禽环境控制技术》《畜牧场经营与管理》《动物营养与饲料》《动物繁育技术》《动物临床诊疗技术》《畜禽疾病防治技术》《养禽与禽病防治》《养猪与猪病防治》《牛羊生产与疾病防治》《中兽医》《宠物内科》《宠物传染病与公共卫生》《宠物外科与产科》共计16种。教材注重还原畜禽生产实际，坚持以够用、实用及适用为原则，着力反映现代畜禽生产及疾病防控前沿的新技术和新技能，突出解决寒地畜禽生产中的关键问题。

本系列教材内容紧贴企业生产实际，紧跟行业变化，理论联系实际，突出实用性、前沿性。教材语言阐述通俗易懂，理论适度由浅入深，技能训练注重实用，教材均由具有丰富实践经验的教师和企业一线工作人员编写。

本系列教材将素质教育、技能培养和创新实践有机地融为一体。希望通过它的出版不仅能很好地满足我院及兄弟院校相关专业的高职扩招教学需要，而且能对北方种植业和畜牧业生产，以及专业建设、课程建设与改革，提高教学质量等起到积极推动作用。

院长：

前　言

为深入实施乡村振兴战略，落实教育部等六部门《高职扩招专项工作实施方案》《百万高素质农民学历提升行动计划》等文件精神，以“培养具有高度社会责任感和良好职业道德、较高科学文化素养和自我发展能力，掌握现代农业生产、经营、管理、服务等基本知识和先进技术，能从事专业化、标准化、规模化农业生产经营管理，爱农村、懂技术、善经营的高素质农民”为目标，本教材以《国家职业教育改革实施方案》《教育部关于“十二五”职业教育教材建设的若干意见》(教职成〔2012〕9号)等文件为指导，根据高职扩招学生的教学需要，介绍农业害虫防治的知识和技术，力求深浅适度、综合性强，突出科学性、实践性和针对性。

我国幅员辽阔，南北气候条件、种植结构等方面存在很大差异，本教材主要面向黑龙江省“高职扩招”学生，因此在内容安排上本着“面向黑龙江、兼顾北方，精炼简明、实用够用”的原则，分为基础理论(模块一)和实用技能(模块二至模块四)两部分，基础理论部分以够用为原则，实用技能以黑龙江省主要栽培的作物上发生的重要害虫为重点，兼顾北方常发生的其他害虫以及扩散迅速、需要关注的害虫，突出专业知识的应用性、实用性及地方特色。本教材由学校和行业专家共同编写，注重理论与实践结合，反映现代农业生产中害虫防治的新发展、新技术和新产品。

本教材由孙雪、宫绍斌、宋洋、胡法龙、孙宇、高凤文、胡志凤、曹延明编写，全书最后由孙雪统稿。

本教材适用于高等农业职业院校植物保护与检疫技术、作物种植类、园艺作物生产类等专业教学，也可供基层农业技术人员、农资经营者参考使用。

本教材得到了黑龙江农业职业技术学院有关领导和老师的大力支持，他们对编写工作提出了宝贵意见，齐齐哈尔市农业技术推广中心对编写工作也给予了大力支持，在此一并致谢！本教材在编写过程中参考和引用了大量的相关文献资料，未能在书中一一注明，敬请见谅，在此对原作者表示衷心的感谢！

由于编者水平有限，时间仓促，书中不妥和疏漏之处在所难免，敬请各位专家、同行和读者批评指正，以便改正。

编　者

2020年10月

目　录

模块一

昆虫基础知识

【知识目标】

通过本模块学习，学生掌握昆虫的外部形态特征及其与防治的关系，掌握昆虫生物学性状，认识昆虫的变态类型和不同发育阶段的主要形态特征，了解成虫的性二型和多型等现象，掌握农业主要害虫类群的形态特征及识别要点，了解昆虫标本的采集制作技术，为进一步识别农业害虫和制定综合防治方案奠定基础。

【能力目标】

具备根据昆虫的外部形态特征和生物学特性，初步识别农业害虫主要类群的能力，具备根据昆虫的外部形态特征和生物学特性，提出防治建议的能力，能够协作完成农业害虫主要类群的识别和防治工作。

昆虫是动物界中最大的一个类群，在漫长的演化过程中，形成了许多独特的适应特性，并分化出众多的适应不同生态环境的类群，成为影响地球生态的重要生物因素。

昆虫纲的繁盛主要表现在历史长、种类多、数量大、分布广 4 个方面。昆虫纲繁盛的原因有 6 个方面，详见二维码 1-1。人类的出现仅有 100 多万年，而有翅昆虫的历史至少有 3.5 亿年，无翅亚纲的昆虫可能有 4 亿年或更长的历史。目前已经被命名的昆虫在 100 万种左右，约占动物界已知种类的 2/3。同种昆虫个体的数量也十分惊人，例如一个蚂蚁群体可以多达 50 万个个体，一棵树上可以有 10 万头蚜虫，我国历史上成灾的东亚飞蝗迁飞时可遮天蔽日，旬日不息。昆虫遍布地球的各个角落，从赤道到两极，从海洋到沙漠，高至世界屋脊——珠穆朗玛峰，低至几米深的地下土壤，有些昆虫甚至能分布于盐池、原油等特殊环境里。

人类的出现，特别是种植业、养殖业的发展给其他生物带来了巨大的影响；人类在改造与利用自然的过程中，与昆虫间形成了非常复杂而密切的关系。有些昆虫给人类造成严重的灾难，有些昆虫能给人类提供丰富的资源。

二维码 1-1
昆虫纲繁盛的原因

二维码 1-2
昆虫与人类的关系

项目一 昆虫的外部形态

一、昆虫纲的特征

昆虫隶属于节肢动物门(Arthropoda)昆虫纲(Insecta)。所以,昆虫既具有节肢动物所共有的特征,又具有区别于节肢动物其他纲的特点。

节肢动物门的主要特征是:身体分节;整个体躯包被有含几丁质的外骨骼;有些体节上有成对的分节附肢(如足),“节肢动物”的名称即由此而来;体腔就是血腔。

昆虫纲的主要特征(成虫):身体的环节分别集合组成头、胸、腹3个体段;头部是感觉和取食中心,具有口器和1对触角,通常还有复眼及单眼;胸部是运动中心,具3对足,一般还有2对翅;腹部是生殖与代谢中心,其中主要有生殖器和大部分内脏;末端有外生殖器,有的还有1对尾须。昆虫在生长发育过程中要经过一系列内部及外部形态上的变化,才能转变为成虫。

因此,昆虫的基本特征可以概括为:“体躯三段头、胸、腹,2对翅膀6只足;1对触角头上生,骨骼包在体外部;一生形态多变化,遍布全球大家族”。

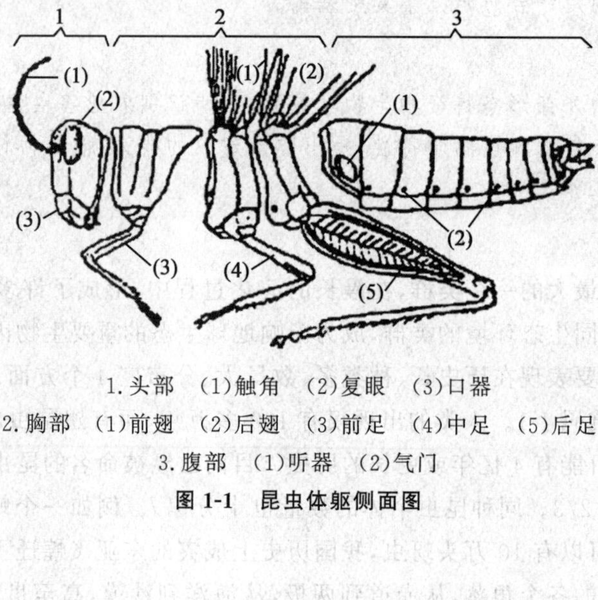

1.头部 (1)触角 (2)复眼 (3)口器

2.胸部 (1)前翅 (2)后翅 (3)前足 (4)中足 (5)后足

3.腹部 (1)听器 (2)气门

图1-1 昆虫体躯侧面图

二、昆虫的头部

昆虫的头部位于体躯的最前端,是感觉和取食中心。感觉器官主要包括触角、复眼和单眼,取食器官为口器。

(一)触角

在昆虫纲中,除原尾目无触角和部分高等双翅目幼虫、部分膜翅目幼虫的触角退化外,昆虫其他种类均有触角。

1.触角的基本构造

触角由3节组成。基部的1节叫柄节;第2节叫梗节;第3节叫鞭节,常分若干亚节。

2. 触角的类型

昆虫触角大体上可归为12种主要类型。包括刚毛状、丝状、念珠状、锯齿状、栉齿状、球杆状、羽毛状、膝状、锤状、环毛状、具芒状和鳃叶状(图1-2)。

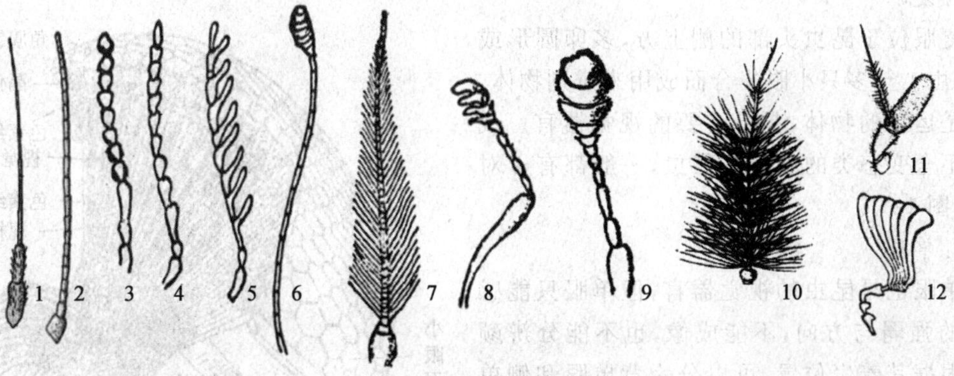

1. 刚毛状　2. 丝状　3. 念珠状　4. 锯齿状　5. 栉齿状　6. 球杆状
7. 羽毛状　8. 膝状　9. 锤状　10. 环毛状　11. 具芒状　12. 鳃叶状

图1-2　昆虫触角的类型

(1)刚毛状或刺状　触角很短,基部的一、二节粗大,其余的各节纤细似刚毛。如蜻蜓、蝉等。

(2)丝状或线状　触角细长,圆筒形,除基部一、二节稍大外,其余各节的大小、形状相似,逐渐向端部缩小。如蝗虫、蟋蟀等。

(3)念珠状　鞭节各亚节形如小珠,大小相似,形似念珠。如白蚁、褐蛉等。

(4)锯齿状　鞭节各亚节向一侧稍突出如锯齿,整个触角似锯条。如雌性绿豆象、叩头虫和锯天牛等。

(5)栉齿状　鞭节各亚节向一侧伸出枝状突起,整个触角似梳子。如雄性绿豆象等。

(6)球杆状或钩状　鞭节端部数亚节逐渐膨大如球,其余各节细长如杆。如蝶类、蚁蛉等。

(7)羽毛状　鞭节各节向两侧有细羽状突出,形似鸟羽。如蚕蛾、毒蛾等。

(8)膝状　柄节细长,梗节短小,鞭节各节与柄节形成膝状曲折。如蜜蜂、蚂蚁等。

(9)锤状　基部各节细长如杆,鞭节端部数亚节突然膨大,整个触角较短,形似锤。如瓢虫、郭公虫和长角蛉等。

(10)环毛状　鞭节各亚节环生一圈细毛,近基部的环毛较长,端部的较短。如雄蚊、摇蚊等。

(11)具芒状　触角鞭节不分亚节,较粗大,上生一刚毛或羽状毛,称此毛为触角芒。此类触角为蝇类所特有。

(12)鳃叶状或鳃片状　鞭节各亚节向一面扩展成片状或叶片状,状如鱼鳃。此类触角为金龟子类所特有。

3. 触角的功能

触角鞭节上有着非常丰富的感觉器,其功能主要是在觅食、聚集、求偶和寻找适当产卵场所时起嗅觉、触觉和听觉作用。蝗虫和蚂蚁的触角司触觉作用;雄蚊的触角司听觉作用等。

(二)昆虫的眼

昆虫的眼,有复眼和单眼之分。

1.复眼

复眼位于昆虫头部的侧上方,多卵圆形或肾形,由1至多只小眼集合而成用来辨别物体,特别是运动的物体,是最重要的视觉器官。成虫和不全变态类的若虫和稚虫,一般都有1对复眼(图1-3)。

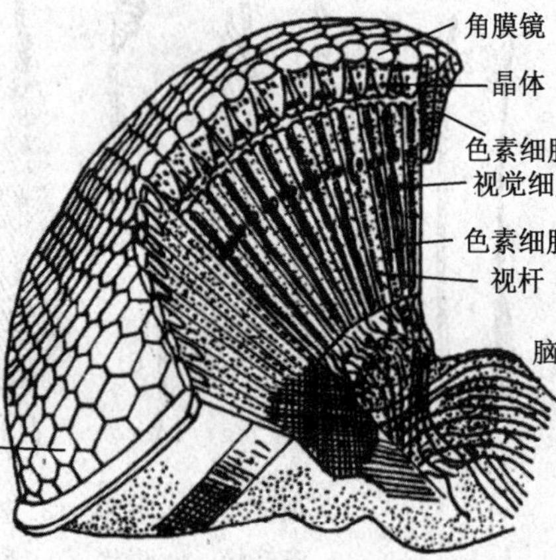

图1-3 复眼的结构

2.单眼

单眼也是昆虫的视觉器官,但单眼只能感受光的强弱与方向,不能成像,也不能分辨颜色。根据其着生位置,可以分为背单眼和侧单眼。背单眼:成虫和不全变态类的若虫和稚虫的单眼位于额区的上部,称背单眼。如背单眼为3个,则常呈倒三角形排列。侧单眼:膜翅目叶蜂幼虫的侧单眼仅有1对;鳞翅目幼虫的侧单眼通常为6对,常排成弧形。

(三)昆虫的口器

口器是昆虫的取食器官。由于各类昆虫的食性不同,取食方式也不一样,口器的构造也发生相应的变化,形成各种类型的口器。不同类群的昆虫有不同类型的口器,这就意味着它们可以分享不同食物,避免对食物资源的竞争,同时还改善了昆虫与食物源和环境的关系。

1.咀嚼式口器

这类口器为取食固体食物的昆虫所具有,如蝗虫、甲虫等。基本构造由5个部分组成:上唇、上颚、下颚、下唇和舌(图1-4)。

咀嚼式口器害虫的为害特点是把植物咬成缺刻、穿孔或将叶肉吃去仅留下网状的叶脉,甚至全部吃光,如蝗虫、黏虫、毛毛虫等;钻蛀茎秆或果实的造成孔洞和隧道,如玉米螟、食心虫等;为害幼苗常咬断根茎,如蛴螬、蝼蛄等;有的还能钻入叶片上下表皮之间蛀食叶肉,如潜叶蝇、潜叶蛾等;还有吐丝卷叶在里面蛀食的,如各种卷叶虫。总之,具有这类口器的害虫,都能给植物造成机械损伤,危害性很大。我们可以根据不同危害状来鉴别害虫的种类和危害方式,采取相应的防治措施。

防治具有这类口器的害虫时,常用胃毒剂喷洒在植物表面或制成固体毒饵,害虫取食时,将食物与有毒物质同时摄入体内,使之发挥杀虫作用。

2.刺吸式口器

刺吸式口器由咀嚼式口器演化而来。这类口器的特点是具有刺进寄主体内的针状构造和吸食汁液的管状构造。上唇退化成三角形小片,下唇延长成管状的喙,上、下颚各特化为1对口针(图1-5)。

这类口器为取食动植物体内液体食物的昆虫所具有,如蚜虫、叶蝉、蚊、蝽等。植物一般不造成破损,只在危害部位形成斑点,引起各种畸形,如卷叶、虫瘿、肿瘤等。

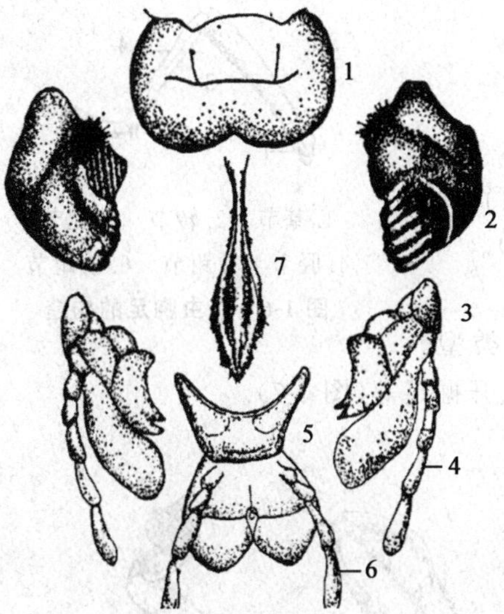

1. 上唇　2. 上颚　3. 下颚　4. 下颚须
5. 下唇　6. 下唇须　7. 舌

图 1-4　昆虫的咀嚼式口器

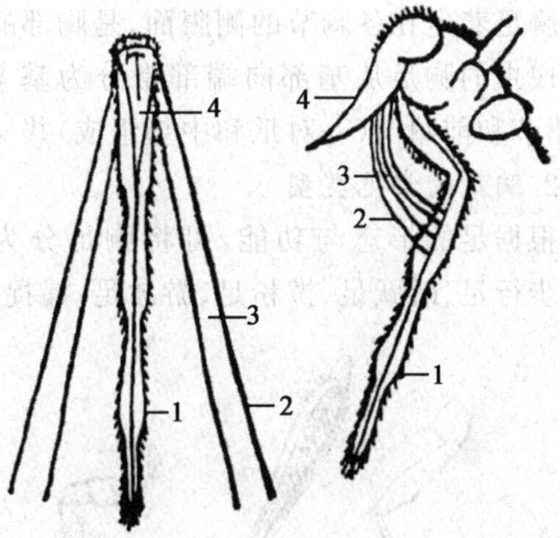

1. 喙　2. 上颚口针
3. 下颚口针　4. 上唇

图 1-5　昆虫的刺吸式口器

防治具有这类口器的害虫，常选用内吸性杀虫剂喷洒在植物的表面，药剂被植物吸收后，害虫取食含药剂的植物汁液，药剂发挥杀虫作用。

3. 虹吸式口器

这类口器为鳞翅目成虫(蝶类和蛾类)所特有。主要特点是具有一根能卷曲和伸直的喙。喙由两个下颚的外颚叶特化合并而成，中间有管道，花蜜、水等液体食料可由此被吸进消化道。口器的其他部分都已退化，只有下唇须的三节仍发达，突出在喙基部的两侧。具这类口器的昆虫，一般不能直接造成危害。

4. 舐吸式口器

这类口器为蝇类昆虫所特有，特点是下唇变成粗短的喙。喙的端部膨大形成一对有伸缩合拢能力的唇瓣。两唇瓣间有一食道口，唇瓣上有许多横列的小沟。这些小沟为食物的进口，取食时即由唇瓣舐吸物体表面的汁液或吐出唾液湿润食物，然后加以舐吸。

5. 锉吸式口器

蓟马的口器是锉吸式口器。由上唇、下颚和下唇形成，内藏有舌，只有 3 根口针，由一对下颚和一根左上颚特化而成，右上颚已完全退化，形成不对称的口器。取食时左上颚针先锉破植物组织表皮，然后以喙端吸取汁液。被害植物常出现不规则的变色斑点、畸形或叶片皱缩卷曲等被害状，同时有利于病菌的入侵。

三、昆虫的胸部

胸部是昆虫的第 2 体段，是运动中心。由前胸、中胸、后胸 3 节构成。每一胸节各有胸足 1 对，分别称前足、中足和后足。多数昆虫在中胸和后胸上还各有翅 1 对，分别称前翅和后翅。中胸和后胸具翅，故又称具翅胸节或翅胸。

(一)胸足

1.胸足的基本构造

胸足着生在各胸节的侧腹面,是胸部的行动附肢。

成虫的胸足从基部向端部常分为基节、转节、腿节、胫节、跗节和前跗节(一对爪和中垫组成)共 6 节(图 1-6)。

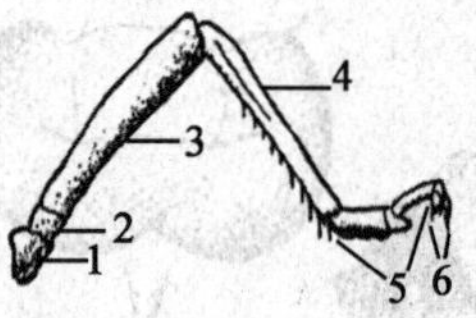

1.基节 2.转节 3.腿节 4.胫节 5.跗节 6.前跗节

图 1-6 昆虫胸足的构造

2.胸足的常见类型

根据足的形态与功能,可将胸足分为 7 种常见类型。包括步行足、跳跃足、携粉足、游泳足、捕捉足、抱握足、开掘足等(图 1-7)。

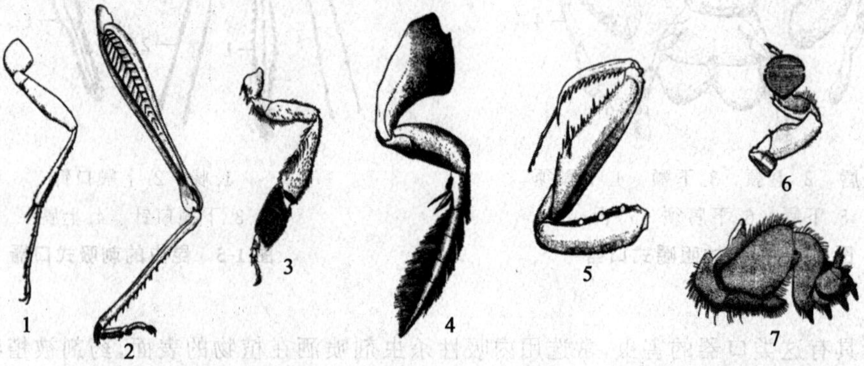

1.步行足 2.跳跃足 3.携粉足 4.游泳足 5.捕捉足 6.抱握足 7.开掘足

图 1-7 昆虫胸足的类型

(1)步行足 足较细长,各节不特化,适于行走。如步甲、蝽等。

(2)跳跃足 腿节特别发达,胫节细长。跳动前,胫节折贴于腿节下,然后突然伸直,使虫体弹跳起来。如蝗虫、蟋蟀等。

(3)携粉足 胫节宽扁,向外的一面光滑略凹,边缘有长毛,形成一个可以携带花粉的容器,称此为花粉篮;第一跗节也特别膨大,内侧有很多列横排的刚毛,用来梳集粘在体毛上的花粉。此为蜜蜂类所特有。

(4)游泳足 足各节扁平,有长的缘毛,以利于划水。此为水生昆虫所具有。如龙虱、水龟甲等。

(5)捕捉足 基节延长,腿节的腹面有一沟槽,胫节可以折嵌其内,好像一把折刀用来捕捉其他昆虫。如螳螂、猎蝽等。

(6)抱握足 跗节特别膨大,上面有吸盘状构造,用于交配时抱持雌虫。如龙虱雄虫。

(7)开掘足 前足胫节宽扁,外侧具齿,跗节呈铲状,用来掘土。如蝼蛄、金龟子等。

(二)翅

1.翅的基本构造

翅是昆虫的飞行器官,通常近三角形,有 3 缘和 3 角。前缘、后缘、外缘;肩角、顶角、臀角。翅上常发生一些褶线,将翅分为 4 个区:腋区、臀前区、臀区和轭区(图 1-8)。

2.翅的类型

根据翅的形状、质地与功能,可将昆虫的翅分为7种常见类型。包括覆翅、膜翅、半鞘翅、鞘翅、缨翅、鳞翅和平衡棒(图1-9)。

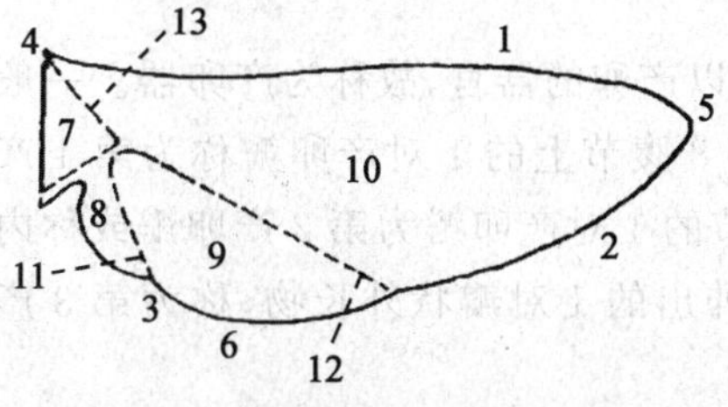

1.前缘　2.外缘　3.内缘　4.肩角
5.顶角　6.臀角　7.腋区　8.轭区
9.臀区　10.臀前区　11.轭褶
12.臀褶　13.基褶

图1-8　昆虫翅的分区

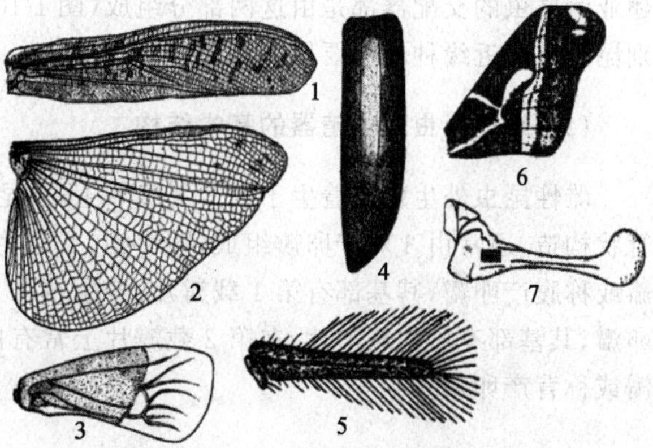

1.覆翅　2.膜翅　3.半鞘翅
4.鞘翅　5.缨翅　6.鳞翅
7.平衡棒

图1-9　昆虫翅的类型

覆翅:蝗虫和蟋蟀类的前翅加厚变为革质,栖息时覆盖于后翅上面,但翅脉仍保留着。

膜翅:蜂类、蝇类的翅为膜质透明。

半翅或半鞘翅:椿象类的前翅,基部一半加厚革质,端部一半则为膜质。

鞘翅:各类甲虫的前翅,骨化坚硬如角质,翅脉消失,栖息时两翅相接于背中线上。

缨翅:蓟马的翅细而长,前后缘具有很长的缨毛。

鳞翅:蛾蝶类的翅为膜质,但翅面覆盖很多鳞片。

平衡棒:蚊蝇类的后翅,退化为小型棒状体,飞行时有保持身体平衡的作用。

3.翅脉

翅脉是翅的两层薄壁间纵横分布的条纹,由气管加厚形成,对翅面起支架作用。主要分纵脉与横脉。纵脉是从翅基部伸到边缘的脉;横脉是横列在两纵脉之间的短脉。纵脉和横脉都有一定的名称和符号。

4.翅的连锁

等翅目、脉翅目和蜻蜓目昆虫中,前后翅不关连,飞翔时各自动作。而同翅目、半翅目、鳞翅目和膜翅目等昆虫的前翅发达并用作飞行器官,后翅不发达,在飞行时须以某种构造挂在前翅上,用前翅来带动后翅飞行,被称为翅的连锁。具体分为翅抱型、翅轭型、翅缰型、翅褶型和翅钩型。

四、昆虫的腹部

腹部是昆虫体躯的第3体段,通常由9～11个体节组成。腹部1～8体节两侧有气门,腹腔内着生有内部器官,末端有尾须和外生殖器。腹部是昆虫新陈代谢和生殖的中心。

(一)雄性昆虫外生殖器的基本结构

雄性昆虫的交配器包括将精子输入雌体的阳具及交配时挟持雌体的1对抱握器。多数有翅亚纲昆虫的交配器都是由这两部分组成(图1-10),但构造较为复杂而多变化,因此常作为鉴别昆虫某些近缘种的重要依据之一。

(二)雌性昆虫外生殖器的基本结构

雌性昆虫外生殖器着生于第8、9腹节上,是昆虫用以产卵的器官,故称为产卵器。一般为管状构造,通常由3对产卵瓣组成(图1-11)。着生在第8腹节上的1对产卵瓣称为第1产卵瓣或称腹产卵瓣,其基部有第1载瓣片;着生在第9腹节的1对产卵瓣为第2产卵瓣或称内产卵瓣,其基部有第2载瓣片;在第2载瓣片上常有向后伸出的1对瓣状外长物,称为第3产卵瓣或称背产卵瓣。

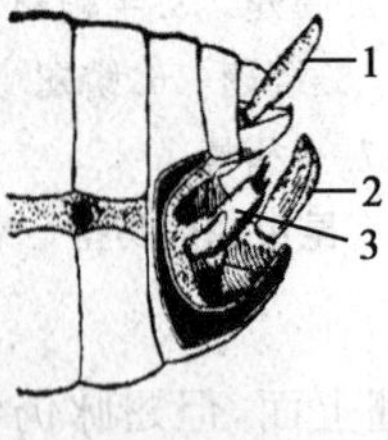

1.尾须 2.抱握器 3.阳具

图1-10 昆虫的雄性外生殖器

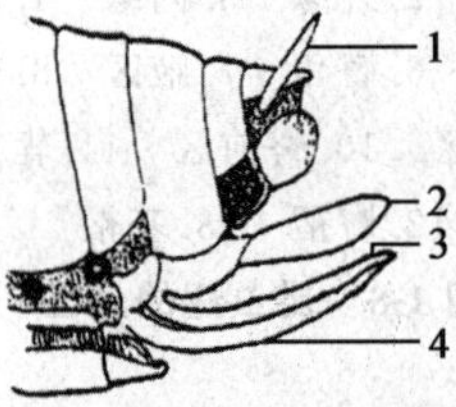

1.尾须 2.第2产卵瓣
3.第3产卵瓣 4.第1产卵瓣

图1-11 昆虫的雌性外生殖器

五、昆虫的体壁

节肢动物整个体躯包被有含几丁质的外骨骼,这层外骨骼叫做体壁。昆虫体壁的功能是支撑身体、着生肌肉、保护内脏,防止体内水分过度蒸发和外界水分、微生物及有害物质的侵入;还能接受外界刺激,分泌各种化合物,调节昆虫的行为。

(一)体壁的构造和衍生物

1.体壁的构造

昆虫的体壁由底膜、皮细胞层和表皮层3部分组成(图1-12)。皮细胞层是活细胞层;底膜为1层紧贴皮细胞层下的薄膜;表皮层由外向内分为上表皮、外表皮和内表皮。体壁具有延展性、坚韧性、不透性等特性。

上表皮的护蜡层、蜡质层都是疏水亲脂的;而外表皮、内表皮都是亲水疏脂性的。这样,杀虫剂既要穿透疏水层又要穿透亲水层,否则不易侵入虫体。

2.体壁的衍生物

昆虫体壁常向外突出,形成外长物,如刚毛、刺、距、鳞片等。体壁向内凹入,特化出各种腺体,如唾腺、丝腺、蜡腺、毒腺、臭腺等。

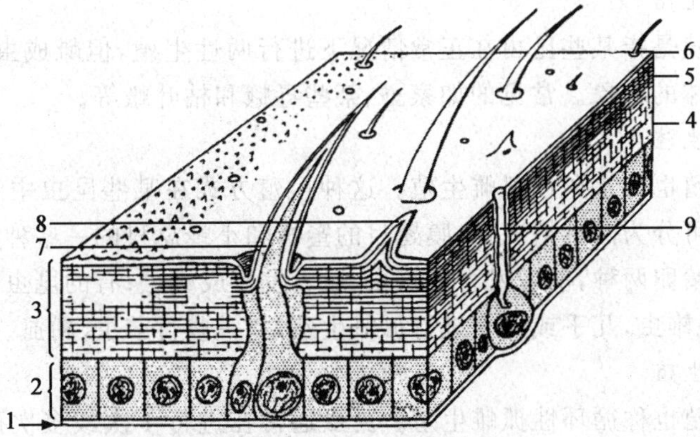

1. 底膜　2. 皮细胞层　3. 表皮层　4. 内表皮　5. 外表皮
6. 上表皮　7. 刚毛　8. 表皮突起　9. 皮细胞腺

图 1-12　昆虫体壁的构造

(二)体壁的构造与害虫防治的关系

人工合成的杀虫剂，通常需要加入一些助剂，使其对昆虫体壁具有强烈的亲和力，能很好地附着在体壁上，或者在粉剂中加入惰性粉，机械破坏体壁，使药剂毒效成分穿透体壁，进入虫体，从而杀死害虫。人工合成的灭幼脲类，也是根据体壁特性而制造的。这类药剂具有抗蜕皮激素的作用，当幼虫吃下这类药物后，体内几丁质的合成受到阻碍，不能生成新表皮，使幼虫脱皮受阻而死。

了解昆虫体壁的构造和特性可以采取相应的措施，破坏农业害虫体壁的结构和性能，提高化学防治效果。

项目二　昆虫生物学性状识别

一、昆虫的生殖方式

(一)两性生殖

昆虫的绝大多数种类需要经过雌雄两性交配，雌性个体产生的卵子受精之后，方能正常发育成新个体。这种生殖方式称为两性生殖，与其他生殖方式在本质上的区别是卵通常必须接受了精子以后，卵核才能进行成熟分裂；而雄虫在排精时，精子已经是进行过减数分裂的单倍体生殖细胞：这种生殖方式在昆虫纲中极为常见，为绝大多数昆虫所具有。

(二)孤雌生殖

昆虫卵不经过受精也能发育成正常的新个体的生殖方式叫孤雌生殖，也称单性生殖，一般可以分为以下 3 种类型。

1. 偶发性孤雌生殖

偶发性孤雌生殖是指某些昆虫在正常情况下进行两性生殖，但雌成虫偶而产出的未受精卵也能发育成新个体的现象。常见的如家蚕、某些毒蛾和枯叶蛾等。

2. 经常性孤雌生殖

经常性孤雌生殖也称永久性孤雌生殖。这种生殖方式在某些昆虫中经常出现，而被视为正常的生殖现象。可分为两种情况：在膜翅目的蜜蜂和小蜂总科的一些种类中，雌成虫产下的卵有受精卵和未受精卵两种，前者发育成雌虫，后者发育成雄虫；有的昆虫在自然情况下，雄虫极少，甚至尚未发现雄虫，几乎或完全进行孤雌生殖，如一些竹节虫、粉虱、蚧、蓟马等。

3. 周期性孤雌生殖

周期性孤雌生殖也称循环性孤雌生殖。昆虫通常在进行 1 次或多次孤雌生殖后，再进行 1 次两性生殖。如棉蚜从春季到秋末，可孤雌生殖 10～20 代，到秋末冬初则出现雌、雄两性个体，并交配产卵越冬。

（三）多胚生殖

其是指一个卵内可产生两个或多个胚胎，并能发育成正常新个体的生殖方式。多见于膜翅目一些寄生蜂类，如小蜂科、茧蜂科、姬蜂科、细蜂科昆虫。通常认为多胚生殖是对活体寄生的一种适应，可以利用少量的生活物质和较短的时间繁殖较多的后代。

（四）卵胎生

多数昆虫为卵生，但一些昆虫的胚胎发育是在母体内完成的，由母体产出来的不是卵而是幼体，这种生殖方式称为卵胎生。

（五）幼体生殖

少数昆虫，在母体尚未达到成虫阶段就可进行生殖，称为幼体生殖。凡进行幼体生殖的昆虫，产下的都不是卵，而是幼虫，故幼体生殖可以看成是卵胎生的一种方式。如一些瘿蚊进行幼体生殖。

二、昆虫的变态及类型

昆虫从卵中孵化后，在生长发育过程中要经过一系列外部形态和内部器官的变化，才能转变为成虫，这种现象称为变态。

由于昆虫在长期演化过程中，随着成虫期和幼虫期的分化，以及幼虫期对生活环境的特殊适应，因而有不同的变态类型。

（一）不完全变态

不完全变态具有 3 个虫态，即卵、幼虫、成虫，无蛹期。其中有一类幼虫与成虫的生活环境一致，它们在外形上很相似，仅个体大小、翅及生殖器官的发育程度不同而已，因此又称此类为渐变态，其幼虫称为若虫。属于这类的主要有直翅目、半翅目、同翅目昆虫。另一类幼虫与成虫生活环境不一致，外形上亦有很大区别，此类被称为半变态，其幼虫称为稚虫。如蜻蜓目属于这类昆虫（图 1-3A）。

此外，缨翅目的蓟马、同翅目的粉虱和雄性介壳虫，它们的幼虫在转变为成虫前有一个不食不动的类似蛹期的时期，真正的幼虫期仅为 2～3 龄。这种变态称之为过渐变态，是不完全变态向完全变态演化的过渡类型。

(二)完全变态

完全变态具有 4 个虫态，即卵、幼虫、蛹、成虫，多一个蛹期。幼虫与成虫在形态和生活习性上完全不同。属于此类的昆虫占大多数，主要有鞘翅目、鳞翅目、膜翅目、双翅目等昆虫(图 1-13B)。

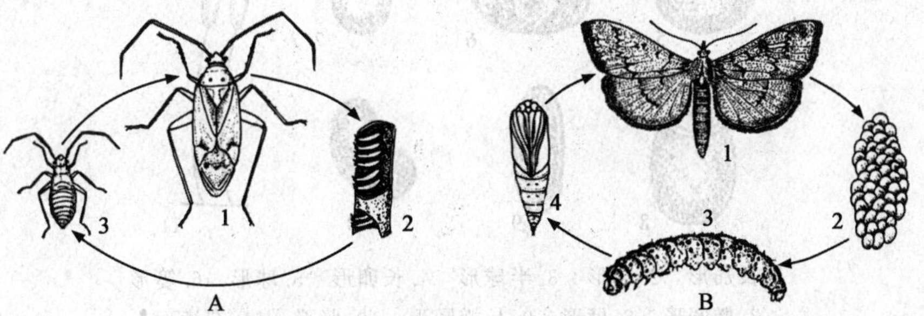

A. 不完全变态(苜蓿盲蝽)：1. 成虫　2. 卵　3. 若虫

B. 完全变态(玉米螟)：1. 成虫　2. 卵　3. 幼虫　4. 蛹

图 1-13　昆虫的变态

三、昆虫的个体发育

昆虫的个体发育可以分为两个阶段：第一阶段在卵内进行至孵化为止，称为胚胎发育；第二阶段是从卵孵化后开始到成虫性成熟为止，称为胚后发育。

(一)卵期

卵从母体产下到孵化称为卵期。卵是昆虫胚胎发育的时期，也是个体发育的第一阶段，昆虫的生命活动从卵开始。

1. 卵的结构

昆虫的卵是一个大型细胞，最外面包着一层坚硬的卵壳，表面常有特殊的刻纹；其下为一层薄膜，称卵黄膜，里面包有大量的营养物质——原生质、卵黄和卵核。卵的顶端有 1 至几个小孔，是精子进入卵子的通道，称为卵孔或精孔。卵孔附近区域常有放射状、菊花状刻纹，可作为鉴别不同虫卵的依据之一。

2. 卵的形状及产卵方式

昆虫卵的形状也是多种多样的。卵的形状一般为长茄形、袋形、半球形、长卵形、球形、篓形、椭圆形、桶形、长椭圆形、肾形、有柄形等(图 1-14)。昆虫卵的大小种间差异很大，较大者如蝗卵，长 6～7 mm，赤眼蜂的卵则很小，长度仅有 0.02～0.03 mm。昆虫的产卵方式有单个散产的，有许多卵粒聚集排列在一起形成各种形状的卵块的。有的将卵产在物体表面，有的产在隐蔽的场所甚至寄主组织内。

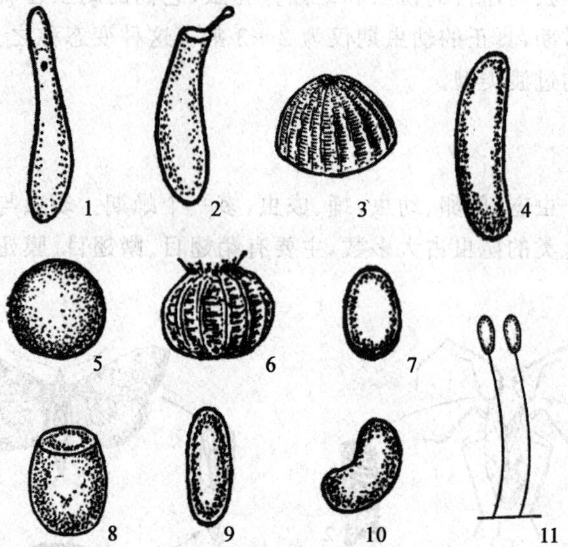

1. 长茄形 2. 袋形 3. 半球形 4. 长卵形 5. 球形 6. 篓形
7. 椭圆形 8. 桶形 9. 长椭圆形 10. 肾形 11. 有柄形

图 1-14 昆虫卵的类型

3. 卵的发育和孵化

胚胎发育完成后,幼虫从卵中破壳而出的过程称为孵化。孵化时幼虫用上颚或特殊的破卵器突破卵壳。有些种类的幼虫初孵化后有取食卵壳的习性。卵期长短因昆虫种类、季节及环境不同而异,一般短的只有 1~2 d,长的可达数月之久。

初孵化的幼虫,体壁的外表皮尚未形成,身体柔软,色淡,抗药能力差。随即吸入空气或水(水生昆虫)使体壁伸展。一些夜蛾、天蛾等的初孵幼虫,常有取食卵壳的习性。有些种类在幼虫孵化后,并不马上开始取食活动,而常常停息在卵壳上或其附近静止不动。对害虫来说,卵孵化为幼虫就进入危害期,因此消灭卵是一项重要的防治措施。

(二)幼虫期

昆虫幼虫或若虫从卵内孵化、发育到蛹(全变态昆虫)或成虫(不全变态昆虫)之前的整个发育阶段,称为幼虫期或若虫期。

幼虫期的显著特点是大量取食,获得营养,进行生长发育,生长速度是惊人的。如家蚕老熟幼虫的体重比初孵幼虫增加 9 125 倍;芳香木蠹蛾的幼虫在 3 年的生长期内,体重增长 7.2 万倍。对农业害虫来说,幼虫期是主要危害时期,也是防治的重点虫期。

1. 脱皮与虫龄

幼虫体外表有一层坚硬的表皮限制了它的生长,所以当生长到一定时期,就要形成新表皮,脱去旧表皮,这种现象称为脱皮。脱下的旧表皮称为蜕。幼虫的生长与脱皮周期性的交替进行,每脱皮 1 次,身体增大一点。从卵内孵化出的幼虫称为第 1 龄幼虫,以后每脱 1 次皮增加 1 龄。相邻两龄之间的历期,称为龄期。最后一次脱皮后变成蛹(若虫和稚虫则变为成虫)。

昆虫脱皮次数,种间各异,但同种昆虫是相对稳定的。如直翅目和鳞翅目幼虫一般为 4~

5 次，金龟子幼虫脱皮 3 次。环境因素如温度、食料等也影响脱皮次数，在一定范围内温度增高，脱皮次数趋于减少，营养不良往往造成脱皮次数增多。

2. 幼虫类型

完全变态昆虫的幼虫，由于其对生活环境长期适应的结果，在形态上发生了很大变化。根据足的有无和数目的多少，可将幼虫分为原足型、无足型、寡足型和多足型 4 类(图 1-15)。

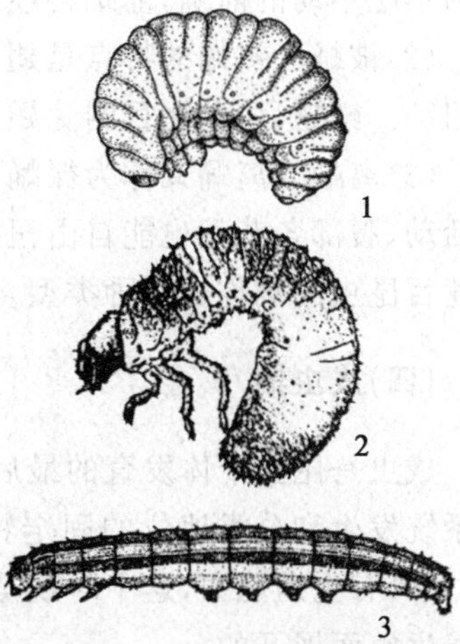

1. 无足型　2. 寡足型　3. 多足型

图 1-15　昆虫幼虫的类型

(1)原足型　很像一个发育不完全的胚胎，腹部分节或不分节，胸足和其他附肢处有几个突起，口器发育不全，不能独立生活。如寄生蜂的早龄幼虫。

(2)无足型　幼虫完全无足。多生活在食物易得的场所，行动和感觉器退化。根据头的发达程度又可分为有头无足型：头发达，如象甲、蚊子的幼虫；半头无足型：头后半部缩在胸内，如虻的幼虫；无头无足型：头很退化，完全缩入胸内，仅外露口钩，如蝇的幼虫。

(3)寡足型　幼虫具有 3 对发达的胸足，无腹足。头发达，咀嚼式口器。有的行动敏捷，如步甲、瓢虫、草蛉及金针虫的幼虫；有的行动迟缓，如金龟甲的幼虫蛴螬等。

(4)多足型　幼虫除具有 3 对胸足外，还有腹足。头发达，咀嚼式口器，腹足的数目随种类不同而异。如蛾蝶类幼虫有腹足 2～5 对，腹足端还有趾钩；叶蜂幼虫有 6～8 对腹足，无趾钩。

了解幼虫的类型，对于进行田间调查和设计防治方案，具有实际意义。

(三)蛹期

蛹是完全变态昆虫在胚后发育过程中，由幼虫转变为成虫时，必须经过的一个特有的静息虫态。蛹的生命活动虽然是相对静止的，但其内部却进行着将幼虫器官改变为成虫器官的剧烈变化。

1. 前蛹和蛹

末龄幼虫脱去表皮而成为蛹的过程称为化蛹。末龄幼虫脱皮化蛹前，停止取食，为安全化蛹，寻找适宜的化蛹场所，有的吐丝作茧，有的建造土室等。随后，幼虫身体缩短，体色变淡或消失，不再活动，此时称为前蛹。自末龄幼虫脱去表皮起至变为成虫时止所经历的时间称为蛹期。

在蛹期，外观上不吃不动，其体内部则进行着剧烈的旧组织解离和新组织发生的新陈代谢作用，以形成成虫的组织器官。蛹的抗逆性一般都比较强，多有保护物或隐藏于隐蔽场所，所以许多种类的昆虫常以蛹躲过不良环境或季节，如越冬等。

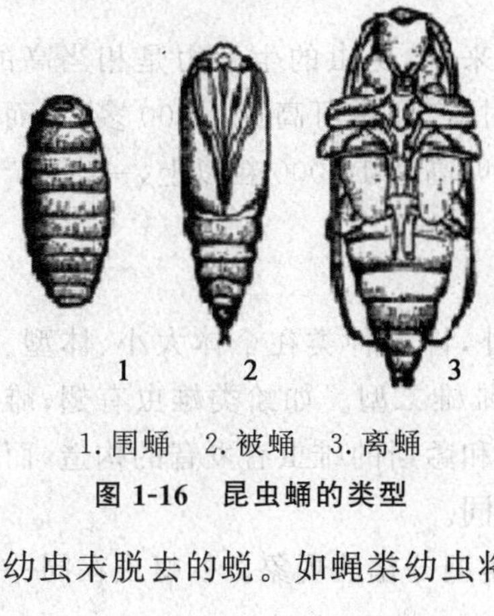

1. 围蛹　2. 被蛹　3. 离蛹

图 1-16　昆虫蛹的类型

2. 蛹的类型

蛹分为围蛹、被蛹和离蛹 3 种类型(图 1-16)。

(1)围蛹　其为双翅目蝇类特有。在离蛹体外有末龄幼虫未脱去的蜕。如蝇类幼虫将第 3 龄脱下的表皮硬化成为蛹壳，第 4 龄幼虫就在蛹壳里，成为不吃不动的前蛹，前蛹再经脱皮即形成离蛹，而脱下的皮又附加在第 3 龄幼虫的皮下。

(2)被蛹　被蛹的特点是翅和附肢都紧贴于身体上，不能活动，大多数腹节或全部腹节不能扭动。鳞翅目、鞘翅目的隐翅虫、双翅目的虻等昆虫的蛹均属此种类型。

(3)离蛹　离蛹又称为裸蛹，其特点是翅和附肢除基部外与蛹体分离，不紧贴于蛹体上，可以活动，腹部各节间也能自由扭动，一些脉翅目和毛翅目的蛹甚至可以爬行或游泳。鞘翅目、膜翅目昆虫的蛹均为此种类型。

(四)成虫期

成虫是昆虫个体发育的最后一个虫态，感觉器官和运动器官达到最高程度的发展，具有判别系统发生和分类地位的固定特征。昆虫发育到成虫期，雌雄性别已明显分化，性腺逐渐成熟，并具有生殖能力，这个时期是完成生殖，种群得以繁衍的阶段，成虫的一切生命活动都是围绕着生殖而展开的。

1.羽化

成虫从它的前一虫态脱皮而出的现象，称为羽化。羽化后不久，成虫体色加深，体壁硬化，并开始飞翔、觅食、寻偶、交配、产卵等活动。

2.昆虫的性成熟

性成熟是指成虫体内的性细胞(精子和卵)发育成熟。一般刚羽化的成虫，其性细胞尚未完全成熟。成虫性成熟所需营养主要在幼虫阶段积累，所以性成熟的早晚在很大程度上取决于幼虫期的营养。如家蚕、舞毒蛾等成虫的口器退化，不需取食，羽化时性已成熟便能交配产卵，寿命很短，常只有数天，甚至数小时。大多数昆虫，尤其是直翅目、半翅目、鞘翅目、鳞翅目夜蛾科等昆虫，在幼虫期积累的营养不足，其成虫羽化后性尚未成熟，需要继续取食，才能达到性成熟。这种对性细胞的发育不可缺少的成虫期营养，称为补充营养。有些昆虫的性成熟还需一些特殊的刺激才能完成，如东亚飞蝗、黏虫等，必须经过长距离的迁飞；一些雌蚊、跳蚤必须经过吸血刺激。

昆虫性成熟后就要进行交配。其交配次数因种类而异，有的一生只交配 1 次，有的交配多次。一般雄虫交配次数比雌虫多，如棉红铃虫雌虫一般交配 1～2 次，雄虫交配 1～8 次；稻瘿蚊雌虫一般交配 1 次，多的 2～3 次，雄虫可交配 8 次。每种昆虫一生交配的次数是由种的特性决定的。

3.昆虫的生殖力

昆虫的生殖力在不同种类间有很大的差异。但就总体来说，昆虫的生殖力是相当高的。如黏虫一般产卵 500～600 粒，当蜜源充足和生态条件适宜时，产卵量可高达 1 800 多粒；而白蚁的生殖力更是惊人，一只蚁后每分钟可产卵 60 粒，一天产卵高达 10 000 粒以上，一生能产 5 亿粒卵。

4.雌雄二型及多型现象

昆虫雌雄个体之间除内、外生殖器官(第 1 性征)不同外，许多种类在个体大小、体型、体色、构造等(第 2 性征)方面也常有很大差异，这种现象称为雌雄二型。如蚧类雄虫有翅，雌虫无翅；蚊的雄虫触角发达，环毛状，雌虫则为羽毛状；蝉、蟋蟀和螽斯的雄虫有发音的构造，而雌虫则常无；许多蛾蝶类雌虫与雄虫的翅，在色泽、花纹上也不同。

多型现象是指同种昆虫在同一性别的个体中出现不同类型分化的现象。如蚜虫在同一季节里，胎生雌蚜有无翅和有翅两个类型；稻飞虱在不利的环境条件下，出现长翅型，而在有利的环境条件下，出现短翅型。多型现象在“社会性”昆虫中更为典型。如膜翅目的蜜蜂、蚂蚁及等翅目的白蚁等。

四、昆虫的世代和年生活史

（一）昆虫的世代

昆虫的卵或若虫，从离开母体发育到成虫性成熟并能产生后代为止的个体发育史，称为一个世代，简称为一代或一化，一个世代通常包括卵、幼虫、蛹和成虫等虫态。昆虫一年发生世代数的多少是由种的遗传性所决定的。

一年发生1代的昆虫，称为一化性昆虫，如大豆食心虫、麦红吸浆虫、舞毒蛾等。

一年发生两代及其以上者，称为多化性昆虫，如棉铃虫一年发生3～4代，棉蚜一年可发生10～30代。

也有些昆虫需两年或多年完成1代，如大黑鳃金龟两年发生1代，沟金针虫、华北蝼蛄约3年发生1代，十七年蝉则需17年发生1代。

多化性的昆虫常由于成虫产卵期长，或越冬虫态出蛰期不集中，造成前一世代与后一世代的同一虫态同时出现的现象，称为世代重叠。

多化性昆虫越冬的一代常称为越冬代。以幼虫越冬，称其为越冬代幼虫；以蛹、成虫和卵越冬，则分别称为越冬代蛹、越冬代成虫和越冬代卵。

（二）昆虫的年生活史

昆虫的生活史又称生活周期，是指昆虫个体发育的全过程。昆虫在一年中的个体发育过程，称为年生活史或生活年史。年生活史是指昆虫从越冬虫态（卵、幼虫、蛹或成虫）越冬后开始活动起，至翌年越冬结束前的全过程。

一年发生1代的昆虫，其年生活史与世代的含义是相同的。一年发生多代的昆虫，其年生活史就包括几个世代。多年发生完成1代的昆虫，其生活史则需多年完成，而年生活史则只包括部分虫态的生长发育过程。一些多化性昆虫，其年生活史较为复杂，如棉蚜等完成其年生活史需要世代间的寄主交替（越冬寄主和夏季寄主）和生殖方式的交替（有性生殖和无性生殖），从而形成了年生活史的世代交替现象。

（三）休眠和滞育

昆虫在不良环境条件下（如高温、低温、一定的日照等），暂时停止活动，呈静止或昏迷状态，以度过不良环境，这种停育现象是物种得以生存的一种重要适应性。这一现象如呈季节性的周期发生，即所谓越冬或冬眠、冬蛰，越夏或夏眠、夏蛰。从生理上看，昆虫的停育可区分为休眠和滞育两种状态。

休眠 昆虫的休眠是由不良环境条件直接引起的，当不良环境条件消除时，昆虫便可恢复生长发育。如东亚飞蝗以卵越冬，甜菜夜蛾以蛹越冬等都属于休眠性越冬。休眠性越冬的昆虫耐寒力一般较差。

滞育 滞育是昆虫长期适应不良环境而形成的种的遗传性。在自然情况下，当不良环境到来之前，生理上已经有所准备，即已进入滞育。一旦进入滞育必须经过一定的物理或化学的刺激，否则恢复到适宜环境也不进行生长发育。滞育性越冬和越夏的昆虫有固定的滞育虫态。

引起昆虫滞育的重要生态因素有光周期、温度、食物等，而内在因素则是激素。

五、昆虫的习性

习性是昆虫在长期演化过程中，由于外界环境条件的刺激与内部生理活动的复杂联系，使昆虫获得赖以生存的一种生物学特性。昆虫的习性包括昆虫的活动和行为，如昼夜节律性、食性、趋性、假死性、群集性、迁飞和扩散等。

(一)昼夜节律性

绝大多数昆虫的活动，如交配、取食和飞翔等都与白天和黑夜密切相关，其活动期、休止期常随昼夜的交替而呈现一定节奏的变化规律，这种现象称为昼夜节律。根据昆虫昼夜活动节律，可将昆虫分为日出性昆虫，如蝶类、蜻蜓、步甲和虎甲等，它们均在白天活动；夜出性昆虫，如小地老虎等绝大多数蛾类，它们均在夜间活动；昼夜活动的昆虫，如某些天蛾、大蚕蛾和蚂蚁等，它们白天黑夜均可活动；弱光性昆虫，如蚊子等常在黄昏或黎明时活动。

(二)昆虫的食性

不同种类的昆虫或者同种昆虫的不同虫态，取食食物的种类和范围不同，甚至差异很大。昆虫在长期的演化过程中，对食物形成一定的选择性，即食性。根据昆虫对食物的选择情况，可将其分为不同的类型。

1.按取食的食物性质

(1)植食性　以植物的各部分为食料，这类昆虫占昆虫总数的40%～50%，如黏虫、菜蛾等农业害虫均属此类。

(2)肉食性　以其他动物为食料，可分为捕食性如七星瓢虫、草蛉等和寄生性如寄生蜂、寄生蝇等两类，它们在害虫生物防治上有着重要意义。

(3)腐食性　以动物的尸体、粪便或腐败植物为食料，如埋葬甲、果蝇和舍蝇等。

(4)杂食性　兼食动物、植物等，如蜚蠊。

2.按取食范围的广狭

(1)单食性　以某一种植物为食料，如豌豆象只取食豌豆；三化螟只取食水稻等。

(2)寡食性　以1个科或少数近缘科植物为食料，如菜粉蝶取食十字花科植物，棉大卷叶螟取食锦葵科植物等。

(3)多食性　以多个科的植物为食料，如棉铃虫可取食茄科、豆科、十字花科、锦葵科等30个科200种以上的植物。

昆虫的食性虽有其稳定性，但也有一定的可塑性，在食料改变和缺乏正常食物时，其食性可被迫改变和发生分化。近年来，随着昆虫营养生理、生物防治等研究的深入，国内外已研制出了许多昆虫的人工饲料，如棉铃虫、斜纹夜蛾、三化螟、瓢虫等。

(三)昆虫的趋性

趋性是指昆虫对外界刺激(如光、温度、湿度和某些化学物质等)所产生的趋向或背向行为活动。趋向活动称为正趋性，负向活动称为负趋性。昆虫的趋性主要有趋光性、趋化性、趋温性、趋湿性等。

1. 趋光性

趋光性是指昆虫对光的刺激所产生的趋向或背向活动，趋向光源的反应，称为正趋光性；背向光源的反应，称为负趋光性。昆虫的不同种类，甚至不同性别和虫态的趋光性不同。昆虫的多数夜间活动的昆虫，对灯光表现为正的趋性，特别是对黑光灯的趋性尤强。

2. 趋化性

其是昆虫对一些化学物质的刺激所表现出的反应，其正、负趋化性通常与觅食、求偶、避敌、寻找产卵场所等有关。如一些夜蛾，对糖醋液有正趋性；菜粉蝶趋向在含有芥子油的十字花科植物上产卵；而菜蛾则不趋向含有香豆素的木犀科植物上产卵，表现为负趋化性。

3. 趋温性、趋湿性

昆虫对温度或湿度刺激所表现出的定向活动，分别是昆虫的趋温性、趋湿性。

(四)昆虫的假死性

假死性是指昆虫受到某种刺激或震动或从停留处跌落下来时，身体蜷缩，静止不动，稍停片刻即恢复正常而离去的现象。如金龟子、象甲、叶甲以及黏虫幼虫等都具有假死性。假死性是昆虫逃避敌害的一种适应。

(五)群集性

同种昆虫的个体大量聚集在一起生活的习性，称为群集性。但各种昆虫群集的方式有所不同，可分为临时性群集和永久性群集两种类型。

1. 临时性群集

其是指昆虫仅在某一虫态或某一阶段时间内进行群集生活，然后分散。如苹果天社蛾的低龄幼虫进行群集生活，老龄后即行分散生活；多种瓢虫越冬时，其成虫常群集在一起，当度过寒冬后即行分散生活。

2. 永久性群集

其是指昆虫在个体的整个生育期，形成群集后，很久不会分散，趋向于群居型生活。如东亚飞蝗卵孵化后，可聚集成群，集体行动或迁移，蝗蝻变成虫后仍不分散，往往成群远距离迁飞。飞蝗属永久性群集的害虫，但有群居型和散居型之分，且二者是可以互相转化的。

(六)昆虫的扩散与迁飞

1. 扩散

扩散是指昆虫个体经常的或偶然的、小范围内的分散或集中活动，也可称为蔓延、传播或分散等。昆虫的扩散一般可分为两种类型。一类完全靠外部因素传播，即由风力、水力、动物或人类活动引起的被动扩散活动。许多鳞翅目幼虫可吐丝下垂并靠风力传播。人类活动（如货物运输、种苗调运等）有时也无意中帮助了一些昆虫的扩散。另一类由虫源地（株）向外扩散，有些昆虫或其某一世代有明显的虫源中心，常称之为“虫源地（株）”。棉蚜等常首先由点片发生，以后逐渐向周围附近植株及田块蔓延。

2. 迁飞

迁飞或称迁移,是指一种昆虫成群从一个发生地长距离转移到另一个发生地的现象。昆虫的迁飞既不是无规律的突然发生的,也不是在个体发育过程中对某些不良环境因素的暂时性反应,而是物种在进化过程中长期适应环境的遗传特性,是一种种群行为。但迁飞并不是各种昆虫普遍存在的生物学特性。迁飞常发生在雌成虫的卵巢尚未发育,大多数还没有交尾产卵时。如东亚飞蝗、黏虫、小地老虎、甜菜夜蛾、稻纵卷叶螟、稻褐飞虱、白背飞虱、黑尾叶蝉、多种蚜虫等。

项目三　常见昆虫的类群

一、昆虫分类及命名

(一)分类阶元、物种的含义

自然界中的昆虫种类繁多,要正确地识别它们,就必须根据其形态特征、地理分布、生物学特性、生态要求等加以分析归纳,找出其亲缘关系进行系统分类。昆虫在长期的演化过程中,形成了彼此间有亲缘关系和历史渊源的大小不同的自然类群。所以,昆虫分类的任务除鉴别种类和确定名称外,还要研究昆虫种的渊源及系统发生,以探讨物种的起源、种群的形成、分布、进化与变异以及整个昆虫区系的形成、发展与演替,建立符合客观的分类系统。

1. 分类阶元

昆虫分类与其他动、植物分类一样,分为一系列阶元,主要包括界、门、纲、目、科、属、种等 7 个等级。其中种是分类的基本单位,是客观存在的实体,而种以上的分类阶元则是代表在形态、生理、生物学等方面相近的若干种的集合单位。例如亲缘关系相近的种归纳为属,相近的属归纳为科,相近的科归纳为目等等。为了客观的反映物种之间的亲缘关系,常在种以上的基本分类阶元间增设新的阶元,如在“门”下设“亚门”,“纲”下设“亚纲”,“目”下设“亚目”,“总科”“科”下设“亚科”,“属”下设“亚属”等。有时在“种”下还设“亚种”或“变型”“生态型”等。

现以东亚飞蝗(*Locusta migratoria manilensis* Meyen)为例,表示昆虫的分类地位和阶元如下:

界(Kingdom):动物界(Animalia)
门(Phylum):节肢动物门(Arthropoda)
纲(Class):昆虫纲(Insecta)
亚纲(Subclass):有翅亚纲(Pterygota)
目(Order):直翅目(Orthoptera)
亚目(Suborder):蝗亚目(Locustodea)
总科(superfamily):蝗总科(Locustoidea)
科(Family):蝗科(Locustidae)
亚科(Subfamily):蝗亚科(Locustinae)
属(Genus):飞蝗属(*Locusta*)

种(Species):飞蝗(*migratoria*)

亚种(Subspecies):东亚飞蝗(*manilensis*)

2.种的含义

种是能够相互配育的自然种群的类群,这些类群与其他近似类群有质的差别,并在生殖上相互隔离着,它是生物进化过程中连续性与间断性统一的基本间断形式。

(二)种以下的分类、种以上的分类

1.种以下的分类

种是由种群组成的,不是生物进化的最终分支。生活在不同地区或不同生态条件下的种群,常在形态、生理和生物学特性等方面或多或少地发生某些细微的变异,因而有可能形成不同的类型,这就产生了种以下的分类阶元。种以下的分类阶元主要有亚种、变型、生态型、变种等,应用比较混乱,但其中最为重要和普遍应用的是亚种。

亚种是指具有地理分化特征的种群,或称"地理亚种",它在分类上与同一种中的其他亚种有不太显著的形态特征或生物学特征上的区别。一个亚种可以被视为一个"未成熟的种"。例如发生在我国南部的飞蝗是亚洲飞蝗的东亚亚种(简称东亚飞蝗),而发生在东北、内蒙古、新疆的则是亚洲飞蝗,二者属于不同的亚种。

亚种在物种的形成上具有重要的意义,亚种之间通过地理隔离而逐渐形成生殖隔离,再加上累积了遗传学上的差别,就会形成新的物种。因此,亚种是物种形成的过渡阶段,而地理隔离是构成亚种的必要条件。

2.种以上的分类

种以上的属、亚科、科、总科、亚目、目等分类阶元,都是进化系统树上更早的分支,因而应当说它们也是客观存在的,它们代表着生物演化发展所经过的历史旅程。分类学的一项重要任务,就是揭示和正确反映这种客观实际。

种以上的分类阶元比种具有更明显的间断,它们在空间上代表着物种间的不同性和相似性,在时间上代表着血缘的亲疏与起源;它们不只代表着物种演化的间断性与特殊性,也代表着物种演化的连续性和共同性;它们不只表示着有机世界的多样性,而且也表示着有机世界间本质的、内在的联系。

(三)命名法

各种生物在不同的地区都有不同的俗名,如我国常把二化螟和三化螟都称为水稻螟虫,英文称作 rice stem borer,都是一种俗名,容易引起混淆或造成误解。所以国际上规定,所有的生物都要使用统一的名称,即学名,以便于国际间的交流。

按照国际动物命名法规规定,昆虫的科学名称采用林奈的双名法命名,即一种昆虫的学名由属名和种本名两个拉丁化的文字组成,属名在前,第1个字母必须大写,种名在后,第1个字母小写,在种名之后通常还附上命名人的姓,第1个字母也要大写。如家蚕的命名为 *Bombyx mori* Linne。

有时还需在最后附上该物种发表的年代,如欧洲家蝇的命名为 *Musca domestica* Linne,1758。命名人的姓有时可用略写,例如 Linne(林奈)可略写为 L.、Fabricius 略写为 F. 或 Fabr.,但其他命名人的姓一般不得略写,或只略写至第2音节的首字母,例如 Matsumura 可略写为 Mats.，而不得略写为 M.。当某一种的属名被修订或种名被更改时，原定名人的姓氏要加圆括号，以便查对。如三化螟［*Tryporyza incertula*（Walker）］，即是由原来的 *Schoenobius* 属移到了 *Tryporyza* 属的。

学名中若有亚属名，可放在圆括号中置于属名与种名之间。若是亚种，则采用三名法，即将亚种本名直接放在种名之后，例如菜粉蝶欧洲亚种全名为 *Pieris rapae* Linne，东方亚种名为 *P. rapae crucivora* Boisduval。

昆虫的学名在印刷时常用斜体字或黑体字表示，也可在学名下方划一横线或曲线，以示与其他文字的区别。昆虫学名中的属名，在前面已经被提到的情况下，可以略写。例如上述的菜粉蝶东方亚种即可写作 *P. rapae crucivora*。

二、常见昆虫目、科的识别

（一）直翅目

直翅目昆虫包括蝗虫、蟋蟀、螽斯、蝼蛄等，属有翅亚纲、渐变态类。广泛分布于世界各地，以热带地区种类较多。本目分 3 个亚目，12 个总科和 26 个科，全世界已知近 30 000 万种，中国已知 1 000 余种。很多种类是农业生产上的重要害虫。

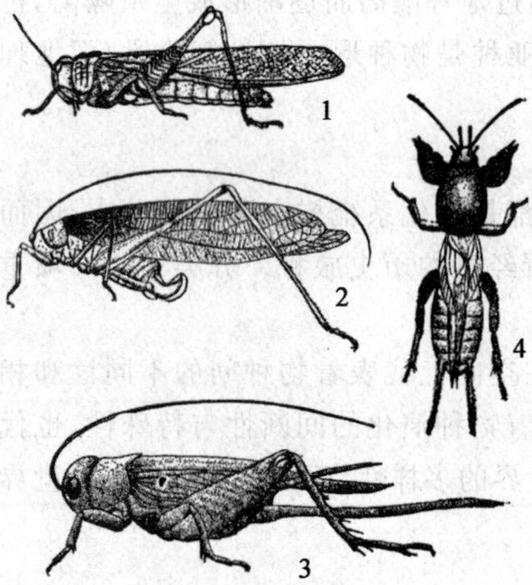

1. 蝗科 2. 螽斯科 3. 蟋蟀科 4. 蝼蛄科

图 1-17 直翅目昆虫

本目主要特征：咀嚼式口器；后足为跳跃足或前足为开掘足；前胸背板发达，多呈马鞍状；前翅革质，后翅膜质，少数翅一对或无翅；雌虫腹末多有明显的产卵器（蝼蛄除外）；雄虫多能用后足摩擦前翅或前翅相互摩擦发音；多有听器；渐变态，若虫与成虫相似；一般为植食性，多为害虫。常见科介绍如下。

1. 螽斯科（Tettigoniidae）

螽斯跗节 4 节，产卵器为马刀状、剑形或镰刀形。翅一般发达，但也有短翅型或无翅型。雄虫具发音器，少数种的雌虫也具发音器。螽斯的尾须一般短。一般为植食性，少数为肉食性。卵产在植物体内。

2. 蟋蟀科（Gryllidae）

蟋蟀科跗节 3 节，产卵器为矛状，尾须很长，仅雄虫具有发音器。本科昆虫为夜出性，发生一代需一年以上，卵多产于地下，常见的种类如油葫芦。

3. 蝼蛄科（Gryllotapidae）

蝼蛄为土栖昆虫，前足为开掘足，胫节宽，具 4 齿，跗节基部 2 齿，构成开掘足。后足腿节不发达，不适合跳跃。发音器不发达，具听器。产卵器不发达，但尾须很长。1～3 年发生一代，其是重要的地下害虫，如华北蝼蛄和东方蝼蛄。

4. 蝗科（Acrididae）

前胸背板发达，呈马鞍形，盖住中胸。跗节 3 节，具跗垫。鼓膜听器位于第一腹节两侧，雄虫可发音，是靠后足腿节与前翅外缘相互摩擦。体细长，光滑，颜面倾斜，触角剑状，无前胸腹板突，后足腿节中区具羽状隆线，前翅翅末不尖削。如中华蚱蜢。

(二)半翅目

国际昆虫界将原同翅目列入半翅目，为同翅亚目，因此，半翅目包括原半翅目和同翅亚目。多为植食性种类，为害农作物、果树、林木或杂草，刺吸其茎叶或果实的汁液，对农业生产造成一定程度的危害。

原半翅目的昆虫俗称蝽或蝽象，由于很多种能分泌挥发性臭油，因而又称臭虫、臭板虫。主要特征为前翅为“半翅”，栖息时平覆背上；刺吸式口器；具分节的喙，喙从头端部伸出；前胸很大，中胸小盾片发达(一般呈倒三角形)；腹面中后足间多有臭腺开口；陆生或水生；植食性或捕食性；渐变态(图1-18)。

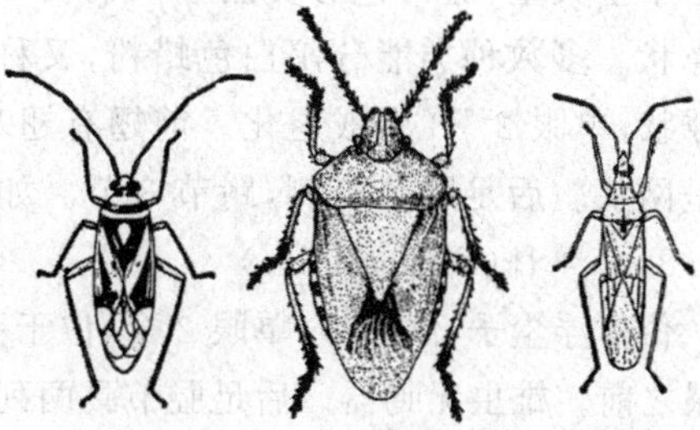

1　　2　　3

1.盲蝽科　2.蝽科　3.缘蝽科

图1-18　半翅目昆虫

同翅亚目包括蝉、叶蝉、沫蝉、蜡蝉、飞虱、木虱、粉虱、蚜虫、蚧等种类昆虫。主要特征为刺吸式口器，具分节的喙，但喙出自前足基节之间；前翅质地相同(全为膜质或全为革质)，栖息时呈屋脊状覆在背上，也有无翅或一对翅的；多为陆生；植食性；多为渐变态或过渐变态。

1.蝽科(Pentatomidae)

体小至大型。头小，三角形，明显地分为中片和侧片。触角5节，偶有4节。喙4节。有单眼。前胸大，侧角有时呈刺状。小盾片发达，三角形。超过前翅爪片的长度。前翅膜质部的纵脉，多从一基横脉上分出。跗节3节。大多数为植食性。

2.红蝽科(Pyrrhocoridae)

体中型，多为红色或黑色，前翅常具星状斑纹。触角4节，喙4节，跗节3节。无单眼，前翅膜片纵脉多于5条，膜质区基部有4条纵脉围成的2～3个大形翅室，并由此发出多条纵脉。常栖息于植物上或地面，产卵于泥土或腐败落叶层中。多数种类植食性。

3.缘蝽科(Coreidae)

体中至大型，宽扁或狭长，两侧缘略平行。多为褐色或绿色。触角4节，喙4节，有单眼。前胸背板及足常有叶状突或尖角。中胸小盾片小，三角形，短于前翅爪片。前翅膜质部有多条分叉的纵脉，均出自基部一横脉上。足较长，后足腿节粗大，跗节3节。植食性，如为害豆类的点蜂缘蝽等。

4.盲蝽科(Miridae)

体小型，稍扁平，触角4节，无单眼。前翅革质部分分为革片、爪片和楔片。膜区由翅脉在基部围成两个翅室。从侧面看，膜区与革区呈一角度。植食性，近万种，我国已知500种，如绿盲蝽、苜蓿盲蝽、三点盲蝽等。

5.网蝽科(Tingidae)

体小而扁，体长多在5 mm以下，触角4节，以第3节最长。喙4节，无单眼。头顶、前胸背板及前翅具网状花纹。足正常，跗节2节、无中垫。植食性，多在叶背面或幼嫩枝条群集食害，排出锈渍状污物，并在被害植物组织上产卵。如梨网蝽为害梨、桃、苹果等各种果树。

6. 蝉科(Cicadidae)

体中到大型,单眼 3 个,呈三角形排列于头顶中央。触角着生于复眼之间前方。雄虫在第一腹节腹面具鸣器,雌虫具听器。翅宽大,膜质,善飞。前足腿节膨大,下缘具刺,跗节 3 节。若虫前足为开掘足,营地下生活,为害植物根部。成虫俗称知了,发育历程较长,一般需要 2 年以上时间,最长可达 17 年,例如蚱蝉。

7. 蜡蝉科(Fulgoridae)

中至大型,通常色彩美丽,有"羽衣"之称。许多种类额与颊间形成隆堤,额常向前伸长似象鼻状。多数种类能分泌白色蜡粉,又称"蜡蝉"。触角着生在复眼下方,3 节,基部两节膨大如球状,单眼 2～3 个或退化。前翅有翅基片,端部翅脉多分叉,多横脉,呈网状,后翅臀区翅脉也呈网状。后足胫节有刺,跗节 3 节。如斑衣蜡蝉。

8. 叶蝉科(Cicadellidae)

俗称浮尘子,体小型,单眼 2 个,位于头顶边缘或头顶与额之间。触角着生于两复眼之间或复眼之前。雄虫无鸣器。后足胫节具两列刺,产卵器锯齿状(图 1-19)1。其中很多昆虫是传毒昆虫,如大青叶蝉。

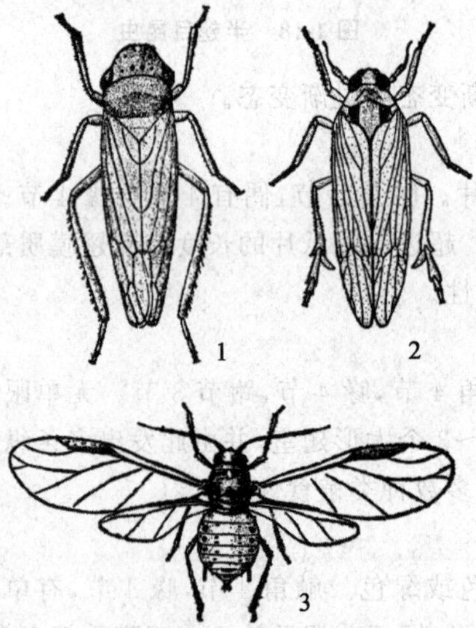

1. 叶蝉科 2. 飞虱科 3. 蚜科

图 1-19 半翅目昆虫

9. 飞虱科(Delphacidae)

体小型,后足胫节末端具一大而能动的距。雌虫具发达的产卵瓣,产卵于植物茎叶组织中。常有长、短翅两个类型,主要为害水稻和其他禾本科植物(图 1-19)2,如褐飞虱、白背飞虱、灰飞虱等。

10. 木虱科(Psyllidae)

体小型。触角较长,9～10 节,末端有 2 条不等长的刚毛。单眼 3 个。翅 2 对,前翅质地较厚。跗节 2 节。若虫体扁,常分泌蜡质和大量蜜露,虫体在其下。例如中国梨木虱。

11. 粉虱科(Aleyrodidae)

粉虱的 1 龄若虫足发达,可动。触角 4 节。第二龄起,足和触角退化,营固定生活,体变硬,分类上叫"蛹壳",是一个重要的分类阶段。如温室白粉虱。

12. 蚜科(Aphididae)

蚜虫俗称蜜虫,触角一般 6 节,个别种类和某些类型为 5 节或 3 节。无翅个体和若蚜仅具原生感觉孔,位于第 5、6 节的末端,大型。触角的最后一节又可再分为基部和鞭部两部分。有翅成蚜在第 3～6 节上具圆形的次生感觉孔,其数目在不同种类各不相同,是区分种类的重要依据。腹部在第 6 或第 7 节背两侧具一对腹管,腹管具瓦状纹或无,其形状和长度是分类的重要依据。腹部末端突出的部分叫尾片,尾片的形状呈圆锥形、圆筒形或其他形状,在尾片上着生刚毛,刚毛的形状为直或弯型,其形状和数量是区分种类的重要依据(图 1-19)3。

蚜虫不仅可造成直接为害,更可传播多种植物病毒,如黄瓜花叶病毒、小麦黄矮病毒等,蔬菜和大田作物中的多数病毒是由蚜虫传播的。

13. 蚧科(坚蚧、蜡蚧)(Coccidae)

此科成虫体圆形或椭圆形,隆起。体壁坚硬,少数柔软。雌虫和若虫一般营固定生活,足、触角等均退化。仅具两对胸部气门。腹末具臀裂,肛门上方覆盖两块三角形的肛板。雄虫腹末具长蜡丝。如朝鲜球坚蚧。

14. 盾蚧科(Diaspididae)

此科为蚧亚目中最大的科,其介壳为真正的介壳,为前一龄的虫蜕再加上其分泌物组成。营固定生活,除雄成虫外,均终生不可动。雌虫和若虫,腹部的末几节不分节,愈合成一块完整的骨片。无肛环和肛环刺,但腹末具许多叶状的突起,叫臀叶。雄虫无复眼。如梨圆蚧。

(三)鳞翅目

鳞翅目包括蛾、蝶两类昆虫,属有翅亚纲、全变态类。全世界已知约 20 万种,中国已知有 8 000 余种。为昆虫纲中仅次于鞘翅目的第 2 个大目。分布范围极广,以热带种类最为丰富。绝大多数种类的幼虫为害各类栽培植物,体形较大者常食尽叶片或钻蛀枝干。体形较小者往往卷叶、缀叶、吐丝结网或钻入植物组织取食危害。

本目主要特征为翅 2 对,膜质,各有 1 个封闭的中室,翅上被有鳞毛,组成特殊的斑纹,在分类上常用到;少数无翅或短翅型;虹吸式口器;跗节 5 节;无尾须;全变态。幼虫多足型,除 3 对胸足外,一般在第 3～6 及第 10 腹节各有腹足 1 对,但有减少及特化情况,腹足端部有趾钩;幼虫体上条纹在分类上很重要;蛹为被蛹。幼虫绝大多数陆生,植食性,为害各种植物;少数水生。

在分类系统上,一般按照触角的类型特征,将鳞翅目分为锤角亚目和异角亚目 2 个亚目。

锤角亚目

触角端部膨大成球杆状,静息时双翅竖立于体背,白天活动,卵散产,多数为缢蛹。如粉蝶科、弄蝶科等。

异角亚目

触角多样,主要有丝状、羽毛状、栉齿状等。静息时双翅平放于身体两侧;昼伏夜出,卵散产或块产,蛹外常有茧。如木蠹蛾科、卷蛾科、螟蛾科、夜蛾科等。重要科介绍如下。

1. 木蠹蛾科(Cossidae)

体中型,触角羽状,下颚须及喙管均缺,下唇须短小。体一般具浅灰色斑纹。幼虫略扁,头及前胸盾硬化,上颚强大,傍额片伸达头顶。多蛀食树木。如常见的柳木蠹蛾、芳香木蠹蛾,是果树和行道树的重要害虫(图 1-20)。

2. 卷蛾科(Tortricidae)

中或小型,多为褐、黄、棕、灰等色,并有条纹、斑纹或云斑。前翅略呈长方形,肩区发达,前缘弯曲,有的种类雄虫前缘向反面褶叠。静止时,两前翅平叠在背上,合成钟状,下唇须第 1 节常被有厚鳞,造成三角形。除头部有竖立的鳞毛外,身上的鳞片平贴。幼虫圆柱形,体色多为不同程度的绿色,有的白色、粉红色、紫色或褐色。前胸气门前的骨片有 3 根毛。肛门上方常有臀栉。常见种类有苹果小卷叶蛾等(图 1-21)。

3. 螟蛾科(Pyralidae)

其为鳞翅目中的一个大科,全世界已记载约 1 万种,我国已知 1 000 余种,许多种类为农业上的重要害虫。成虫小型至中等大小,身体细长,脆弱,腹部末端尖削。有单眼,触角细长,

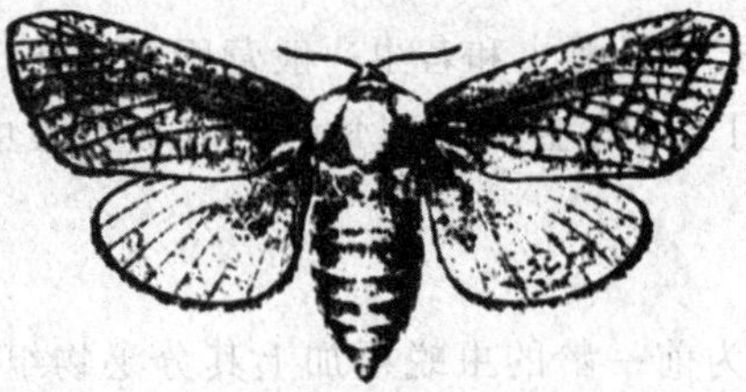

图 1-20 木蠹蛾科

（李清西．植物保护．2002.）

图 1-21 卷蛾科

（李清西．植物保护．2002.）

下唇须伸出很长，如同鸟喙。足通常细长。幼虫体细长，前胸气门前片有 2 根毛。重要种类如玉米螟、草地螟等（图 1-22）。

4. 尺蛾科（Geometridae）

体小至中型，身体较细弱。翅宽大，质薄，鳞片细密，停息时翅平展体侧。有的雌虫无翅或翅退化。腹部细长，听器位于腹基部下方。幼虫腹足 2 对，分别着生于第 6 和第 10 腹节上，趾钩一般为双序中带或缺环式。幼虫爬动时弓背而行，故称为“尺蠖”或“步曲”；静息时腹足固定于枝条，身体前部伸直，拟态成枝条状。如棉大造桥虫等（图 1-23）。

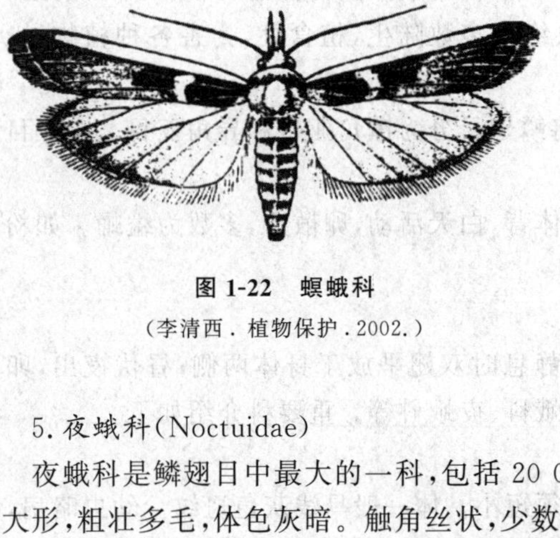

图 1-22 螟蛾科

（李清西．植物保护．2002.）

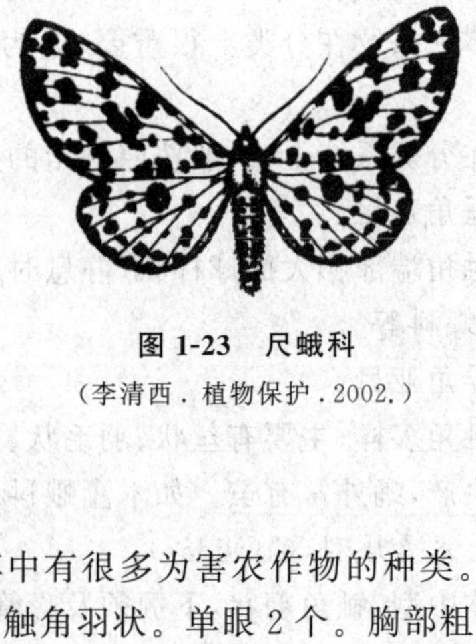

图 1-23 尺蛾科

（李清西．植物保护．2002.）

5. 夜蛾科（Noctuidae）

夜蛾科是鳞翅目中最大的一科，包括 20 000 多种，其中有很多为害农作物的种类。体中至大形，粗壮多毛，体色灰暗。触角丝状，少数种类的雄性触角羽状。单眼 2 个。胸部粗大，背面常有竖起的鳞片丛。前翅颜色一般灰暗，多具色斑，后翅多为白色或灰色（图 1-24）。

幼虫体粗壮，光滑，少毛，色较深。腹足通常 5 对（其中的 1 对臀足发达），但也有少数种类仅为 4 对或 3 对，即第 3 腹节或第 3、4 两个腹节的腹足退化。卵多数为圆球形或略扁，表面常有放射状的纵脊纹，散产或成堆产于寄主植物或土面上。

成虫均在夜间活动，趋光性强，多数种类对糖、酒、醋混合液有强的趋性。少数种类喙端锋利，能刺破成熟的果实。绝大多数幼虫植食性，为害方式多种多样，有的钻入地下为害，咬断植株根茎、幼苗，如地老虎类幼虫；有的蛀茎或蛀果为害，如棉铃虫；有的则暴露在寄主表面为害，如黏虫等。

6. 舟蛾科（Notodontidae）

其又称天社蛾科。与夜蛾科很相似。有些种类前翅内缘有显著的毛丛，后足腿节也有很多长毛。幼虫体生较多的次生刚毛，但不具毛瘤，趾钩单序中带式，臀足退化或变形为长突起。

有的特化成枝状，向后伸，静止时头尾两端上翘，似舟形。幼虫食叶。卵表面的刻纹呈多角形网纹，无纵脊，多聚产成堆。蛹表面有细软的毛。常见的种类如苹掌舟蛾、杨扇舟蛾等(图1-25)。

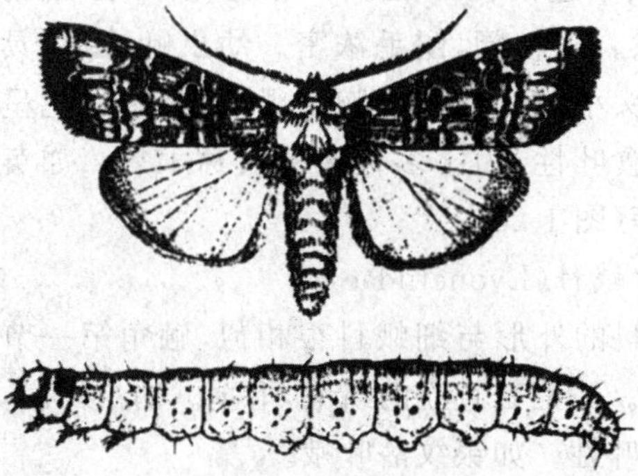

图1-24　夜蛾科
（李清西．植物保护．2002.）

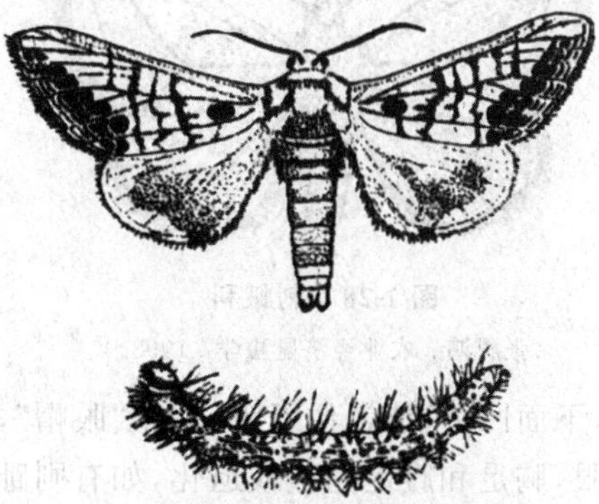

图1-25　舟蛾科
（李清西．植物保护．2002.）

7.菜蛾科(Plutellidae)

体小型细狭，色暗；成虫在停息时触角伸向前方。下唇须短，向前突出。翅狭长，前翅披针状，后翅菜刀形。幼虫细长，通常绿色。腹足细长，行动活泼。常取食植物叶肉，使被害叶呈网状花纹，如小菜蛾为害十字花科蔬菜等(图1-26)。

8.毒蛾科(Lymantriidae)

体中型而粗壮，胸、腹部及前足多毛。口器与下唇须均退化。触角羽状，无单眼。很多种类雌虫腹末有成簇的鳞毛。幼虫被毒毛，毛长短不齐，生于第1～8腹节的毛瘤上。腹部第6、7节或第7、8节背面中央各具1个翻缩腺。多为害果树和林木。如舞毒蛾、柳毒蛾等(图1-27)。

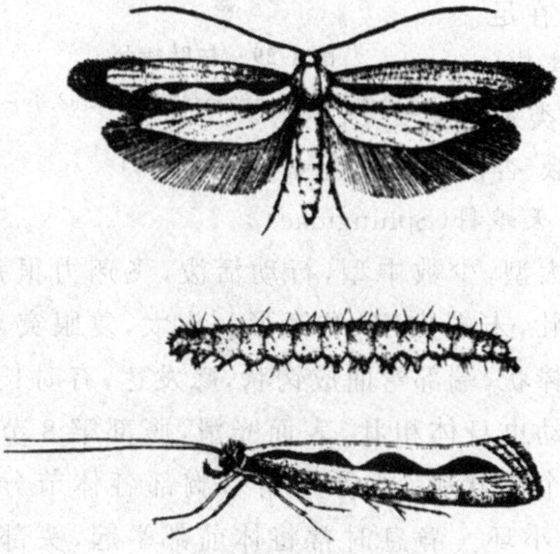

图1-26　菜蛾科
（李清西．植物保护．2002.）

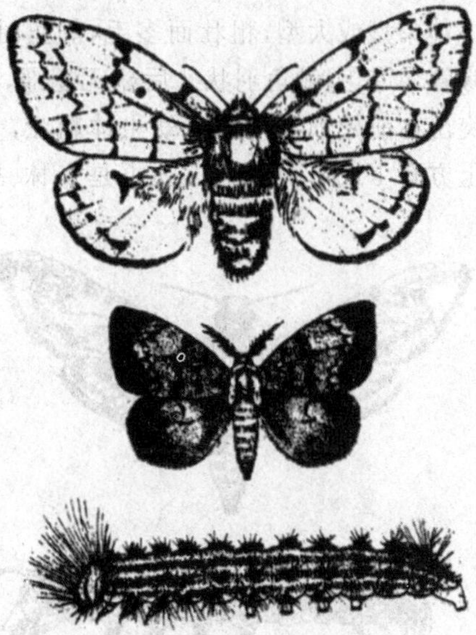

图1-27　毒蛾科
（李清西．植物保护．2002.）

9. 刺蛾科(Limacodidae)

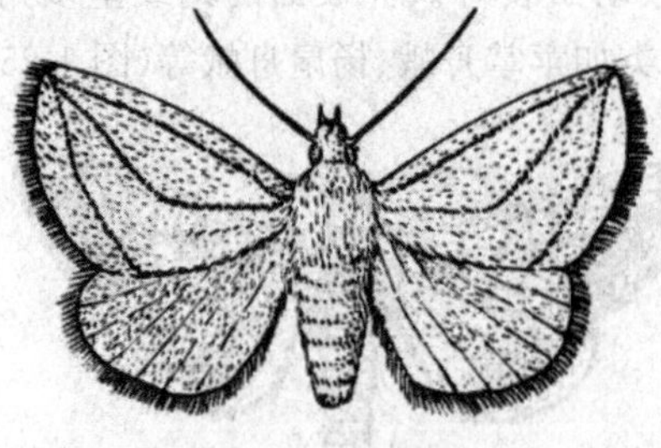

图 1-28 刺蛾科

(张履鸿. 农业经济昆虫学. 1993.)

成虫中等大小,体短而粗壮,多毛,黄色、褐色或绿色,有红色或暗色的简单斑纹。喙退化,雌虫触角丝状,雄虫羽状。翅较阔,鳞毛浓密。幼虫蛞蝓形,具枝刺及毒毛。头小,缩入胸内,胸足很小,腹足退化呈吸盘状。幼虫食叶性,为害多种果树及林木等。如黄刺蛾、绿刺蛾等(图 1-28)。

10. 潜叶蛾科(Lyonetiidae)

潜叶蛾科的外形与细蛾科很相似,触角第一节很阔,下面凹下,能盖住复眼,称作"眼帽",边缘有栉毛。头上有直立的鳞毛,下垂。幼虫体扁,无单眼,胸足和腹足完整或退化,如有则趾钩单列。潜叶性。如银纹潜叶蛾。

11. 蛀果蛾科(Carposinadae)

体中、小型。头顶有粗毛,单眼退化,口器发达。雄蛾的下唇须上举,雌蛾的下唇须向前伸。前翅翅脉发达,彼此分离。成虫头顶有粗毛,单眼退化,雄虫下唇须长形,上举。幼虫主要蛀食果实。如桃小食心虫(桃蛀果蛾)蛀食苹果、梨、桃、枣等多种果实。

12. 蚕蛾科(Bombycidae)

体中型而粗壮,喙退化,触角羽状,翅阔。翅的顶角尖出,外缘呈波状弯曲。幼虫第 8 腹节背面有 1 短尾角,胸部显著隆起,趾钩双序中带式。有益的种类如家蚕等。

13. 大蚕蛾科(Saturniidae)

大型或特大型蛾类。喙不发达,触角羽状。翅面上多具透明的眼斑或色斑。幼虫体肥大,多枝刺。如柞蚕、乌桕大蚕蛾等。

14. 枯叶蛾科(Lasiocampidae)

体中型或大型,粗壮而多毛,静止时形似枯叶。单眼和喙管均退化,触角羽状。后翅无翅缰,肩区扩大,静止时常突出在前翅前缘外方。幼虫体粗壮,多长毛,前胸在足的上方有 1 或 2 对突起。幼虫是森林、果树的重要害虫。重要种类有杨枯叶蛾、杏枯叶蛾、松毛虫等(图 1-29)。

图 1-29 枯叶蛾科

(张履鸿. 农业经济昆虫学. 1993.)

15. 天蛾科(Sphingidae)

体大型,少数中型,行动活泼,飞翔力很强。身体粗壮,末端尖削,纺锤形。头大,复眼突出,触角棍棒状,端部弯曲成钩状,喙发达,有时长过身体。幼虫身体粗壮,表面光滑,腹部第 8 节背面有 1 个尾状突(或称尾角),胸部各体节分为 6~8 个小环。静息时常将体前部举起,头部缩起向下,长时间不活动。危害农作物的常见种类有豆天蛾等(图 1-30)。

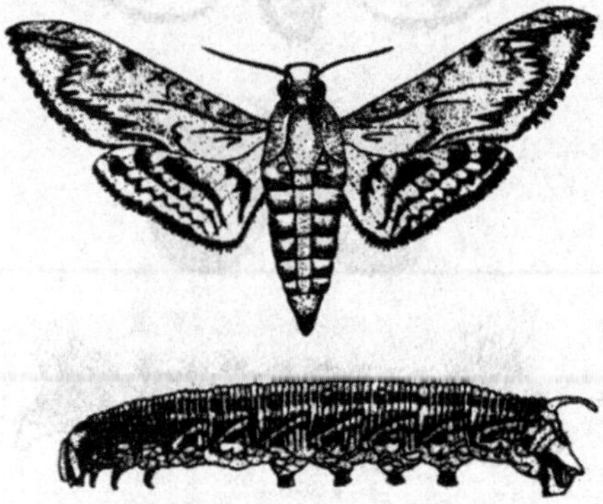

图 1-30 天蛾科

(李清西. 植物保护. 2002.)

16. 灯蛾科(Arctidae)

其与夜蛾科体形相似，但体色鲜艳，通常为红色或黄色，且多具条纹或斑点。成虫触角丝状或羽状。成虫具趋光性，多在夜间活动。幼虫体上具毛瘤，生有浓密的长毛丛，毛的长短比较一致，中胸在气门水平上具 2～3 个毛瘤。幼虫常为害棉花、禾谷类作物、蔬菜和果树等。卵圆球形，表面有网状花纹。蛹有丝质茧，茧上混有幼虫体毛。如亚麻灯蛾、黄足灯蛾等。

17. 凤蝶科(Papilionidae)

其多为大型和色彩鲜艳的蝴蝶。翅三角形，后翅外缘呈波状或有一燕尾状凸起。底色黄色(极少数白色)或绿色而有黑色斑纹，或黑色而有蓝、绿、红的色斑。幼虫体光滑无毛，后胸隆起最高，前胸背中央有 1 个可翻缩的分泌腺，“Y”形或“V”形，红色或黄色，受惊扰时翻出体外。主要为害芸香科、樟科、伞形花科等植物。如柑橘凤蝶、玉带翠凤蝶等(图 1-31)。

18. 粉蝶科(Pieridae)

其多数为中等大小的蝴蝶，白色或黄色，有黑色缘斑，少数种类有红色斑点。前翅三角形，后翅卵圆形。后翅内缘凸出，栖息时包裹腹部。幼虫体表有很多小凸起和次生刚毛，每体节分为 4～6 环。幼虫主要为害十字花科、豆科和蔷薇科等植物。如菜粉蝶、豆粉蝶等(图 1-32)。

图 1-31　凤蝶科
(李清西．植物保护．2002.)

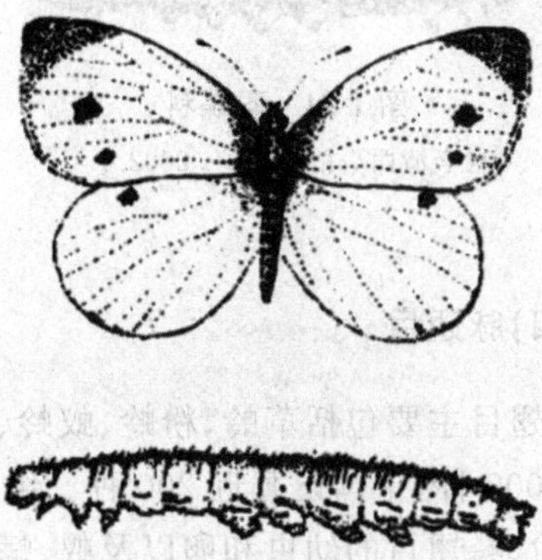

图 1-32　粉蝶科
(李清西．植物保护．2002.)

19. 蛱蝶科(Nymphalidae)

中型或大型，翅面有各种鲜艳的色斑。雌、雄蝶前足退化，雄蝶跗节 1 节，雌蝶跗节 4～5 节。翅色鲜明。幼虫通常色深，头部常有凸起或棘刺，体上常有成对的棘刺，趾钩中带式，多为 3 序，少数 2 序。幼虫主要取食野生或栽培植物的叶片。如黄钩蛱蝶、小红蛱蝶等(图 1-33)。

图 1-33　蛱蝶科
(李清西．植物保护．2002.)

20. 灰蝶科(Lycaenidae)

其是小型蝴蝶，纤弱而美丽。触角有白色的环，复眼周围有一圈白色鳞片。通常翅表有灰、蓝、绿等色，并具金属闪光。翅反面灰色，常具眼点，后翅常具纤细的燕尾状突。雌蝶前足发达，雄蝶前足退化。幼虫蛞蝓型，短而扁，头小,常缩入胸内,体光滑或具小瘤突。

21. 眼蝶科(Satyidae)

体中型,色暗而不艳;翅上常有眼状斑纹;前足退化。幼虫与弄蝶幼虫相似,但头部有 2 个显著角状凸起。如稻眼蝶(图 1-34)。

22. 弄蝶科(Hesperiidae)

小至中型,体粗壮,颜色深暗。头比前胸大。触角末端尖出,弯成小钩。翅面上常具白斑或黄斑。幼虫头大,前胸细瘦呈颈状,腹部末端有臀栉。成虫多在早晚活动。幼虫常吐丝缀联数叶片作苞,在苞内食害。如为害水稻的直纹稻弄蝶(直纹稻苞虫)等(图 1-35)。

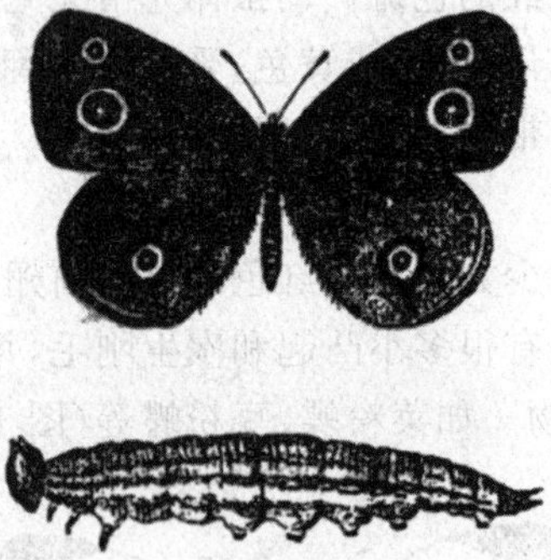

图 1-34 眼蝶科

(李清西.植物保护.2002.)

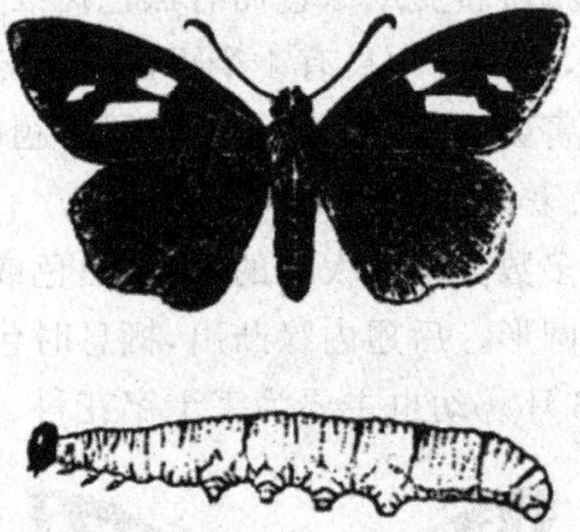

图 1-35 弄蝶科

(李清西.植物保护.2002.)

(四)脉翅目

脉翅目主要包括草蛉、粉蛉、蚁蛉、褐蛉、螳蛉等昆虫。属有翅亚纲、全变态类。全世界已知约 5 000 种,中国记载近 200 种。绝大多数种类的成虫和幼虫均为肉食性,捕食蚜虫、叶蝉、粉虱、蚧、鳞翅目的幼虫和卵以及蚁、螨等,其中不少种类在害虫的生态控制中起着重要作用。

本目主要特征:咀嚼式口器;翅 2 对,膜质而近似,脉序如网,各脉到翅缘多分为小叉,少数翅脉简单但体翅覆盖白粉;头下口式;触角细长,线状或念珠状,少数为棒状;足跗节 5 节,爪 2 个;卵多有长柄;全变态。重要科介绍如下。

1. 草蛉科(Chrysopidae)

体小至中型,细长而柔弱,草绿色、黄色或灰白色。触角丝状。复眼相距较远,具金属光泽。前后翅形状、脉序相似,前缘区内有 30 条以下的横脉,末端不再分叉。卵长圆形。基部有1 丝质的长卵柄。幼虫上颚内缘无齿,与下颚形成的吸管长而尖,状似镰刀,伸向头前方。成虫栖居于农林草丛,卵多产在植物的叶片、枝梢、树皮上,散产或集聚成束。有些种类的幼虫有背负枝叶碎片或猎物残骸的习性(图 1-36)。

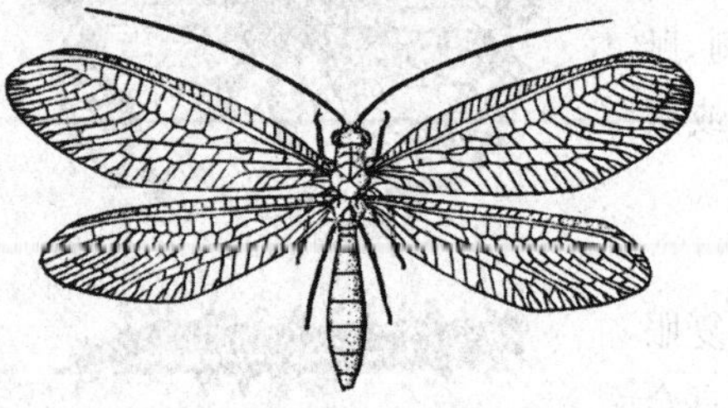

图 1-36 草蛉科

(张学哲.作物病虫害防治.2005.)

成虫、幼虫主要捕食蚜、螨、蚧及鳞翅目、鞘翅目昆虫的卵和幼虫,故有“蚜狮”之称。常见种类有大草蛉等。

2. 蚁蛉科(Myrmeleontidae)

体大型，体翅狭长，颇似蜻蜓。触角短，棍棒状；前后翅的形状、大小和脉序相似，静止时前后翅覆盖腹背，呈明显的屋脊状。翅痣不明显，但有狭长形的翅痣下室。卵球形，具有两个很小的精孔。幼虫体粗大，身上有毛。头小，上颚强大，呈长镰刀状，内缘具齿。足强大，后足胫节与跗节愈合。

成虫栖居于林木、草丛，捕食鳞翅目、鞘翅目幼虫，有趋光性。幼虫穴居沙地，筑漏斗状的陷阱，静伏其中捕食陷落穴中的蚂蚁等小动物，故有“蚁狮”之称。幼虫老熟后化蛹沙土中。

(五)膜翅目

膜翅目包括蜂、蚁类昆虫，属有翅亚纲、全变态类。全世界已知约 12 万种，中国已知 2 300 余种，是昆虫纲中最高等的昆虫类群。广泛分布于世界各地，以热带和亚热带地区种类较多(图 1-37)。

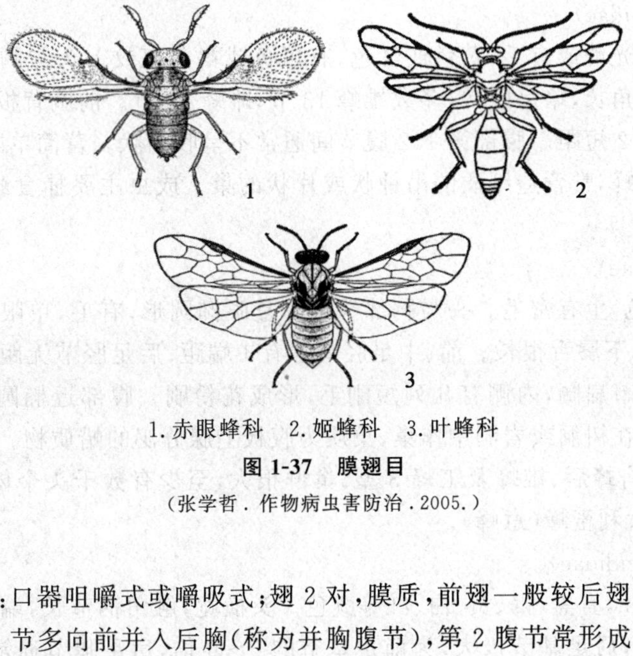

1. 赤眼蜂科　2. 姬蜂科　3. 叶蜂科

图 1-37　膜翅目

(张学哲．作物病虫害防治．2005.)

本目主要特征：口器咀嚼式或嚼吸式；翅 2 对，膜质，前翅一般较后翅大，后翅前缘具一排小翅钩列；腹部第 1 节多向前并入后胸(称为并胸腹节)，第 2 腹节常形成细腰；雌虫一般有锯齿状或针状产卵器；触角多为膝状；足跗节 5 节；无尾须；全变态或复变态。幼虫分为无足型和多足型。蛹为离蛹，一般有茧。

本目几乎全部陆生。主要为益虫类，除大多数为天敌昆虫外(寄生蜂类、捕食性蜂类和蚁类)，尚有蜜蜂等资源昆虫及授粉昆虫。本目一些种类营群居性或“社会性”生活(蜜蜂和蚁)。常见的重要科介绍如下。

1. 赤眼蜂科(Trichogrammatidae)

微小型，体长 0.3～1.0 mm，黑色、暗色、淡褐色或黄色。触角短，3 节、5 节或 8 节。前翅宽，或狭而具长缘毛；翅脉呈弓形，痣脉弯；翅面上布有不整齐而稀疏的细毛，故又称纹翅小蜂科。跗节 3 节。如玉米螟赤眼蜂、松毛虫赤眼蜂等。

2. 姬蜂科(Ichneumonidea)

体型变化较大，体长(不包括触角和产卵管)3～40 mm，以 10～20 mm 为多。翅一般发达，偶有无翅型和短翅型。翅的特征是前翅前缘脉和亚前缘脉愈合，具翅痣，肘脉基段消失而第1肘室和第1盘室合并为盘肘室，有第2回脉。腹部基部缩缢，具柄或略呈柄状；腹部一般细长，圆筒形、卵形、扁平、侧扁都有，但腹面膜质。产卵管长短不等，寄生于木材中天牛或树蜂的种类，有的超过50 mm，但均自腹部腹面末端之前伸出。全部种类都是寄生性的。幼虫期在寄主体内外取食，成虫期营自由生活，可飞翔或爬行寻找寄主。寄主主要是鳞翅目、鞘翅目、双翅目、膜翅目、脉翅目、毛翅目等全变态昆虫的幼虫和蛹；少数是蜘蛛的成蛛、幼蛛或卵囊；还有一种寄生于伪蝎的卵囊。姬蜂绝大多数直接寄生于许多农林害虫体内，是一类重要的益虫。

3. 叶蜂科(Tenthredinidae)

小型至中型昆虫，体长3.8～14.0 mm。体阔，肥胖如蜜蜂，无腹柄。头阔，复眼大，单眼3个。触角7～10节，刚毛状、丝状、或稍带棒状，枝叶蜂属的雄虫触角为栉齿状。翅大，原始脉序。产卵管由2对扁枝构成，外侧1对称为锯导；中间1对称为"产卵锯"，产卵时用以锯开植物组织，亦称叶蜂为"锯蜂"。有些种类为农业及林业害虫，如小麦叶蜂、梨实蜂和松锯蜂等。

4. 胡蜂科(Vespidae)

中至大型，体表光滑或有毛，黄色或红色，有黑色或褐色斑纹。头与胸部等阔，复眼发达。上颚强壮、有齿。触角长，略呈膝状，多数雄蜂13节，雌蜂12节。前胸背板向后延伸，足发达，爪简单，中足胫节有2短距。腹部第1、2腹节间通常不呈收缩状。营简单的社会性生活，群体中有蜂后、雄蜂及工蜂，常营造纸质的吊钟状或片状的巢。成虫主要捕食鳞翅目幼虫，也取食果汁及嫩叶等。

5. 蜜蜂科(Apidae)

多为黑色或褐色，生有密毛。头与胸部等阔。复眼椭圆形，有毛，单眼排成三角形。下颚须1节，下唇须4节，下唇舌很长。前、中足胫节各有1端距；后足胫节无距，扁平具长毛，末端形成花粉篮，第1跗节扁阔，内侧有几列短刚毛，形成花粉刷。腹部近椭圆形，体毛较少，第6节弯曲，有小齿。喜在树洞或岩洞中作巢，巢质为腹板上腺分泌的蜡质物。具很高的社会性生活习性，1个巢群内有蜂后、雄蜂及工蜂3型，巢群很大，至少有数千头个体。如中国蜜蜂（中蜂、东方蜜蜂）和意大利蜜蜂（意蜂）。

6. 小蜂科(Chalcididae)

体长0.2～5 mm，有黑、褐、黄、白、红等颜色。头横宽，触角柄节长，端部有时呈锤状。足转节2节，跗节5节，后足基节极大，为前足基节的5～6倍，后足腿节通常膨大，内缘成锯齿状；胫节弯曲，生有2距。腹柄短，产卵器直而短。重要的种类如广大腿小蜂，寄生于粉蝶、松毛虫以及舞毒蛾等多种昆虫的蛹。

（六）鞘翅目

本目昆虫通称甲虫。属有翅亚纲、全变态类。全世界已知约33万种，中国已知约7 000种。该目是昆虫纲中乃至动物界种类最多、分布最广的第1大目。多数种类属于世界性分布，如步甲、叶甲、金龟甲和象甲科的某些种类；少数种类主要分布于热带地区，温带地区种类渐少，如虎甲、吉丁甲、天牛和锹甲科的某些种类；个别种类的分布仅局限于特定范围，如水生的两栖甲科仅分布于中国的四川、吉林和北美的某些地区。本目中许多种类是农林作物重要害虫，与人类的经济利益关系十分密切。

本目主要特征是前翅为鞘翅，静止时覆在背上盖住中后胸及大部分甚至全部腹部；也有无翅或短翅型的;口器咀嚼式;触角多为11节,形态不一;跗节5节;多为陆生,也有水生;食性各异,植食性包括很多害虫,捕食性多为益虫,还有不少为腐食性;全变态,少数为复变态。可分为肉食亚目、多食亚目、管头亚目3个亚目。各自特点如下。

肉食亚目:腹部第1节腹板被后足基节窝所分开;前胸背板与侧板间分界明显;触角多为丝状;跗节5节。水生或陆生种类的成虫和幼虫多为捕食性,仅步甲科中有些种类为植食性。

多食亚目:腹部第1节腹板不被后足基节所分开,后足基节不固定在后胸腹板上;前胸背板与侧板间无明显分界;头不呈喙状,外咽缝明显分开;跗节3～5节。食性复杂。包括鞘翅目的多数种类。

管头亚目:头部延伸成喙状,外咽缝愈合成1条或消失。前胸背侧缝和侧腹缝消失。后足基节不固定在腹板上,基节窝也不将腹部第1节腹板完全分开。触角多为膝状或锤状。植食性。

重点科介绍如下。

1. 步甲科(Carabidae)

其小至大型,体黑色或褐色,具光泽。头小于胸部,前口式。触角细长丝状,着生于上颚基部与复眼之间,触角间距大于上唇宽度。上颚不太大,内颚叶无能动的钩。鞘翅上常有刻点或条纹,有的种类左右前翅愈合。后翅常退化,不能飞翔,但行动敏捷。腹部可见腹板6节。成虫和幼虫常栖息于砖石、落叶下或土中,昼伏夜出,多捕食鳞翅目、双翅目幼虫、蜗牛、蛞蝓等小形软体动物。常见的有中华步甲等(图1-38)。

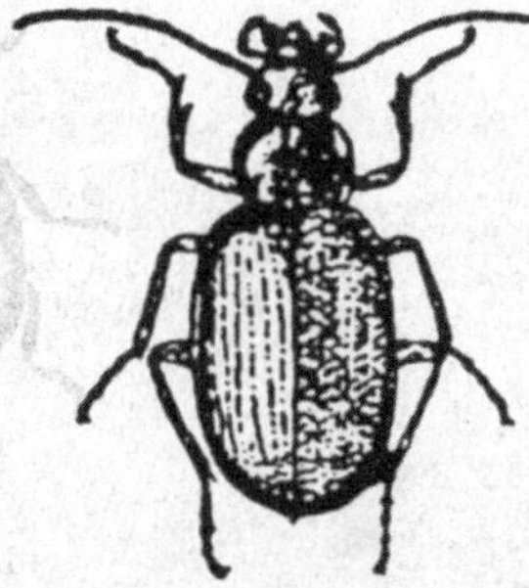

图1-38　步甲科

2. 虎甲科(Cicindelidae)

其与前科很相似,但具有鲜艳的色斑和金属光泽。头下口式,比胸部略宽。触角丝状,着生于额区复眼之间,触角间距小于上唇宽度。复眼大而突出。上颚很发达,长大弯曲而有齿。后翅发达,善飞,白天活动,常静伏地面或低飞捕食小虫。幼虫穴居地洞,在洞口张开上颚等候小虫,以便捕捉。常见种类如中华虎甲等(图1-39)1。

3. 鳃金龟科(Melolonthidae)

其体小至大型,体色多暗淡。触角8～10节,鳃叶部常发达,由3～7节组成。上唇外露骨化。各足2爪通常大小相等,至少后足相似。腹部气门位于腹板侧上方。幼虫肛门3裂状。常见的如华北大黑鳃金龟等(图1-39)2。

4. 瓢甲科(Coccinellidae)

体小至中型,卵圆形,腹部平坦,背面弧形或半球形拱起。多为红、褐、黄、白、黑色等,常具鲜艳色斑。头小,后部嵌于前胸。触角一般11节,锤状。跗节隐4节。腹部可见5或6节腹板。幼虫行动活泼,蛃型,腹部末端尖削,体上生有很多带有刺毛的突起或分枝的毛状棘,有的附有白色蜡粉。分肉食性(瓢甲亚科:成虫背面具光泽,上颚有基齿,端部对裂或不分裂)和植食性(毛瓢甲亚科:成虫无光泽,上颚无基齿,端部分成许多小齿)两大类,肉食性种类占80%以上。肉食性种类的成虫和幼虫主要捕食蚜虫、介壳虫、粉虱、螨类等害虫,是一类重要的天敌昆虫,如七星瓢虫、黑缘红瓢虫、异色瓢虫等。植食性的种类,如茄二十八星瓢虫等,是重要的农业害虫(图1-39)3。

5. 象甲科(Curculionidae)

通称象鼻虫。小至大型。头部向前方延长的长短不一，口器着生于头管端部。触角膝状，10～12 节，末 3 节膨大成锤状。跗节隐 5 节。幼虫体软，肥胖而弯曲，无足。成虫和幼虫均植食性，食叶、钻茎、蛀根或种子。如玉米象、蒙古灰象甲等(图 1-39)4。

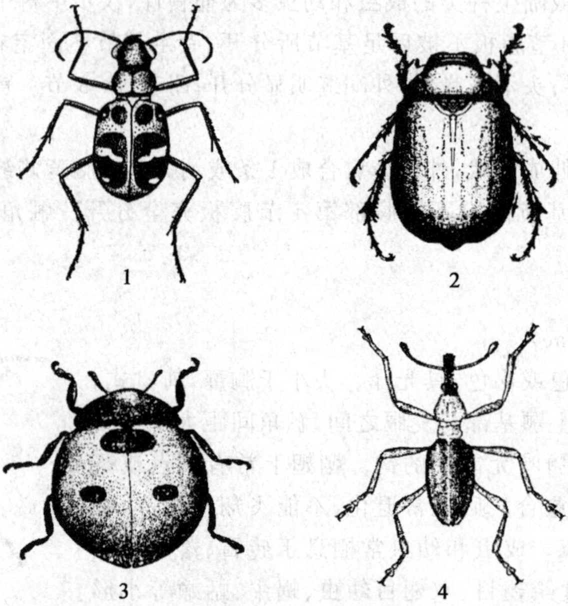

1. 虎甲科　2. 鳃金龟科　3. 瓢甲科　4. 象甲科

图 1-39　鞘翅目昆虫

(张学哲．作物病虫害防治．2005.)

6. 叩头甲科(Elateridae)

体小至中型，多为灰、褐或棕色。触角 11～12 节，锯齿状、栉齿状或丝状，形状常因性别不同而异。前胸背板后缘角突出成锐刺，前胸与鞘翅相接处明显凹陷，前胸腹板具有向后延伸的刺状突，插入中胸腹板的凹沟内，能做有力的叩头状活动。足较短，跗节 5 节。腹部可见 5 节。幼虫通称金针虫，体细长，体壁光滑坚韧，头和末节特别坚硬，生活在土中，取食植物的根、块茎和地下的种子，是重要的地下害虫。农业上重要的种类有沟金针虫、细胸金针虫等(图 1-40)。

7. 吉丁甲科(Buprestidae)

其体型与叩头甲相似，但前胸后侧角无刺，前胸与鞘翅相接处不凹入，前胸腹板突扁平状，嵌入中胸腹板，不能活动。体常有鲜艳的金属光泽。触角锯齿状。腹部第 1、2 节腹板愈合。幼虫俗称“串皮虫”，体细长，前胸常扁平而膨大，无足，腹部 9 节，柔软，在树木的形成层中串成曲折的隧道，取食为害，是果树和林木的重要害虫(图 1-41)。

8. 天牛科(Cerambycidae)

体中至大型。体长形，略扁。触角长，且后伸，多数种类长于身体。有些种类雌虫触角多为丝状，而雄虫多为锯齿状。复眼肾形，围绕触角基部，有时断裂成两部分。跗节为隐 5 节(伪 4 节)。腹部可见 5 节或 6 节。幼虫乳白色或黄白色、圆柱形而扁；前胸背板发达，扁平；胸、腹节背面具骨化区或突起；胸足退化，但保留遗痕。成虫多在白天活动，产卵于树缝，或以其强大的上颚咬破植物表皮，产卵于组织内。幼虫多钻蛀树木的茎或根，深入到木质部，蛀成不规则的隧道，严重影响树势，甚至造成植株死亡。如桑天牛、桃红颈天牛、麻天牛等(图 1-42)。

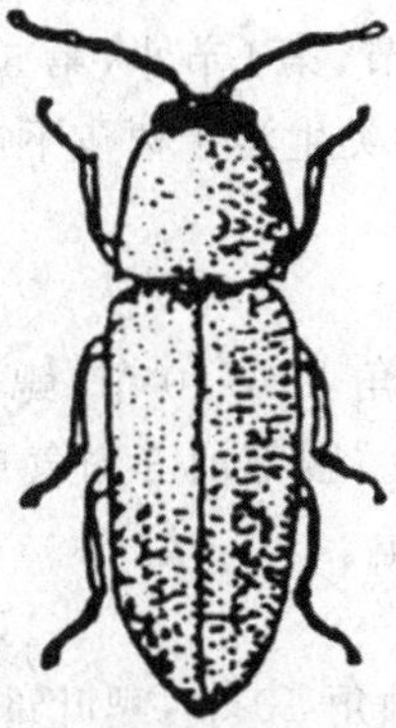
图 1-40　叩头甲科

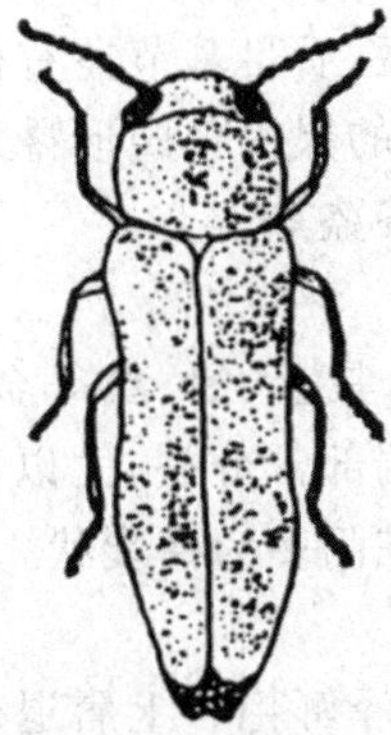
图 1-41　吉丁甲科

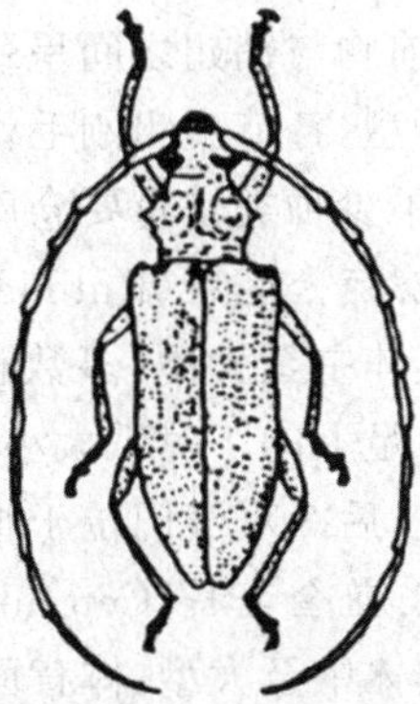
图 1-42　天牛科

9. 叶甲科(Chrysomelidae)

体小至中型，体圆、椭圆或圆柱形，成虫多具艳丽的金属光泽，因而又称为金花虫。触角短，一般 11 节，个别 9 或 10 节，丝状或近似念珠状。复眼圆形。跗节隐 5 节，某些种类后足特化成跳跃足。腹部可见 5 节腹板。幼虫伪蠋形，腹足呈退化状。成虫和幼虫均为植食性，取食植物的根、茎、叶、花等部位，许多种类对农、林、果、蔬菜造成严重危害。常见的种类如黄曲条跳甲为害十字花科蔬菜等(图 1-43)。

10. 豆象科(Lariidae)

体小型，卵圆形。头下口式。额延伸成短喙状。复眼大，前缘凹入，包围触角基部。触角锯齿状、栉齿状或棒状，着生于复眼前方。鞘翅短，腹部末节外露。跗节隐 5 节。腹部可见 6 节。幼虫复变态，1 龄蠋型，2 龄开始足完全消失，变成蛴虫型，柔软肥胖，向腹面弯曲。主要为害豆科植物的种子。成虫在豆类的嫩荚上产卵，幼虫孵化蛀入豆粒后，蛀孔很快愈合，成熟归仓后继续在豆粒内为害，直至化蛹并羽化为成虫时，才从豆粒中钻出。常见种类如绿豆象、蚕豆象等(图 1-44)。

图 1-43　叶甲科

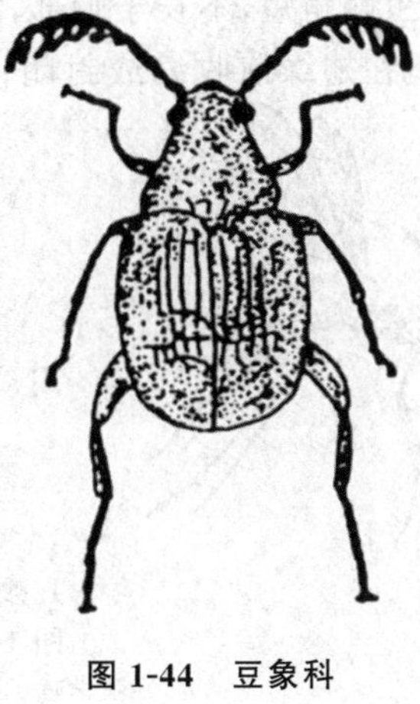
图 1-44　豆象科

11. 谷盗科(Ostomatidae)

其体小至中型,多为细长圆筒形,体色一般深暗而有光泽,具刻点。头前口式。触角棍棒状,11 节,端部 3 节膨大,向一侧突出。上颚强大。前胸背板宽度大于长度,端缘凹形,两前角突出,前胸与鞘翅之间呈颈状相连。足短,后足基节左右相接;跗节 5 节,第 1 节小,第 5 节长。幼虫蛃型,各节生粗刚毛,腹末具有较大的黑褐色凹形臀叉。大多数种类生活于树皮下或堆积物中,不少种类是重要仓库害虫。如大谷盗等。

12. 丽金龟科(Rutelidae)

其体中至大型,多数种类体色艳丽,具蓝、绿、黄等金属光泽。触角 9 或 10 节,鳃叶部 3 节。各足上的 1 对爪大小不对称,大爪端部常分裂,尤以前、中足明显。腹部前 3 对气门位于侧膜上,后 3 对气门位于腹板上。幼虫肛门多为横裂状。如铜绿丽金龟。

13. 花金龟科(Cetoniidae)

其体中至大型,体背面通常平坦,色泽鲜艳。上唇退化或膜质。触角 10 节,鳃叶部 3 节。本科的重要特征是,中胸后侧片露出于前胸与鞘翅之间,自背面可见,鞘翅外缘凹入,中胸腹面通常具腹突。幼虫足短小,上唇 3 叶状,肛门横裂。成虫多取食为害植物的花器,幼虫栖于土中,多以腐殖质为食。如白星花金龟、小青花金龟等。

(七)双翅目

本目包括蚊、蠓、蚋、虻、蝇类昆虫。属有翅亚纲、全变态类。全世界已知有 8.5 万余种,中国已记载 4 000 多种。其种类和个体数量均很多,是昆虫纲中的大目之一。习性复杂,幼虫与成虫的食性、生活场所等往往不同,约有半数种类的幼虫生活在水中。幼虫有植食性、腐食性或粪食性、捕食性、寄生性等,其中许多种类具有重要的经济意义。

本目主要特征:前翅一对,后翅特化为平衡棒,少数无翅;口器刺吸式或舐吸式;足跗节 5 节;蝇类触角具芒状,虻类触角具端刺或末端分亚节,蚊类触角多为线状(8 节以上);无尾须;全变态或复变态。幼虫无足型,蝇类为无头型,虻类为半头型,蚊类为显头型。蛹为离蛹或围蛹。

本目可分为长角亚目、短角亚目、芒角亚目 3 个亚目。各自特点如下。

长角亚目:成虫触角长,一般长于头、胸部之和,由 6～18 个相似的环节组成,少数多达 40 节,无芒;下颚须 4～5 节,下垂;翅多无中室;幼虫全头型(瘿蚊科少数种类例外),上颚能左右活动;多为裸蛹,羽化时蛹壳自背面直裂。属双翅目中较原始的类群,包括蚊、蠓、蚋等。

短角亚目:成虫触角短,不长于胸部,3 节,具分节或不分节的端芒;下颚须 1 或 2 节,不下垂;翅具中室,肘室在翅缘前收缩或封闭;幼虫半头型,能收缩于胸内;蛹多为裸蛹,成虫羽化

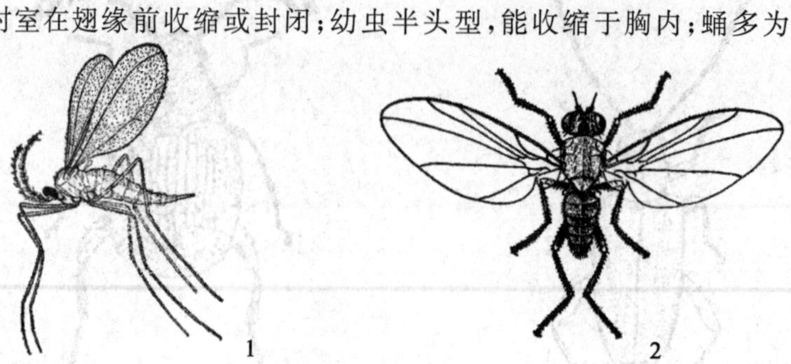

1. 瘿蚊科　2. 潜蝇科

图 1-45　双翅目昆虫

(张学哲 . 作物病虫害防治 . 2005.)

时，由蛹背面直裂。通称虻类。

芒角亚目：成虫触角短，分3节，第3节背面具触角芒；下颚须1节；幼虫无头型（蛆型）；蛹为围蛹，羽化时蛹体前端呈环形裂开，分类上也称环裂部。通称蝇类。

本目重要科介绍如下。

1.瘿蚊科(Cecidomyiidae)

成虫体微小，纤细、外形似蚊。复眼发达，通常左右愈合成1个。触角念珠状，10～36节，每节有环生放射状细毛。喙或长或短，有下颚须1～4节。翅较宽，有毛或鳞毛，翅脉极少，纵脉仅3～5条，无明显的横脉。足细长，基节短，胫节无距，爪简单或有齿，具中垫和爪垫。腹部8节，伪产卵器极长或短，能伸缩。

幼虫体纺锤形，白、黄、橘红或红色。头部退化。中胸腹板上通常有一突出的剑骨片，有齿或分成两瓣，为弹跳器官，是鉴别种的特征之一。成虫早晚活动，产卵于未开花的颖壳内或花蕾及叶片上。幼虫捕食性、腐食性或植食性。捕食性幼虫捕食蚜虫、介壳虫和螨类等；腐食性幼虫主要生活于树皮下、腐败植物和真菌中，有的专食小麦叶锈病孢子；植食性幼虫为害植物的花、果实等。如麦黄吸浆虫、麦红吸浆虫。

2.潜蝇科(Agromyzidae)

体微小至小型。多数为黄、绿或淡黑色，活泼。触角芒光裸或具细毛，着生于第3节背面基部。单眼三角区较小，后顶鬃相背分开。翅宽，腹部扁平，雌虫第7节长且骨化，不能伸缩。

幼虫蛆型。前气门位于前胸的近背中线处，崩形、半圆形或分叉。后气门位于腹部最后1节的背面，着生在1对凸起上。幼虫潜叶为害，残留上下表皮，造成各种形状的隧道，有不少为害农作物的种类。如豌豆潜叶蝇等。

3.食虫虻科(Asilidae)

其又或称盗虻科。小至大型，多毛。头宽，有细颈，能活动。头顶在两复眼间下凹，复眼发达，单眼3个。触角3节，末节具端刺。口器细长而坚硬，适于刺吸。足细长多刺，爪垫大，爪间突刚毛状。腹部8节，细长，雄虫有明显的下生殖板，雌性有尖的伪产卵器。

幼虫长圆筒形，分节明显，各胸节有1对侧腹毛。成、幼虫均肉食性，捕食小型昆虫等。

4.食蚜蝇科(Syrphidae)

体中型，常有黄、黑相间的横纹，形似蜜蜂。头部大，复眼发达，有单眼。翅外缘有与边缘平行的横脉。

幼虫有3种类型：①蛆型。体前端尖，后端平截，多生活在叶片上取食蚜虫等；②长尾蛆型。大多生活于污水中，尾端有1条极长的呼吸管；③短尾蛆型。尾状呼吸管较短，多生活于树洞、腐殖质或污物中。多数种类的成虫以花粉、花蜜等为食。如黑带食蚜蝇等。

5.实蝇科(Tephritidae)

体小至中型，常有黄、棕、橙、黑等色。头圆球形而有细颈，侧额鬃完全。复眼大，通常有绿色闪光，单眼有或无。触角倒卧而短，触角芒生于背面基部，光裸或有细毛。翅面常有褐色的云雾状斑纹。中足胫节有端距。腹部背面可见4～5节，雌虫腹末产卵器细长，扁平而坚硬，通常分3节。

幼虫蛆型，白色或浅黄色。前胸气门突出于表皮之上，有14～38小瓣，后气门有3条平行的长裂缝。幼虫植食性，生活于叶、芽、茎、果实、种子及菊科的花序内，有的造成虫瘿，有的潜入叶内。成虫多聚集在植物的花、果实和叶上。不少种类为我国的重要检疫对象。如地中海实蝇、橘大实蝇。

6. 大蚊科(Tipulidae)

体细长似蚊,中型或大型。头大,无单眼,雌虫触角丝状,雄虫触角栉齿状或锯齿状。主要特征是中胸背板有一“V”形沟;翅狭长,平衡棒细长。足细长,转节与腿节处常易折断。

幼虫圆柱形或略扁,头部大部骨化,腹末通常有 6 个肉质凸起。陆生、水生或半水生,通常取食土壤中或水中的腐殖质与植物根部以及真菌和朽木。如稻大蚊等。

7. 花蝇科(Anthomyiidae)

体小至中型,外形与蝇科相似,细长多毛,活泼。复眼发达,雄虫两复眼几乎相接触,触角芒羽状,中胸背板被 1 条完整的盾间沟划分为前后两片,连同小盾片共 3 片。

幼虫白色至黄色,每一体节具 2～6 根丝状突起。植食性种类头部不骨化,能缩在前胸中。前气门指状突起数目多,最多 12 个;潜叶性种类指状突起数目较多。后气门具 3 个气门裂,呈放射状。幼虫多数腐食性,取食腐败的植物质或动物质。植食性的种类是重要的地下害虫之一。农业上的重要种类有种蝇、葱蝇等。

(八)缨翅目

本目通称蓟马,属有翅亚纲、过渐变态类。全世界已记载约 6 000 种,中国已知 340 余种。体微小至小型,长 0.5～14 mm,一般为 1～2 mm。口器锉吸式。通常具两对狭长的翅,翅缘有长的缨毛。

本目主要特征为翅极狭长,翅缘密生长毛(缨翅),脉很少或无,也有无翅或 1 对翅的;足跗节末端有一能伸缩的泡;口器锉吸式,但不对称(右上颚口针退化);多为植食性,少为捕食性;过渐变态(幼虫与成虫外形相似,生活环境也一致;但幼虫转变为成虫前,有一个不食不动的类似蛹的虫态;其幼虫仍称为若虫)。许多种类喜活动于花丛中;有些种类除直接吸食危害外,还可以传播植物病害,或使植物形成虫瘿。常见的科介绍如下。

1. 管蓟马科(Phlaeothripidae)

本科大多数种类体暗色或黑色,翅白色、煤烟色或有斑纹。触角 8 节,少数 7 节,具锥状感觉器。腹部第 9 节宽大于长,比末节短,腹部末节管状,无产卵器。翅面光滑无毛。农业上的重要种类有稻管蓟马为害水稻和小麦等禾本科植物。本科我国已知有 160 余种。

2. 蓟马科(Thripidae)

体略扁平。触角 6～9 节,第 3～4 节上有叉状或锥状感觉器,末端 1～2 节形成端刺。翅缺或有,有翅者翅狭长,末端尖,翅脉少。无横脉。锯状产卵器从侧面看,其尖端向下弯曲。许多种类为农业上的重要害虫。常见的如烟蓟马为害多种农作物。亦有少数捕食性种类,如塔六点蓟马捕食叶螨及微小昆虫。本科我国已知约有 170 种(图 1-46)。

图 1-46 蓟马科

(九)蜱螨目

蜱螨目中有许多为害农作物的害虫,详见二维码 1-3 农业害螨。

二维码 1-3
农业害螨

项目四　昆虫发生与环境的关系

昆虫在自然界的分布、生长发育和消长规律不仅取决于其本身的生物学特性，而且与周围环境因素有着密切联系。了解昆虫与环境之间的相互关系是开展害虫预测预报和害虫综合防治的基础。

构成昆虫生活环境的因素称为生态因素。依其性质可分为气候因素、生物因素、土壤因素和人为因素等。

一、气候因素对昆虫的影响

与昆虫个体生命活动及种群消长关系密切的气候因素主要有温度、湿度、光、风等。

(一)温度

昆虫是变温动物，其体温的变化取决于周围环境的温度，环境温度对昆虫的生长发育和繁殖都有很大的影响。

1. 昆虫对温度的反应

昆虫的生长发育要求一定的温度范围，称为有效温区，一般为 8～40℃。其中最适合昆虫生长发育和繁殖的温度范围称为最适温区，一般为 22～30℃。最适温区不是昆虫生长发育最快的温度范围，而是指对种的生存和繁殖最有利的温度。

2. 有效积温法则及应用

在有效温区内，昆虫的发育速度与温度呈正相关。温度越高，发育速度越快，发育所需天数越少。昆虫完成一个虫期或世代所需的天数与同期内的有效温度的乘积是一个常数，这一常数称为有效积温，这一规律称为有效积温法则，用公式 $N=\frac{K}{T-C}$ 或 $K=N(T-C)$ 表示，公式中 K 为有效积温常数、N 为发育日数、T 为实际温度、C 为发育起点温度。

有效积温法则在害虫综合治理中的应用较广泛。

(1)推算某种昆虫在某地可能发生的世代数

$$\text{世代数}=\frac{\text{某地全年有效积温总和(℃)}}{\text{该地某虫完成 1 代所需的有效积温(℃)}}$$

(2)预测害虫的发生期　其公式为 $N=\frac{K}{T-C}$

(3)控制昆虫发育速度　如人工繁殖寄生蜂防治害虫时，按释放日期的需要，可根据公式计算出室内饲养寄生蜂所需要的温度，通过调节温度来控制寄生蜂的发育速度，在适当的时期释放。

有效积温法则在实际应用中有一定的局限性，在应用时要注意各种因素对昆虫生长发育的综合影响。

(二)湿度和降水

湿度实质上是水的问题，水是昆虫体的组成成分和生命活动的重要物质与媒介。不同种类昆虫或同种昆虫的不同发育阶段,对水的要求不同。湿度主要影响昆虫的成活率、生殖力和发育速度,从而影响昆虫种群的消长。有些昆虫,如稻纵卷叶螟、小地老虎等对湿度要求较高,湿度越大,产卵越多,卵孵化率明显增高,幼虫成活率高,发生量大。但有些昆虫如蚜虫,在干旱的情况下,由于植物汁液浓度增高,提高了营养水平,更有利于其繁殖,所以在干旱年份易造成猖獗危害。

降水不仅影响湿度,还直接影响昆虫种群的数量变化。春季雨后有助于一些在土壤中以幼虫或蛹越冬的昆虫顺利出土;暴雨对许多初孵幼虫和小型昆虫有机械冲刷和杀伤作用;阴雨连绵不断,不但影响昆虫的取食活动,还会导致昆虫病害流行而使种群数量减少。

(三)光照

光的性质、光强度、光周期主要影响昆虫的活动与行为,起信号作用。

光的性质通常用波长表示。不同波长的光显示出不同的颜色。昆虫的可见光区,偏于短波光。很多昆虫对紫外光有正趋性,利用黑光灯诱杀害虫,就是这个道理。昆虫的昼夜活动节律就是光强度对昆虫活动和行为的影响。如蝶类、蝇类昆虫喜欢白天活动,蛾类、蚊类昆虫喜欢夜间活动。光周期对昆虫生理活动有明显的影响。如短日照的来临,预示着冬季即将到来,对某些昆虫越冬滞育起信号作用。桃蚜在长日照条件下,产生大量无翅蚜,在秋季短日照条件下则产生两性蚜,并飞向越冬寄主产卵越冬。

(四)气流

气流主要影响昆虫的迁飞和扩散。如蚜虫能借气流传播到很远的地方。黏虫、稻飞虱能借助大气环流远距离迁飞。气流还通过影响大气温度和湿度,而影响昆虫的生命活动。

二、生物因素对昆虫的影响

生物因素包括食物因素和天敌因素。

(一)食物因素

1. 食物对昆虫的影响

食物的种类、数量和质量可直接影响昆虫的生长、发育和繁殖。食物数量充足,质量高,昆虫取食后生长发育快,生殖力强,自然死亡率低。当食物数量不足或质量不高时会导致昆虫种群中的个体大量死亡或引起种群中个体的大规模迁移。如东亚飞蝗能取食多个科的植物,但最适宜的是禾本科和莎草科的一些植物种类。取食这类食物,不仅发育好,且产卵量高。如果让其取食不喜欢吃的油菜,则死亡率增加,发育期延长,若饲喂棉花和豌豆,则不能完成发育而死亡。同种植物的不同器官,不同生育期,由于其组成成分差异较大,对昆虫的作用也不相同。据此,在生产实践中可采取合理的栽培技术措施,恶化害虫的食料条件,创造有利于天敌昆虫发育和繁殖的条件,有效地防治害虫。

2. 植物抗虫性

植物对昆虫的取食危害所产生的抵抗反应,称为植物的抗虫性。植物的抗虫性机制分为避害性、抗生性和耐害性。

(1)避害性　植物不具备引诱昆虫产卵或取食的化学物质或物理性状;昆虫的发生期与植物的生育期不吻合,阻碍了昆虫对植物的选择,使植物全部或局部避免危害的特性。

(2)抗生性　植物被取食后不能全面满足昆虫的营养需要或者含有对昆虫有毒的物质,昆虫取食后会导致发育不良,寿命缩短,生殖力下降,甚至死亡的特性。

(3)耐害性　有些植物被昆虫取食后,自身具有很强的补偿能力,可减轻被害损失的特性。

利用植物的抗虫性来选育、选用抗虫高产作物品种在农业害虫防治上具有重要意义。

(二)天敌因素

害虫在自然界的生物性敌害,通称为天敌。天敌因素主要影响害虫的种群数量。

1.天敌昆虫

其有捕食性与寄生性两类。捕食性天敌昆虫种类很多,如螳螂、瓢甲、步甲、虎甲、草蛉等。寄生性天敌昆虫主要有寄生蜂与寄生蝇等。天敌昆虫在害虫的生物防治中发挥了很大作用。

2.昆虫病原微生物

昆虫在生长发育过程中,常因致病微生物的侵染而生病死亡。能使昆虫致病的病原微生物主要有真菌、细菌、病毒等,如白僵菌、蚜霉菌、杀螟杆菌、核型多角体病毒等,病原微生物灭虫在农业生产中应用越来越广泛。

3.其他有益动物

蜘蛛、两栖类、鸟类、禽类等都是食虫动物,很好地保护和利用它们,能有效地防治农业害虫。

三、土壤因素对昆虫的影响

土壤是昆虫的一个特殊生态环境。土壤温度、湿度、物理结构和化学特性,直接影响土壤栖息昆虫的生存、活动和分布。

土壤是昆虫越冬、越夏的重要场所。生活在土壤中的昆虫的活动会随土层深度的变化而出现较大的变化。灌水或雨水会造成土壤耕层水分暂时过多,可以迫使昆虫向下迁移或大量出土,甚至可以造成不活动虫态死亡。麦红吸浆虫适宜生活在碱性土壤中,麦黄吸浆虫较喜欢酸性土壤,了解土壤因素对昆虫的影响,可通过各种栽培措施形成有利于作物生长发育而不利于害虫生活和繁殖的土壤环境,达到减轻作物受害和控制害虫的目的。

四、农业生产活动对昆虫的影响

(一)改变一个地区昆虫的组成

从事农业生产活动,人类频繁地调运种子、苗木,可能将一些当地从未发生过的害虫调入,或者有目的地引进天敌昆虫,都会使当地昆虫组成发生变化。如葡萄根瘤蚜随种苗传入我国;成功引进澳洲瓢虫,有效地控制了柑橘吹绵蚧的为害。

(二)改变昆虫生存环境

兴修水利,改变耕作制度,选用抗虫品种,中耕除草,施肥与灌溉,整枝打杈等农业措施,改变了昆虫生长发育的环境条件，创造了不利于害虫生存而有利于天敌和作物生长发育的条件，达到控制害虫的目的。

(三)直接控制害虫

为保护农作物不受或少受害虫的危害，常用农业、化学、物理、生物的方法，直接或间接地消灭害虫，达到既控制害虫种群数量，保证农业生产安全，又保护环境的目的。

项目五　农业害虫综合防治技术

农业害虫的综合防治是从农田生态系统出发，以预防为主，强调利用自然界对害虫的控制因素，协调应用农业、生物、化学、物理等手段防治害虫的策略和措施。要求安全、有效、经济，既把害虫种群控制在经济损害水平以下，又把对环境的不良影响减少到最小，以维护农田生态系统的自然平衡。综合治理不是彻底干净消灭害虫，而是把害虫控制在经济允许水平以下；综合治理并不降低防治要求，而是把防治措施提高到安全、经济、简便、有效的水平上。

害虫综合治理的措施主要有植物检疫、农业防治、物理机械防治、生物防治及化学防治。

一、植物检疫

植物检疫是指一个国家或地方政府颁布法规，设立专门机构，禁止或限制危险性病虫、杂草等人为地传入或传出，或者传入后为限制其继续扩展所采取的一系列措施。它是防治害虫的基本措施之一，也是实施“综合治理”措施的有力保证。

在自然情况下，害虫的分布虽然可以通过气流等自然动力和自身活动扩散，不断扩大其分布范围，但这种能力是有限的，加上有高山、海洋、沙漠等天然障碍的阻隔，因此害虫的分布有一定的地域局限性。但是，一旦借助人为因素的传播，如附着在种实、苗木、接穗、插条及其他植物产品上由一个地区传到另一个地区或由一个国家传播到另一个国家，原来制约其发生发展的一些环境因素被打破，条件适宜时，就会迅速扩展蔓延，猖獗成灾。如葡萄根瘤蚜在1860年由美国传入法国后，经过25年，就有10万 hm^2 以上的葡萄园近于毁灭。

(一)植物检疫的步骤

1.对内检疫

(1)报检　调运和邮寄种苗及其他应受检的植物产品时，应向调出地有关检疫机构报验。

(2)检验　检疫机构人员对所报验的植物及其产品要进行严格的检验。到达现场后凭肉眼和放大镜对产品进行外部检查，并抽取一定数量的产品进行详细检查，必要时可进行显微镜检及诱发试验等。

(3)检疫处理　经检验如发现检疫对象，应按规定在检疫机构监督下进行处理。一般方法有禁止调运、就地销毁、消毒处理、限制使用地点等。

(4)签发证书　经检验后，如不带有检疫对象，则检疫机构发给国内植物检疫证书放行；如发现检疫对象，经处理合格后，可发证放行；无法进行消毒处理的，应停止调运。

2. 对外检疫

我国进出口检疫包括以下几个方面：进口检疫、出口检疫、旅客携带物检疫、国际邮包检疫、过境检疫等。检疫工作应严格执行《中华人民共和国进出境动植物检疫法实施条例》及其实施细则的有关规定。

(二)植物检疫的方法

植物检疫的检验方法按检验地点分现场检验、实验室检验和栽培检验 3 种。具体方法有直接检验、过筛检验、解剖检验、比重检验、荧光反应检验、染色检验、漏斗分离检验、洗涤检验、分离培养检验、血清检验、生物化学反应检验、萌芽检验、接种检验、隔离试种检验、X 光检验等。

二、农业防治

农业防治是通过改进栽培技术措施，使环境条件不利于害虫的发生，而有利于植物的生长发育，直接或间接地消灭或抑制害虫的发生与为害。这类方法不需要额外投资，有利于保持生态平衡，又有预防作用，可长期控制害虫，因而是最基本的防治方法。但农业防治法中有的措施地域性、季节性较强，且防治效果缓慢，害虫大发生时必须依靠其他防治措施。农业防治主要有以下措施。

(一)选育抗虫品种

培育抗虫品种是预防病虫害的重要环节。培育抗虫品种的方法很多，有常规育种、辐射育种、化学诱变、单倍体育种等。随着转基因技术的不断发展，将抗虫基因导入植物体内，获得大量理想的抗虫品种已逐步变为现实。

(二)加强栽培管理

1. 合理耕作

每种害虫对植物都有一定的选择性和转移性。在植物布局时，要考虑到寄主植物与害虫的食性，尽量避免相同食料的植物混栽或间作。如十字花科蔬菜混栽有利于菜青虫、小菜蛾等害虫的发生；桃、梅等与梨相距太近，有利于梨小食心虫的大量发生。

结合深耕土地，将土壤深层的害虫翻至地表，日光暴晒或冷冻致死；将表层的害虫翻入深层，使其致死。中耕除草不仅可以保持土壤肥力，减少土壤水分的蒸发，促进植株健壮生长，提高抗逆能力，还可以清除许多害虫的潜伏场所。如蛴螬生活在浅土层中，通过中耕，可使其暴露于土表，便于杀死；棉铃虫蛹在表层 4～6 cm 处越冬，深翻能够破坏其蛹室使蛹大量死亡。

2. 加强田间管理

合理的肥水管理不仅能使植物健壮生长，而且能增强植物的抗逆能力。使用的有机肥要充分腐熟，否则，容易传播病菌，招引金龟子及种蝇等产卵为害。适时间苗、定苗，及时整枝打杈、合理修剪不仅可以改善通风透光、降低湿度、提高植物生长势，同时还可以直接消灭部分害虫，减轻其为害。及时清除杂草、残茬，并深埋或烧毁，可减少虫源。生长季节要及时摘除有虫枝叶，清除因害虫致死的植株。

三、物理机械防治

利用各种物理因素和机械设备来防治害虫的方法称为物理机械防治。这类方法简单易行，经济安全，很少有副作用，但有的措施费力，或者效果不理想。

(一)捕杀法

利用人工或各种简单的器械捕捉或直接消灭害虫的方法称捕杀法。人工捕杀适合于具有假死性、群集性或其他目标明显易于捕捉的害虫。如多数金龟甲、象甲的成虫具有假死性，可在清晨或傍晚将其震落杀死；结合虫害发生地日常管理，人工捕杀虫苞、摘除虫卵、捕捉成虫等。此法不污染环境，不伤害天敌，不需额外投资，便于开展群众性防治。

(二)诱杀法

利用害虫的趋性，人为设置器械或诱集物来诱杀害虫的方法称为诱杀法。利用此法还可以预测害虫发生的动态。

1. 灯光诱杀

利用害虫对灯光的趋性，人为设置灯光来诱杀害虫的方法称为灯光诱杀。生产上所用的光源主要是黑光灯，此外，还有高压电网灭虫灯等。

黑光灯是一种能辐射出 360 nm 紫外线的低气压汞气灯。而大多数害虫的视觉神经对波长 330～400 nm 的紫外线特别敏感，具有较强的趋光性，因而诱虫效果很好，能诱集 15 个目 100 多个科的几百种昆虫，其中多数是农林害虫。利用黑光灯诱虫，诱集面积大，成本低，不仅能消灭大量虫源，降低下一代的虫口密度，还可用于预测预报和科学实验。

安置黑光灯时应以安全、经济、简便为原则。诱虫时间一般在 5～9 月份，选择闷热、无风无雨、无月光的天气开灯，以 21:00～22:00 时诱虫最多。

2. 食物诱杀

(1)毒饵诱杀　利用害虫的趋化性，在其所喜欢的食物中掺入适量毒剂来诱杀害虫的方法叫毒饵诱杀。如蝼蛄、地老虎等地下害虫，可用麦麸、谷糠等作饵料，掺入适量敌百虫、辛硫磷等药剂制成毒饵来诱杀。诱杀地老虎、梨小食心虫的成虫时，常以糖醋液为饵料，以敌百虫为毒剂来诱杀。

(2)饵木诱杀　许多蛀干害虫，如天牛、小蠹虫等喜欢在新伐倒木头上产卵繁殖，因而可在这些害虫的繁殖期，人为地放置一些木段，供其产卵，当卵全部孵化后进行剥皮处理，消灭其中的害虫。

(3)植物诱杀　利用害虫对某些植物有特殊的嗜食习性，人为种植或采集此种植物诱集捕杀害虫的方法。如在田园周围种植蓖麻，可使金龟甲误食后麻醉，从而集中捕杀。

3. 潜所诱杀

利用害虫在某一时期喜欢某一特殊环境的习性，人为设置类似的环境来诱杀害虫的方法称为潜所诱杀。如在树干基部绑扎草绳或麻布片，可引诱某些蛾类幼虫前来越冬；在蔬菜田内堆集新鲜杂草，能诱集地老虎幼虫潜伏在草下，便于集中消灭。

4.色板诱杀

将黄色粘胶板设置于植物栽培区域，可诱粘到大量有翅蚜、白粉虱、斑潜蝇等害虫，其中以在温室保护地内使用时效果较好。田园设置蓝色粘胶板可诱杀蓟马。

(三)阻隔法

人为设置各种障碍，以切断害虫的侵害途径，这种方法称为阻隔法，也叫障碍物法。

1.涂毒环、涂胶环

对有上、下树习性的幼虫可在树干上涂毒环或涂胶环，以阻隔和触杀幼虫。毒环可用2.5%溴氰菊酯 10 mL、氧化乐果 10 mL、加废机油 1 kg 混合，在离地面 2 m 左右的树干，涂3～5 cm 宽的环，可达到防治目的。胶环的制作可用以下配方：蓖麻油 10 份、松香 10 份、硬脂酸 1 份。

2.挖障碍沟

对不能迁飞只能靠爬行扩散的害虫，为阻止其迁移危害，可在未受害区周围挖沟，害虫坠落沟中后予以消灭。

3.设障碍物

有的害虫雌成虫无翅，只能爬到树干上产卵。对这类害虫，可在树干基部设置障碍物阻止其上树产卵。如在树干上绑塑料布或在干基周围培土堆，制成光滑的陡面。

4.纱网阻隔

对于保护地内栽培的植物，采用 40～60 目的纱网覆罩，可以隔绝蚜虫、叶蝉、粉虱、蓟马等害虫的危害。

此外，在目的植物周围种植害虫喜食的高秆植物，可以阻隔外来迁飞性害虫的危害；土表或苗床覆盖银灰色薄膜，可使有翅蚜远远躲避，从而保护植物免受蚜虫的危害并减少蚜虫传毒的机会。

(四)汰选法

利用健全种子与被害种子外形大小、比重上的差异进行器械或液相分离，剔除带有害虫的种子。常用的方法有手选、筛选、盐水选等。

(五)温度处理法

利用高温或低温来防治害虫的方法称温度处理法。生产上常用的是热处理法。

1.种苗的热处理

种苗热处理的关键是温度和时间的控制，一般对休眠器官处理比较安全。热处理前应先进行试验。试验时升温要缓慢，使之有个适应温热的过程。

2.土壤的热处理

现代温室土壤热处理是使用 90～100℃ 热蒸汽，处理时间为 30 min。蒸汽处理可大幅度降低地下害虫的发生程度。利用太阳能热处理土壤也是有效的措施。在发达国家，蒸汽热处理已成为常规管理。

(六)近代物理技术的应用

近几年来,原子能、超声波、紫外线、红外线、激光、高频电流等普遍应用于生物物理范畴,其中很多成果在害虫防治中得到应用。

1.原子能的利用

原子能可用来防治病虫害,如直接用32.2万伦琴的$^{60}Co\gamma$射线照射仓库害虫,可使害虫立即死亡(1伦琴$=2.58\times10^{-4}$ C/kg)。

2.高频、高压电流的应用

每秒3 000万周的电流称为高频率电流,超过每秒3 000万周以上的电流称为超高频电流。在高频率电场中,温度增高等原因可使害虫迅速死亡。该法主要用于防治仓储害虫、土壤害虫等。

3.超声波的应用

利用振动在2万次/s以上的声波所产生的机械动力或化学反应来杀死害虫,也可利用超声波或微波引诱雄虫远离雌虫,从而阻止害虫的繁殖。

4.光波的利用

一般黑光灯诱集的昆虫中有害虫也有益虫,近年来,根据昆虫复眼对各种光波具有很强鉴别力的特点,采用对波长有调节作用的"激光器",将特定害虫诱入捕虫器中加以消灭。

四、生物防治

利用有益生物及其代谢物质来控制害虫的方法称为生物防治法。

生物防治的特点是对人畜、植物安全,害虫不产生抗性,天敌来源广,有长期抑制作用。但局限于某一虫期,作用慢,成本高,人工培养及使用技术要求比较严格。必须与其他防治措施相结合,才能充分发挥其应有的作用。

(一)利用天敌昆虫防治害虫

1.捕食性天敌昆虫

专以其他昆虫或小动物为食物的昆虫,称为捕食性天敌昆虫。这类昆虫用它们的咀嚼式口器直接蚕食虫体的一部分或全部;有些则用刺吸式口器刺入害虫体内吸食害虫体液使其死亡。这类天敌,一般个体较被捕食者大,在自然界中抑制害虫的作用十分明显。如螳螂、瓢虫、草蛉、猎蝽、食蚜蝇、虎甲、蜻蜓等都是最常见的捕食性天敌昆虫。

2.寄生性天敌昆虫

一些昆虫种类,在某个时期或终身寄生在其他昆虫的体内或体外,以其他昆虫的体液和组织为食来维持生存,最终导致寄主昆虫死亡,这类昆虫称为寄生性天敌昆虫。其个体一般较寄主小,数量比寄主多,在1个寄主上可育出一个或多个个体。常见的类群有赤眼蜂、姬蜂、小茧蜂、蚜茧蜂、土蜂、肿腿蜂、黑卵蜂及寄蝇类等。

3.天敌昆虫利用的途径和方法

(1)当地自然天敌昆虫的保护和利用　自然界中天敌的种类和数量很多,要善于保护和利用。如化学防治时,选用选择性强或残效期短的杀虫剂,选择适当的施药时期和方法,以减少杀虫剂对天敌的伤害;搜集瓢虫、螳螂等越冬成虫在室内进行保护,翌春再放回田间,以保护天敌安全越冬;适当种植蜜源植物,改善天敌的营养条件等。

(2)人工大量繁殖释放天敌昆虫 人工大量繁殖天敌,在害虫发生初期释放,可取得较显著的防治效果。已繁殖利用成功的有赤眼蜂、异色瓢虫、黑缘红瓢虫、草蛉、平腹小蜂、管氏肿腿蜂等。

(3)移植、引进外地天敌 天敌移植是指天敌昆虫在本国范围内移地繁殖。天敌引进是指从一个国家移入另一个国家。1978 年我国从英国引进的丽蚜小蜂,在北京等地试验,控制温室白粉虱的效果十分显著。1953 年湖北省从浙江移植大红瓢虫防治柑橘吹绵蚧获得成功,之后,四川、福建、广西等地也引入了这种瓢虫,均获成功。

(二)利用其他有益动物防治害虫

1. 蜘蛛和捕食螨治虫

蜘蛛为肉食性,主要捕食昆虫。捕食螨是指捕食叶螨和植食性害虫的螨类。主要有植绥螨科、长须螨科。如尼氏钝绥螨、拟长毛钝绥螨已能人工饲养和繁殖并释放于温室和田间,对防治叶螨有良好效果。

2. 蛙类治虫

青蛙、蟾蜍等主要以昆虫及其他小动物为食,所捕食的昆虫,绝大多数为农林害虫。蛙类食量很大,如泽蛙 1d 可捕食叶蝉 260 头。为发挥蛙类治虫的作用,除严禁捕杀蛙类外,还应加强人工繁殖和放养蛙类,保护蛙卵和蝌蚪。

3. 鸟类治虫

据调查,我国现有 1 100 多种鸟,其中食虫鸟约占半数,对抑制植物害虫的发生和发展起到了一定作用。

(三)利用有益微生物防治病虫害

人为利用病原微生物防治害虫的方法称为以菌治虫,能使昆虫得病而死的病原微生物有真菌、细菌、病毒、立克次氏体、原生动物及线虫等。生产上应用较多的是细菌、真菌、病毒。

1. 细菌

昆虫病原细菌已经发现的有 90 余种,多属于芽孢杆菌科、假单胞杆菌科和肠杆菌科。在害虫防治中应用较多的是芽孢杆菌属和芽孢梭菌属。病原细菌主要通过消化道侵入虫体内,导致败血症或由于细菌产生的毒素使昆虫死亡。被细菌感染的昆虫,食欲减退,口腔和肛门具黏性排泄物,死后虫体颜色加深,并迅速腐败变形、软化、组织溃烂,有恶臭味,通称软化病。

我国应用最广的细菌制剂主要有苏云金杆菌(松毛虫杆菌、青虫菌均为其变种)。这类制剂无公害,可与其他农药混用。并且对温度要求不严,在温度较高时发病率高,对鳞翅目幼虫防治效果好。

2. 真菌

病原真菌的类群较多,约有 750 种,但研究较多且实用价值较大的主要是接合菌中的虫霉属、半知菌中的白僵菌属、绿僵菌属及拟青霉属。病原菌以其孢子或菌丝从体壁侵入昆虫体内,以虫体各种组织和体液为营养,随后虫体上长出菌丝,产生孢子,随风和水流进行再侵染。

感病昆虫常出现食欲锐减、虫体萎缩，死后虫体僵硬，体表布满菌丝和孢子。

应用较为广泛的真菌制剂是白僵菌，可有效地控制鳞翅目、同翅目、膜翅目、直翅目等害虫，而且对人畜无害，不污染环境。

3.病毒

昆虫的病毒病在昆虫中很普遍，利用病毒来防治害虫，其主要特点是专化性强，在自然情况下，常寄生1种害虫，不存在污染与公害问题。昆虫感染病毒后，虫体多卧于或悬挂在叶片及植株表面，后期流出大量液体，但无臭味，体表无丝状物。

在已知的昆虫病毒中，防治应用较广的有核型多角体病毒（NPV）、颗粒体病毒（GV）和质型多角体病毒（CPV）3类。这些病毒主要感染鳞翅目、双翅目、膜翅目、鞘翅目的幼虫。

4.线虫

有些线虫可寄生在地下害虫和钻蛀害虫体内，导致害虫受抑制而死亡。被线虫寄生的昆虫通常表现为褪色或膨胀、生长发育迟缓、繁殖能力降低，有的出现畸形。

5.杀虫素

某些微生物在代谢过程中能够产生杀虫的活性物质，称为杀虫素。取得一定成效的杀虫素有杀蚜素、T21、44号、7180、浏阳霉素等。近几年，大批量生产并取得显著成效的有阿维菌素、浏阳霉素等。该类药剂杀虫效力高、不污染环境、对人畜无害，符合当前无公害生产的原则，因而受到欢迎。

（四）利用昆虫激素防治害虫

昆虫的激素分外激素和内激素两大类型。

1.昆虫外激素的应用

昆虫的外激素是昆虫分泌到体外的挥发性物质，是昆虫对它的同伴发出的信号，便于寻找异性和食物。已经发现的有性外激素、结集外激素、追踪外激素及告警激素，目前，研究应用最多的是雌性外激素。某些昆虫如棉铃虫、马尾松毛虫、桃小食心虫、梨小食心虫、苹小卷叶蛾等的雌性外激素已能人工模拟合成，称之为性诱剂，在害虫的预测预报和防治方面起到了重要的作用。

（1）诱杀法　利用性引诱剂将雄蛾诱来，配以粘胶、毒液等方法将其杀死。

（2）迷向法　成虫发生期，在田间喷洒适量的性引诱剂，使其弥漫在大气中，使雄蛾无法寻找雌蛾，从而干扰正常的交尾活动。

（3）绝育法　将性诱剂与绝育剂配合，用性引诱剂将雄蛾诱来，使其接触绝育剂后绝育，从而起到灭绝后代的作用。

（4）应用于害虫的预测预报　利用性诱剂引诱某种害虫，可掌握该种害虫发生初期、盛期、末期及发生量，对防治有着指导作用。

2.昆虫内激素的应用

昆虫内激素是分泌在体内的一类激素，用以控制昆虫的生长发育和蜕皮。昆虫内激素主要有保幼激素、脱皮激素及脑激素。在害虫防治方面，如果人为地改变内激素的含量，可阻碍害虫正常的生理功能，造成畸形，甚至死亡。人们合成多种人工模拟内激素特异性杀虫剂应用于生产中，如保幼炔（保幼激素类似物）、抑食肼（脱皮激素）、灭幼脲及扑虱灵（几丁质合成抑制剂）等。

五、化学防治

化学防治是指用各种有毒的化学药剂来防治害虫的方法。

化学防治具有快速高效，使用方法简单，不受地域限制，便于大面积机械化操作等优点。但是，容易引起人畜中毒，污染环境，杀伤天敌，引起次要害虫再猖獗，并且长期使用同一种农药，可使某些害虫产生不同程度的抗药性等缺点。人们可以通过选用选择性强、高效、低毒、低残留的农药以及通过改变施药方式、减少用药次数等措施逐步加以解决，同时还要与其他防治方法相结合，扬长避短，充分发挥化学防治的优越性，减少其毒副作用。

技能一　农业害虫类群识别防治操作

一、目的

了解农业害虫识别和防治的原理及基本方法，了解农业害虫的种类及发生与环境的关系，学习农业害虫综合防治的原理及方法，学习昆虫标本采集制作的方法，掌握农业害虫类群识别及综合防治的基本操作技能。

二、材料及用具

害虫田块（各种作物），体视显微镜、解剖针、蜡盘、培养皿、载玻片、纱布、镜头纸、吸水纸、镊子、剪刀、刀片、捕虫网、采集盒、昆虫针、三级台、还软器、粘虫胶、标本瓶、标本盒、放大镜、展翅板、整姿板、挑针、福尔马林、酒精等。

三、方法与步骤

二维码 1-4
体视显微镜使用方法

二维码 1-5　昆虫标本采集、制作和保存

1. 仔细观察田间实际发生的害虫的形态特征，或观察图片、视频资料，了解昆虫的形态特征及生物学特性，明确昆虫纲的特征。

2. 仔细观察田间实际发生的害虫种类，观察图片、视频资料，明确常见农业害虫的类群、害虫的发生与环境的关系。

3. 学习体视显微镜的取用、保养及正确使用方法。

4. 学习掌握昆虫标本采集制作的方法及显微观察方法。

5. 了解农业害虫综合防治的方法，学习如何拟定农业害虫综合防治方案。

四、要求

1. 能正确识别农业害虫的类群。

2. 能明确昆虫的发生与环境的关系。

3. 能正确使用体视显微镜观察昆虫的形态特征。

4. 能根据农业害虫的发生情况，拟定切实可行的综合防治方案，在防治方案中体现预防为

主、综合防治、绿色环保的理念，并在综合防治用药中体现科学、合理、安全、有效的原则。

模块巩固一

1. 昆虫纲的主要形态特征是什么？
2. 昆虫触角的基本构造是什么？简述触角的主要功能。
3. 了解昆虫体壁构造和特性在防治上有何意义？
4. 农业害虫的防治方法有哪些？
5. 植物检疫的主要内容是什么？
6. 确立植物检疫对象的原则是什么？
7. 什么是生物控制技术？它包含哪些方面？其优缺点是什么？
8. 化学控制技术有哪些优缺点？

二维码 1-6
模块巩固一参考答案

模块二

农作物害虫防治技术

【知识目标】

通过本模块学习，学生了解当地发生的农作物害虫的种类，掌握主要农作物害虫的识别要点、发生规律和防治方法。

【能力目标】

掌握根据形态特征和被害症状诊断当地常发生农作物害虫种类的能力，具备根据当地发生的农作物害虫种类和发生规律，独立完成农作物害虫综合防治方案的制定工作和指导农作物害虫的防治工作。

项目一　水稻害虫防治技术

一、稻小潜叶蝇

稻小潜叶蝇[*Hydrellia griseolla*.(Fallen)]属双翅目，水蝇科，别称水稻潜叶蝇、螳螂蝇(图 2-1)。全国各水稻产区均有分布，是东北水稻的重要害虫之一。国外分布于朝鲜、日本。以幼虫潜入叶片内部，潜食叶肉留下两层表皮，使叶片呈白条斑状，影响稻苗正常生长而减产，当叶内幼虫较多时，整个叶片发白、腐烂，可造成全株枯死，受害的地块大量死苗。除为害水稻外，还可为害大麦、小麦、燕麦，并取食看麦娘、游草、菖蒲、水稗、披碱草、小叶樟、三棱草等。

图 2-1　稻小潜叶绳成虫

(仿周尧)

(一)形态特征

成虫　其是一种小型蝇，体长 2～3 mm，翅展 2.4～2.6 mm，青灰色，有绿色的金属光泽。头部暗灰色，复眼黑褐色；触角黑色，触角芒的一侧有 5 根小短毛。足灰黑色，中、后足跗节第 1 节基部黄褐色。

幼虫 末龄幼虫体长3～4 mm，圆筒形，稍扁平，乳白色至乳黄色，腹部末端有2个黑褐色气门突起，以此突起为中心，轮生黑褐色短刺，形成同心圆状。

卵 其为乳白色，长椭圆形，长宽为1.6 mm×0.16 mm，卵粒上有细纵纹。多产在近叶尖部或平伏水面的叶面上。

蛹 其长约3 mm，黄褐色或褐色，尾端也有两个黑褐色气门突起。

(二)发生规律

在东北1年发生4～5代，以成虫在渠边杂草上越冬。越冬成虫于早春5月上、中旬出现。先在杂草上繁殖第1代。6月中旬为第1代成虫羽化盛期，羽化后当天就可交尾，有补充营养习性，1～2 d后开始产卵。成虫大部分飞到稻苗上产卵，每次产卵3～5粒，雌虫一生可产卵47～665粒，卵期平均4.5 d，幼虫孵化后，在2 h内以锐利的口钩咬破稻叶面，钻蛀潜食叶肉，随着虫龄增大，7～10 d潜道加长至2.5 cm时，在潜道中化蛹。幼虫有转株为害习性，转株时常坠水死亡。

稻小潜叶蝇是一种对低温适应性强的害虫，在我国北方高寒稻区发生较多，长江下游地区，在4、5月份气温较低的年份，也能发生。气温在5℃左右成虫即可活动、交尾、产卵。日最高温度平均达8～9℃以上，各虫态均可发育，各虫态在适宜温区范围内，随温度升高而发育加快，当气温达11～13℃时，成虫最活跃。气温达30℃是成虫活动极限，稻田水温27～28℃是幼虫的高温极限，水温达30℃时，幼虫死亡率达50%以上。因此，高温限制了稻小潜叶蝇在水稻上继续危害，迁移到水生杂草上栖息。

稻小潜叶蝇幼虫只取食幼嫩稻叶，对于分蘖后的老叶不再取食，因此它的发生消长与栽培制度和栽培管理有着密切关系。成虫喜欢在伏于水面的稻叶上产卵，稻株生长健壮，水面披叶少，不适宜稻小潜叶蝇产卵。凡在苗期灌水越深的稻田，叶片多倒伏于水面，叶面着卵量就多，且深水有利于幼虫潜叶活动，在转株为害时水面浮叶多，使幼虫不致落入水中。因此，浅灌比深灌的受害轻。一些散播田往往易造成稻苗稀密不一，密的地方稻苗较纤弱，或提前育苗苗田管理不好，也可以造成稻苗纤弱，都会使叶片漂浮于水面，易招引其成虫产卵和幼虫转株危害。东北地区采用提前播种、集中育苗、缩短插秧期等水稻高产栽培技术，如果秧田管理不好，造成稻苗细弱，插秧后叶片漂浮在水面上，就会加重稻小潜叶蝇的危害。

(三)防治措施

1.农业防治

(1)清除田边杂草　稻小潜叶蝇仅1、2代幼虫取食水稻，其余世代在田边杂草上繁殖，清除田边杂草可减少虫源。

(2)浅水勤灌，培育壮秧　水稻生长健壮，叶片直立不倒伏，不利于水稻小潜叶蝇的产卵和潜食。浅水灌溉，提高水温，有利于稻苗生长，也有利于控制稻小潜叶蝇的发生。

2.化学防治

药剂防治的重点是播种早、插秧早、长势弱的稻田。可选用40%乐果乳油800～1 000倍液、80%敌敌畏乳油1 000～2 000倍液、70%吡虫啉水分散粒剂60～90 g/hm^2、25%噻虫嗪悬浮剂60～90 mL/hm^2或50%氯氰·毒死蜱乳油450～600 mL/hm^2喷雾，也可用18%杀虫双水剂3 000～4 500 mL/hm^2喷洒。

二、水稻负泥虫

水稻负泥虫[*Oulema oryzae*(Kuwayama)]属鞘翅目叶甲科，俗称背粪虫、泥包虫(图 2-2)，在我国主要有两大发生区：一个为东北稻区；另一个为中南部的贵州、云南、陕西、湖南、广西、广东、江西和浙江等。通常发生于丘陵地区稻田。寄主植物除水稻外，还取食谷子、茭白、游草、芦苇、碱草等。幼虫和成虫都可以取食叶片危害水稻，成虫将稻叶吃成透明纵条纹；幼虫取食叶片上表皮和叶肉，残留下表皮，造成许多白色纵痕条纹，严重时，稻叶焦枯破裂，甚至全株枯死，即使秧苗存活，也迟发晚熟，严重影响产量。

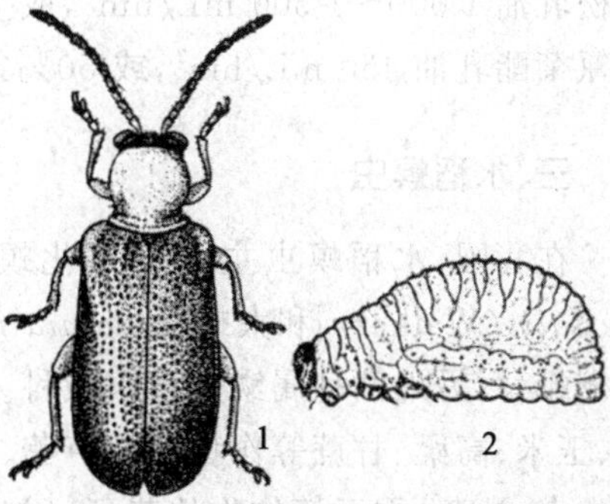

1. 成虫　2. 幼虫

图 2-2　水稻负泥虫

(仿北京农业大学《昆虫通论》)

(一)形态特征

成虫　体长 4～4.5 mm。头黑色，触角 11 节，丝状。前胸背板黄褐色。鞘翅青蓝色，有金属光泽，前胸背板宽，每鞘翅有 10 条纵行刻点。足黄褐色，跗节黑色。

卵　椭圆形，长约 0.8 mm，宽约 0.3 mm，淡黄至暗绿色。

幼虫　梨形，体长 4～6 mm，头黑色，胸腹部乳白色至淡黄绿色，体背隆起，自中胸后各节具褐色毛瘤 10～11 对。肛门向上开口，粪排出后堆在体背上，故称背粪虫。

蛹　椭圆形，长约 4.5 mm，鲜黄色，复眼红褐色，蛹外裹以灰白色丝质茧。

(二)发生规律

水稻负泥虫 1 年发生 1 代。以成虫在稻田附近背风向阳处的禾本科杂草丛中及其根际土缝内越冬。在东北，越冬成虫于 5 月中下旬开始活动，6 月上旬交尾产卵，喜欢选择生长嫩绿的稻苗产卵，卵成堆产于叶背较多，每堆 2～13 粒，呈双行排列。每个雌成虫一生产卵 40～50 粒。卵期 7～8 d。幼虫孵化后就开始为害稻叶，危害盛期在 6 月下旬至 7 月上旬。幼虫共 4 龄，历期 13～19 d，老熟幼虫于 7 月上、中旬开始化蛹，化蛹前先除去背部粪便，爬到完好的稻叶和叶鞘上，吐出白色胶状物作茧化蛹，蛹期 10～14 d。7 月下旬陆续羽化为成虫，8 月中下旬开始转移到越冬场所准备越冬。成虫有假死性，飞翔力弱，寿命长。

水稻负泥虫喜阴湿，山区、杂草多、背风的稻田发生较多。适宜温度是 18～22℃，高湿对孵化有利，适宜发生的气候条件是阴雨连绵，低温高湿的天气。水稻负泥虫卵、幼虫和蛹的寄生性和捕食性天敌较多，是抑制此虫发生的重要因素。

(三)防治措施

1. 农业防治

冬春防除田间杂草，消灭越冬成虫。还可在幼虫盛发期，于清晨有露水时用扫帚将幼虫扫落田中。

2. 化学防治

本田施药，要选择幼虫孵化盛期。可选用 90%晶体敌百虫 1 000 倍液，或 20%阿维·杀螟松乳油 1 000～1 500 mL/hm²，或 2.5%溴氰菊酯乳油 225～450 mL/hm²，或 2.5%高效氟氯氰菊酯乳油 450 mL/hm²，或 50%氯氰·毒死蜱乳油 450～600 mL/hm² 喷雾防治。

三、水稻螟虫

在我国，水稻螟虫主要指三化螟[*Tryporyza incertulas*（walker）]、二化螟[*Chilo suppressalis*（Walker）]和大螟[*Sesamia inferens*（Walker）]等水稻钻蛀类害虫，其中大螟属鳞翅目夜蛾科，另外两种属鳞翅目螟蛾科。二化螟和大螟为多食性害虫，除为害水稻外，还为害茭白、玉米、高粱、甘蔗等作物以及芦苇、稗、李氏禾等杂草，未发育成熟的越冬幼虫在冬后也可钻蛀小麦、油菜、蚕豆等作物的茎秆。初孵幼虫群集叶鞘内为害，造成枯鞘，2 龄幼虫蛀入稻株内危害，水稻分蘖期造成“枯心苗”，孕穗期造成“死孕穗”，抽穗期造成白穗，成熟期造成虫伤株。三化螟为单食性害虫，仅为害水稻和野生稻，在长江流域及以南水稻栽培区为害严重，以幼虫钻蛀稻株，取食叶鞘组织、穗苞和稻茎内壁，其危害状与二化螟相似。

（一）形态特征

三种水稻螟虫形态比较见表 2-1。

表 2-1 三种水稻螟虫形态比较

虫态	三化螟	二化螟	大螟
成虫	雌虫黄白色，体长约 12 mm，翅展 24～36 mm，前翅三角形，中央有 1 黑点；雄虫灰褐色，体长约 9 mm，翅展 18～23 mm，前翅中央有 1 小黑点，翅顶角有 1 列黑点组成的斜纹，外缘有 7 个小黑点	淡灰色，雄虫体长 10～12 mm，翅展 20～25 mm，雌虫体长 12～1 5 mm，翅展 25～31 mm，前翅长方形，翅面有褐色不规则小点，外缘有 7 个小黑点，雌蛾腹部纺锤形，雄蛾腹部细圆筒形	灰褐色，体肥大，体长 11～15 mm，前翅近长方形，自翅基部向外缘有 1 条暗褐色纵纹，其上下方各有 2 个小黑点，后翅银白色
卵	卵扁平椭圆形，分层排列成椭圆形卵块，上覆有棕黄色绒毛	卵扁平椭圆形，鱼鳞状单层排列；卵块长椭圆形，外覆胶质	卵扁球形，顶端稍凹，表面有放射状隆线，卵粒常排列成 2～3 行
幼虫	老熟幼虫体长 20～30 mm，淡黄绿色，背面只有 1 条半透明背线，腹足不发达，趾钩扁圆形单序全环，21～36 个	老熟幼虫体长 20～30 mm，淡褐色，体背有 5 条棕红色纵纹，腹足较发达，趾钩异序全环，51～56 个	老熟幼虫体长约 30 mm，体肥大，胴部背面紫红色，腹足趾钩 1 行单序半环形
蛹	瘦长，长约 13 mm，黄白色，后足伸出翅芽外，雄蛹伸出较长	圆筒形，黄褐色，长 11～17 mm，腹背有 5 条紫色纵纹，后足末端与翅芽等长	肥壮，长 13～18 mm，淡黄至褐色，头胸部有白粉状分泌物，翅芽近端左右接触

（二）发生规律

1. 生活史及习性

三化螟 1 年可发生 2～7 代。以幼虫在稻桩地下茎内越冬。越冬幼虫在春季气温回升到 16℃以上时，开始化蛹、羽化。成虫昼伏夜出，多在傍晚羽化，趋光性强，雌蛾喜欢在生长茂密、嫩绿的稻株上产卵，卵块多产于叶片的中上部正反两面，每头雌成虫可产1～7块卵，每个卵块的卵粒数为40～120粒。蚁螟孵化后，多先爬向叶尖，吐丝随风飘荡到附近稻株分散钻入稻株。从同一卵块孵出的幼虫共同为害形成白穗群。卵块密度大时，白穗群连成片。幼虫先取食叶鞘、穗苞内的白嫩组织及茎秆内壁，基本不吃含叶绿素部分；蛀入后大量取食前，在叶鞘和茎节间将大部分维管束咬断，切口整齐，称为"断环"。由于水分和养分不能正常输送，稻株很快出现青枯或白穗等被害状。幼虫2龄以后有转株为害的习性，可转株为害1～3次。转株的方式是2～3龄幼虫多以"裸体"在株外活动；而3～4龄幼虫藏于叶囊或茎囊中，伸出头胸爬行或浮游于水面，找到新株后，于距水面2～3 cm处吐丝，将囊固定于叶鞘上，蛀入稻茎。老熟幼虫在稻茎内化蛹(图2-3)1～3。

二化螟 1年发生1～5代，以4～6龄幼虫在稻桩、稻草、茭白遗株及田边杂草茎秆内越冬，由于越冬环境复杂，越冬幼虫化蛹、羽化时间不齐，有世代重叠现象，给防治带来困难。成虫昼伏夜出，趋光性强，喜在稀植、茎粗、秆高、叶色浓绿的稻田中产卵。在水稻苗期和分蘖初期，卵多产在叶片正面距叶尖3～6 cm处，以基部2～3叶上最多；分蘖后期至抽穗期，卵多产在离水面7 cm以上的叶鞘上，每头雌蛾可产卵2～4块。秧苗小时，蚁螟一般分散蛀食叶鞘内部；稻苗5～6叶龄后蚁螟先群集在叶鞘内侧取食，受害叶鞘2～3 d后变色，7～10 d后枯黄，即为枯鞘期，此时幼虫尚未侵入心叶或稻茎，是检查和防治的有利时机。3龄后幼虫开始频繁转株危害，一般转株3～5次，多的10次以上。老熟幼虫化蛹前，在寄主组织内壁咬一个羽化孔，仅留一层表皮，越冬代幼虫在稻桩和稻草中化蛹，其他世代幼虫在稻茎内或叶鞘与茎秆之间化蛹(图2-3)4～6。

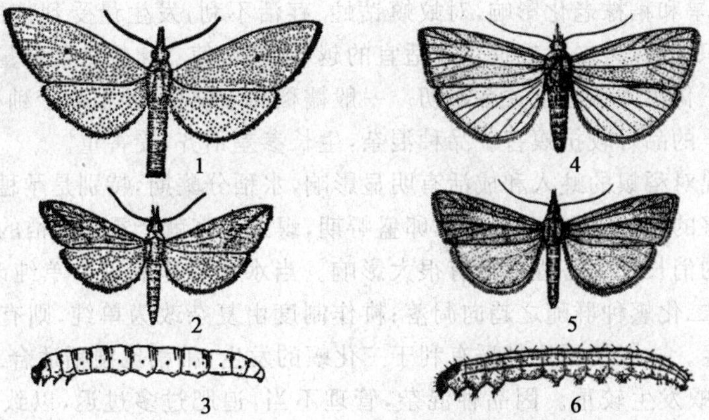

1. 三化螟雌成虫　2. 三化螟雄成虫　3. 三化螟幼虫
4. 二化螟雌成虫　5. 二化螟雄成虫　6. 二化螟雄幼虫

图2-3　二化螟和三化螟

(仿中国农业科学院植物保护研究所《中国农作物病虫害》)

大螟 1年发生2～8代，以幼虫在稻桩、其他寄主残株及杂草茎秆或根部越冬，无滞育现象。越冬代成虫发生早，多在春玉米、甘蔗、茭白或田边杂草上产卵为害，第二代才主要为害水稻。成虫喜欢在茎秆粗壮、叶鞘包茎较松的稻株上产卵，孕穗期主要产卵于剑叶鞘内(即穗苞)，其他时期则将卵产在叶鞘内侧，且以近田埂2 m内稻株上产卵最多。大螟还喜产卵于稻田四周的稗草上，尤以分蘖期为多。转株为害较二化螟频繁(图2-4)。

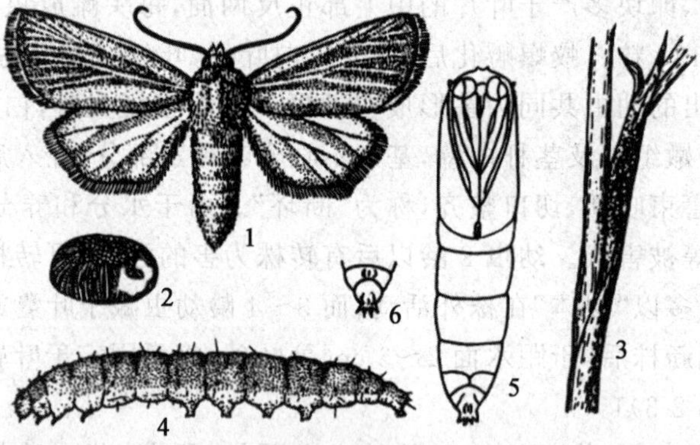

1.成虫 2.卵 3.产在叶鞘内的卵 4.幼虫 5.雌蛹 6.雄蛹腹部末端

图 2-4 大螟

(袁峰.农业昆虫学.2001.)

2.发生条件

温度影响螟虫的发生期,若春季气温高,则越冬代成虫发生早,反之则迟。湿度和降水影响螟虫的发生数量,三化螟越冬幼虫化蛹阶段,如果经常阴雨,越冬幼虫死亡率高。秋季雨量多,稻株湿度大,二化螟幼虫向根部迁移缓慢,在稻草中越冬的虫数多;化蛹期和幼虫孵化期遇暴雨,田间积水深,会淹死大量蛹和初孵幼虫,发生量减少。

单季稻区,由于插秧较晚,有利越冬幼虫化蛹羽化,第 1 代幼虫发生量大,2 代幼虫发生时,受夏季高温干旱和稻株老化影响,对蚁螟钻蛀、存活不利,发生量受到抑制,为害较轻。但一些地区小麦面积扩大,为二化螟提供了适宜的越冬场所,使二化螟种群数量回升,为害加重。

水稻品种与三化螟为害程度关系密切。一般糯稻高于粳稻,粳稻高于籼稻。稻茎坚韧,抽穗快、整齐,成熟早的品种较抗螟害。品种混杂,生长参差不齐,受害重。

水稻生育状况对稻螟的蛀入和成活有明显影响,水稻分蘖期,特别是孕穗期末到破口期是水稻最易遭受螟害的时期,此时若恰逢螟卵盛孵期,螟虫为害就严重。水稻的耕作制度和栽培技术对螟虫种群的消长及为害程度也有很大影响。当水稻耕作制度由单纯改向复杂时,三化螟种群趋向繁荣,二化螟种群随之趋向凋落;耕作制度由复杂改为单纯,则有利于二化螟而不利于三化螟的发生。一般粳稻比籼稻有利于三化螟的发生,籼稻比粳稻适合二化螟的发生,杂交稻上二化螟、大螟发生较重。因品种混杂,管理不当,追肥过多过迟,以致水稻生长参差不齐,抽穗期拉得长,螟害就会加重。

(三)防治措施

水稻螟虫的防治,应根据螟虫的发生规律和水稻栽培制度、生长情况,采取防、避、治相结合的综合治理措施。

1.农业防治

因地制宜,合理布局,选用水稻抗虫良种,并统一主栽品种及栽培技术,科学肥水管理,使水稻生长整齐,易受害的危险期错开螟虫盛发期。避免过量使用氮肥;清除稻桩、稻草,处理田边、沟边杂草等,人工摘除卵块,拔除枯心株、白穗株,减少螟虫的越冬基数。防治大螟还可在田边种稗诱卵,在卵块盛孵 5~7 d,幼虫分散前拔除销毁,同时拔除田边 1 m 内的稗草。

2. 物理防治

使用黑光灯、双波灯、频振式杀虫灯等诱杀成虫。秧田期在螟虫成虫盛发期间，覆盖无色防虫网，可阻隔螟蛾进入产卵繁殖。还可采取摘除卵块、拔除枯心苗等措施防治。

3. 生物防治

合理用药，减少化学药剂对天敌的杀伤，尽量使用微生物农药，发挥天敌的自然控制作用，稻螟的天敌很多，包括多种寄生蜂、寄生菌、寄生线虫等寄生性天敌以及蜘蛛、青蛙、鸟类等多种捕食性天敌。

4. 化学防治

蚁螟盛孵期，秧田枯鞘率达 0.1%以上时，应进行防治。可选用 20%阿维·毒死蜱水乳剂 180～240 g/hm^2、10%阿维·甲虫肼悬浮剂 60～75 mL/hm^2、5%氯虫苯甲酰胺悬浮剂 450～600 mL/hm^2 或 48%乐斯本乳油 750～1 050 mL/hm^2 喷雾。

四、稻纵卷叶螟

水稻稻纵卷叶螟（*Cnaphalocrocis medinalis* Guenee）属鳞翅目，螟蛾科（图 2-5）。又名刮青虫，北起黑龙江、内蒙古，南至海南的全国各稻区均有分布，是我国稻区常发性害虫，以南方稻区发生量大，受害重。以幼虫缀丝纵卷水稻叶片成虫苞，幼虫隐匿其中取食叶肉，仅留表皮，形成白色条斑，致使水稻千粒重降低，秕粒增加，造成减产。以孕穗期、抽穗期受害损失最大。为害水稻，有时为害小麦、甘蔗、粟以及一些禾本科杂草。

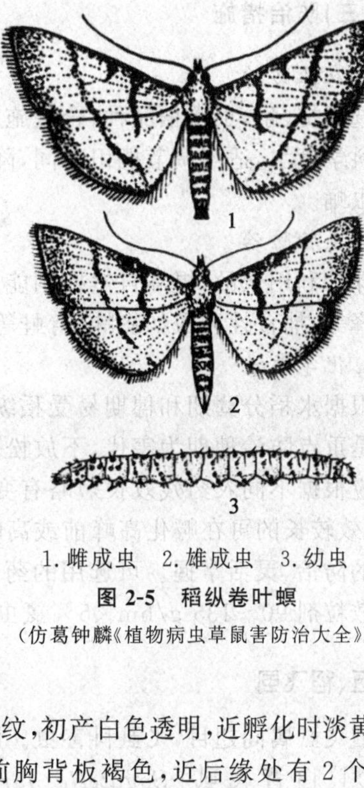

1. 雌成虫　2. 雄成虫　3. 幼虫

图 2-5　稻纵卷叶螟

（仿葛钟麟《植物病虫草鼠害防治大全》）

（一）形态特征

成虫　体长 8～9 mm，翅展 18 mm，淡黄褐色，前翅有两条褐色横线，两线间有 1 条短线，外缘有暗褐色宽带；后翅有两条横线，外缘也有宽带；雄蛾前翅前缘中部，有闪光而凹陷的"眼点"，雌蛾前翅则无"眼点"。

卵　长约 1 mm，椭圆形，扁平而中稍隆起，表面具细网纹，初产白色透明，近孵化时淡黄色。

幼虫　末龄幼虫体长 14～19 mm，绿色或黄绿色，前胸背板褐色，近后缘处有 2 个小黑点。中后胸背面中央各有 2 个近似螺旋形黑斑。多数幼虫分 5 龄。

蛹　长 7～10 mm，初黄色，后转褐色，长圆筒形，具钩刺 8 个。

（二）发生规律

东北地区一年发生 1～2 代，长江中下游至南岭以北一年发生 5～6 代，海南南部 10～11 代。南岭山脉一线以南，常年有一定数量的蛹和少量幼虫越冬，北纬 30°以北稻区不能越冬，故广大稻区初次虫源均自南方迁来。成虫喜群集在生长嫩绿、隐蔽、湿度大的稻田和生长茂密的草丛中。夜间活动，有一定的趋光性，有补充营养习性，喜在嫩绿、宽叶、矮秆的水稻品种上产卵，分蘖期卵量大于穗期。卵多单产，多产在中、上部叶片上。每头雌成虫产卵量平均 100 粒。

初孵幼虫从叶尖沿叶脉来回爬行，后钻入心叶或由蓟马为害形成的卷叶中取食叶肉，使稻叶出现针尖大白色透明小点。2 龄开始在叶尖或稻叶的上、中部吐丝缀连稻叶成纵向小虫苞，称为“卷尖期”。幼虫在苞内啃食叶肉，剩下表皮，受害处呈透明白条状。3 龄后开始转苞为害，虫苞多为单叶纵卷，管状。4 龄后转株频繁，虫苞大，食量大，抗药性强，为害重。5 龄是暴食阶段，食量占总食量的 79.5%～89.6%。一头幼虫可为害 5～7 片叶。化蛹部位一般在受害株或附近的稻株离地面 7～10 cm 处，在主茎与有效分蘖的基部叶鞘中化蛹。

该虫生长、发育和繁殖的适宜温度为 22～28℃，适宜相对湿度 80%以上。30℃以上或相对湿度 70%以下，不利于它的活动、产卵和生存。在适温下，湿度和降水量是影响发生量的一个重要因素，雨量适当，成虫产卵量大为提高，产下的卵孵化率也较高；少雨干旱时，产卵量和孵化率显著降低。但雨量过大，特别在盛蛾期或盛孵期连续大雨，对成虫的活动、卵的附着和低龄幼虫的存活率都不利。

（三）防治措施

1. 农业防治

选用抗（耐）虫水稻品种，合理施肥，使水稻生长发育健壮，防止前期猛发旺长，后期贪青迟熟。科学管水，适当调节搁田时间，降低幼虫孵化期田间湿度，或在化蛹高峰期灌深水 2～3 d，杀死虫蛹。

2. 生物防治

保护利用天敌，提高自然控制能力。寄生性天敌如拟澳洲赤眼蜂、稻螟赤眼蜂、纵卷叶螟绒茧蜂等；捕食性天敌如蜘蛛、青蛙等。

3. 化学防治

根据水稻分蘖期和穗期易受稻纵卷叶螟为害，尤其是穗期损失更大的特点，药剂防治的策略应是重点防治穗期为害代，不放松分蘖期为害代的原则，2 龄幼虫高峰期是防治适期。施药时期应根据不同农药残效长短略有变化，击倒力强而残效较短的农药在孵化高峰后 1～3 d 施药，残效较长的可在孵化高峰前或高峰后 1～3 d 施药，实际生产中，应根据实际，结合其他病虫害的防治，灵活掌握。可选用的药剂为 40%毒死蜱乳油 1 200～1 500 mL/hm^2、30%茚虫威水分散粒剂 90～135 g/hm^2、5%氯虫苯甲酰胺悬浮剂 300～600 mL/hm^2 等。

五、稻飞虱

稻飞虱属同翅目，飞虱科害虫。国内为害水稻的飞虱主要有褐飞虱[*Nilaparvata lugens* (Stål)]、白背飞虱[*Sogatella furcifera* (Horvath)]和灰飞虱[*Laodelphax striatellus* (Fallén)]等。其中以褐飞虱发生最重，白背飞虱次之。褐飞虱食性单一，白背飞虱和灰飞虱寄主种类较多，除水稻外，还有大麦、小麦、玉米等。稻飞虱成虫、若虫在稻丛下部刺吸汁液为害，其唾液腺分泌有毒物质，能阻塞输导组织引起稻株萎缩。产卵时刺伤茎叶组织，形成大量伤口，造成稻株水分和养分散失。稻飞虱的分泌物常招致霉菌滋生，对稻株的光合作用和呼吸作用产生影响。受害严重时，稻丛下部变黑、发臭、腐烂，导致枯死倒伏。水稻孕穗、抽穗期受害，稻叶发黄，生长低矮，影响抽穗或结实；乳熟期受害，稻谷千粒重明显下降，瘪粒增加。褐飞虱和灰飞虱还能传播病毒病。由灰飞虱传播的水稻黑条矮缩病、条纹叶枯病，小麦丛矮病，玉米矮缩病等引起的经济损失常大于灰飞虱的直接为害。

(一)形态特征

稻飞虱为小型昆虫，体长不足 5 mm，头部较尖，稍向前突，触角粗短，末端锥状，着生于头侧方复眼之下，后足胫节末端内侧有一个刀状大距，成虫有长翅型和短翅型之分(图 2-6、图 2-7)。

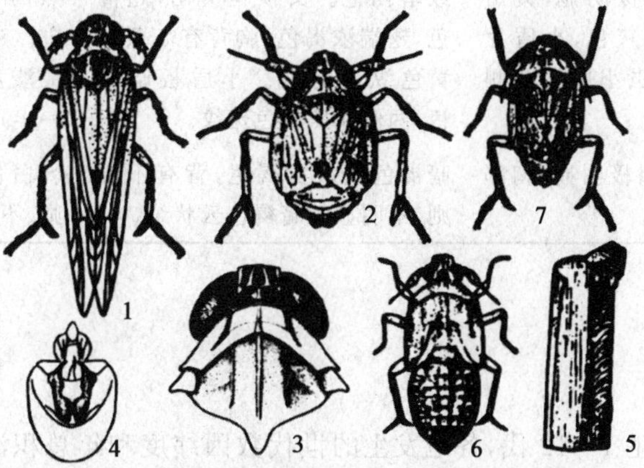

1. 长翅型成虫 2. 短翅型雌成虫 3. 头胸部背面 4. 雄性外生殖器 5. 卵块 6. 长翅型若虫 7. 短翅型雄成虫

图 2-6 褐飞虱

(李照会. 农业昆虫鉴定. 2002.)

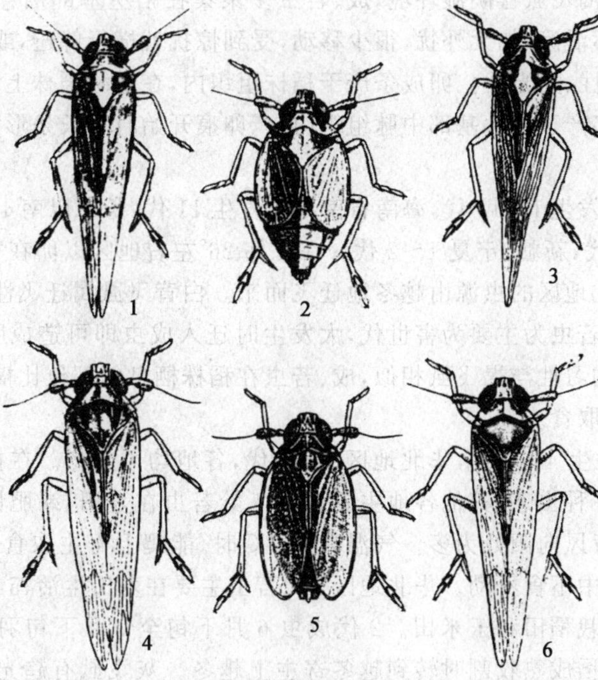

白背飞虱：1. 长翅型雌虫 2. 短翅型雌虫 3. 长翅型雄虫

灰飞虱：4. 长翅型雌虫 5. 短翅型雌虫 6. 长翅型雄虫

图 2-7 白背飞虱、灰飞虱

(袁峰. 农业昆虫学. 2001.)

表 2-2　三种飞虱的主要区别

虫态	种类		
	白背飞虱	褐背飞虱	灰飞虱
成虫	体长 3.8～4.5 mm,体淡黄白或黄白色。头顶极明显,突出在复眼前方。翅灰色,小盾片中央黄白色,雄虫小盾片两侧黑色,雌虫黑褐色。	体长 3.6～4.8 mm,体黄褐色或暗褐色。头顶稍突出,翅褐色,翅端浓褐色,胸背有 3 条灰黄色纵隆起线。小盾板暗黑色,两侧无黑褐色斑纹。	体长 3.5～4.0 mm,体淡黄或黑褐色。头顶突出在复眼前方。翅灰白色,雄虫小盾板中央淡黄色或黄褐色,两侧各有一半月形黄褐色斑
若虫	乳白色,头顶突出极明显,胸部有明显的云状斑。	暗褐色或淡黄褐色,背有不规则、不明显的暗褐色云状纹。	乳白色或暗褐色,胸背有不规则、不明显的暗褐色云状纹。

(二)发生规律

1. 生活史及习性

褐飞虱　一年发生 1～12 代,各地发生的世代数因纬度和年总积温、迁入时期、水稻栽培期而不同。在海南省南部每年发生 12 代,广东、广西中南部、福建南部,每年发生 8～9 代;江淮地区年发生 3～4 代;北纬 35°以北的其他稻区,常年发生 1～2 代。褐飞虱为远距离迁飞性害虫,仅在冬季有水稻栽培或有再生稻、自生稻苗生长的少数南方地区越冬,我国稻区的初发虫源,多是由南方终年繁殖区,随着春夏暖湿气流,由南向北渐次迁飞而来;在秋季,则随南向气流由北向南回迁。褐飞虱喜阴湿环境,成、若虫多聚集在稻丛基部栖息、取食,穗期以后,逐渐上移。成虫、若虫不活泼,如无外扰,很少移动,受到惊扰就横行躲避,或落于水面、或飞(跳)到他处。成虫有趋嫩性、趋光性。卵成条产于稻株组织内,在嫩绿稻株上多产于叶鞘的肥厚部分,在黄老植株上则多产于叶片基部中脉组织内,产卵痕开始时呈长条形裂缝,不太明显,以后逐渐变为褐色条斑。

白背飞虱　一年发生 1～11 代,海南省南部年发生 11 代,长江以南 4～7 代,淮河以南 3～4 代,东北地区 2～3 代,新疆、宁夏 1～2 代。在北纬 26°左右地区以卵在自生稻苗、晚稻残株、杂草上越冬,在此以北地区的虫源由越冬地迁飞而来。白背飞虱属迁飞性害虫,各地均以成虫迁入田间后的第 2 代若虫为主要为害世代,大发生时迁入成虫即可造成明显危害,即“落地成灾”现象。白背飞虱的习性与褐飞虱相似,成、若虫在稻株栖息的部位比褐飞虱略高,部分低龄若虫可在幼嫩心叶内取食。

灰飞虱　一年发生 4～8 代,华北地区 4～5 代,各地均可越冬。在福建、广东、广西和云南南部,冬季可发现 3 种虫态,其他各地主要以 3、4 龄若虫在麦田、绿肥田、沟边、河边的禾本科杂草上越冬,尤以背风向阳处为多。气温高于 5℃时,能爬上寄主取食;低于 5℃时,潜伏在寄主根际和土壤缝隙中不食不动。华北地区 1 代若虫主要在麦田生活,5 月下旬至 6 月中旬羽化,迁入水稻秧田、早栽稻田和玉米田。2 代成虫 6 月下旬至 7 月下旬羽化,大量迁入水稻本田繁殖危害。秋后水稻成熟收割时转到越冬寄主上越冬。灰飞虱有趋光、趋嫩绿和趋边行的习性,边行虫口密度远高于田中,生长嫩绿茂密的稻田中着卵量多。

2. 发生条件

褐飞虱和白背飞虱均为迁飞性害虫,影响发生的首要条件是迁入虫量的多少。若虫源基地虫量大,迁入季节雨日频繁、雨量大,则有利其降落迁入。稻飞虱在田间数量的消长与水稻生育期及温湿度有关，褐飞虱喜温暖高湿，生长发育的适温为 20～30℃，26～28℃最适，相对湿度 80%以上时有利其发生。白背飞虱对温度的适应范围比褐飞虱大，15～30℃均能正常生长发育。灰飞虱耐寒怕热，适宜温度为 15～28℃，冬暖夏凉有利其大发生。

（三）防治措施

1. 农业防治

清除田间杂草，减少灰飞虱的越冬虫源；选用抗虫品种；科学肥水管理，促进稻株正常生长，防止稻株徒长或贪青倒伏。

2. 生物防治

注意合理使用农药，保护和利用天敌，稻飞虱的天敌种类很多，寄生于卵的有稻虱缨小蜂、褐腰赤眼蜂等；寄生于成虫的有稻虱螯蜂、稻虱线虫等。捕食性天敌有黑肩绿盲蝽、蜘蛛、步甲、瓢虫等。人工搭桥助迁蜘蛛或稻田放鸭等措施，对稻飞虱也有较好防效。

3. 药剂防治

当主要为害世代的前一代平均每丛稻有虫 1 头，主要为害世代每丛有虫 10 头左右时，需进行药剂防治。一般在低龄若虫高峰期，可选用 25%噻嗪酮可湿性粉剂 300～450 g/hm^2、25%吡蚜酮可湿性粉剂 300～450 g/hm^2、10%吡虫啉可湿性粉剂 300～450 g/hm^2、48%毒死蜱乳油 1 200～1 800 mL/hm^2、25%噻嗪・异丙威可湿性粉剂 1 500～2 250 mL/hm^2 或 20%啶虫脒可湿性粉剂 2 000～4 000 倍液喷雾。

六、稻水象甲

稻水象甲（*Lissorhoptrus oryzophilus* Kuschel）属鞘翅目，象甲科，是我国二类植物检疫对象（图 2-8），1988 年首先发现于唐山地区，现已在黑龙江、吉林、辽宁、河北、北京、天津、山东、浙江、安徽、福建、湖南、山西等地陆续发生。稻水象甲成虫取食水稻嫩叶，沿叶脉啃食表皮和叶肉，仅留另一面表皮，由此形成纵向细短条斑。幼虫取食水稻根部，甚至钻入根内危害，数量多时造成根系和分蘖减少，发育迟缓，延迟成熟。为害严重时，根变黑腐烂，下部叶片枯死，甚至整株死亡。一般减产 10%～20%，严重时可达 50%。

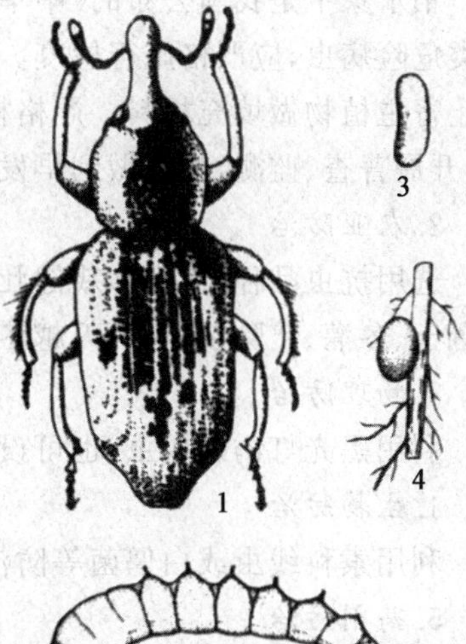

1. 成虫　2. 幼虫　3. 卵　4. 土茧

图 2-8　稻水象甲

（仵均祥．农业昆虫学．2009.）

（一）形态特征

成虫　体长 2.6～3.8 mm，体褐色，被覆浓密的灰绿色鳞片。前胸背板近梯形，两侧缘中部向外拱突，两侧灰色鳞片区之间有一条黑褐色的鳞片带，向下延伸至鞘翅的 3/4 处，形成一个似瓶状的暗斑。鞘翅基部与前胸背板等宽，从基部到肩部急剧加宽，翅肩以下两侧几乎平行至翅端又急剧缩窄，臀板微露翅外。雄虫后足胫节无前锐突，锐突短而粗，深裂呈两叉形。雌虫的锐突单个的长而尖，有前锐突。

卵　长 0.8 mm，宽 0.16 mm，近圆柱形，两端圆略弯，乳白色。

幼虫 老熟时体长约 10 mm,体白色,头褐色,无足,体细长,略向腹面弯曲,腹部第 2~7 节背面各有 1 对略前弯的钩状呼吸管,气门位于管中。

蛹 白色,复眼红褐色,大小及形态似成虫。蛹在土茧中形成,土茧黏附于根上,灰色近球形,直径约 5 mm。

(二)发生规律

一年发生 1~2 代,以成虫在田边坡地、沟渠边及田埂上的杂草丛中(成虫蛰伏于表层土中)滞育越冬。成虫一般在水淹后开始产卵。新孵化的幼虫在叶鞘内经短暂钻蛀取食后离开叶鞘掉入土中,在植物体外生活一段时间,这时是它生活史中最薄弱的环节。幼虫在发育过程中,可从一个根钻出转入另外一个根危害,造成系列穿孔。3 龄幼虫取食常可造成断根,妨碍根的发育生长。一株水稻根部可发现几头,多至几十头幼虫。老熟幼虫结土茧附着于根上化蛹,7 月初成虫羽化,8 月末大量成虫转移至越冬场所。

稻水象甲成虫有明显的趋光性并有较强的飞翔力,可借风力远距离传播。成虫也可在水中游泳,随水流跨江越海传播。人为方面,可随稻秧、稻草、稻草制品,杂草寄主制成的包装物、填充物,草饲料,交通工具等远距离传播。

(三)防治措施

1. 加强植物检疫

稻水象甲是我国公布的《中华人民共和国进境植物检疫危险性病、虫、杂草名录》中规定的二类危险病虫,应严格施行检疫。禁止从疫区调运秧苗、稻草、稻谷和其他寄主植物及其制品,防止寄主植物做填充材料。严格检疫检验,通过对其适生区、适生场所、嗜好寄主植物采样检验,开展普查、监测,力求做到早发现。

2. 农业防治

选用抗虫品种,及时移栽健壮秧苗,加强肥水管理,利用不同品种成熟期差异减轻危害;秋耕翻土、冬灌、铲除杂草,消灭越冬成虫;春耕、沤田,多犁多耙,消灭成、幼虫。

3. 物理防治

利用黑光灯诱杀成虫;也可设置诱杀田,夜间灯光诱集成虫产卵,然后集中消灭。

4. 生物防治

利用索科线虫或白僵菌等防治稻水象甲。

5. 药剂防治

可选用 40%三唑磷乳油 900~1 200 g/hm^2、200 g/L 氯虫苯甲酰胺悬浮剂 100~200 mL/hm^2、40%氯虫・噻虫嗪水分散粒剂 120~150 g/hm^2 喷雾。或选用 0.4%氯虫苯甲酰胺颗粒剂 10 500~15 000 g/hm^2 撒施。

七、稻摇蚊类

稻摇蚊类(*Chironomus* spp.)别名红虫子、红线虫。属双翅目摇蚊科。稻摇蚊主要分布在我国北方稻区。东北地区发生的种类主要有 3 种摇蚊,即大红摇蚊、小型有巢筒摇蚊和小型无巢筒摇蚊,其中以大红摇蚊发生最多。寄主植物除水稻外,尚有藻类和苔藓类。以幼虫在稻田水底蛀食萌动的稻种,为害胚及胚乳,使种子不能发芽。食害幼芽及幼根,初期无任何症状,7~8 d 后稻田里的秧苗一片一片地变黄，此时水面上不易见到幼虫，如将黄苗挖出，扒开泥土，便可见到紧紧缠绕在根部的很多红色幼虫。当稻苗长大后，这时虽然有幼虫取食，但已不能引起秧苗死亡或受害(图 2-9)。

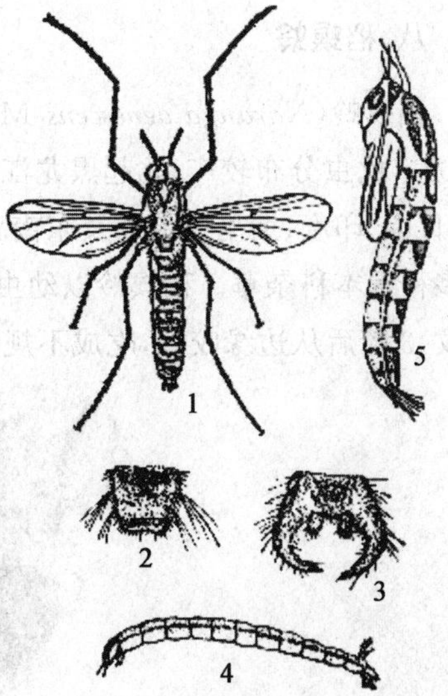

1. 雌成虫　2. 雌成虫腹部末端
3. 雄成虫　4. 幼虫　5. 蛹
图 2-9　稻摇蚊
(仵均祥．农业昆虫学．2009.)

(一)形态特征

成虫　形似小蚊，体长 2～3 mm，体灰黄色，复眼黑色，翅短，盖不住腹部，中胸背板上有品字形三条黑纹，中胸小盾片上具刺毛 1 列。雌虫触角丝状；雄虫触角环毛状。

卵　长椭圆形，包于透明带状胶质囊内，每卵囊有卵粒 80～200 粒，卵粒乳白色，长约 0.2 mm，宽约 0.1 mm。各粒卵连接成一条弯曲成螺旋状锁链。卵囊粗短，长 10 mm，宽 5 mm。卵囊尖端索状，附着在水中茎叶、草根、土块或漂浮物上。

幼虫　末龄幼虫体长 12～18 mm，血红色，细长，无足，前胸和腹末分别有 1 个和 2 个肢状突起，第 9 节背面有 2 撮毛，肛门旁有 2 对乳状突起。

蛹　裸蛹，长 10～15 mm，红黑至灰绿色，头顶有毛 1 对，尾端有长毛两束，腹部中央有 1 黑色纵斑。

(二)发生规律

大红摇蚊在辽宁、吉林 1 年发生 4 代以上，黑龙江省 1 年发生 2～3 代，以蛹在低洼的草丛下或以成虫在草丛中越冬，成虫于 4 月末在水边杂草上活动，傍晚或无风阴天在稻田附近道旁、渠边的杂草上，成群低空飞舞。飞舞时以雄蚊较多，雌蚊则多在草丛中栖息。成虫喜食花蜜及蚜虫蜜露，有趋光性。5 月间在稻田产卵，卵块产下后吸水膨胀成卵圆形透明胶囊，挂在秧苗或杂草浮叶上。成虫产卵喜欢选择黑土、草炭土、盐碱土、老稻田等土质胶黏的水田，产卵后不久即死亡。卵经 4～6 d 孵化，初孵幼虫先在卵囊内取食胶质，3～4 d 后破囊而出，蛀食苔藓或刚萌芽的稻种，或蛀食幼芽和嫩根，严重时每一稻苗可达 10 余头。幼虫长至 2 mm 左右，逐渐变成血红色，此后完全在稻根附近生活。东北各地稻摇蚊均以第 1 代幼虫为害较为严重，其余各代幼虫虽生活在稻田中，但无显著危害症状。

(三)防治措施

防治措施以农业防治结合适期施药为主，并做好第 1 代幼虫预测预报工作。

1. 农业防治

采取薄膜覆盖育秧。加强田间管理，适当早播或旱直播，可避免受害或减轻受害程度。发现幼虫为害时，适当进行排水晒田至干裂，再灌水，连续晒 2～3 次，可使幼虫干死，抑制危害。

2. 化学防治

施药的适宜时期是幼虫孵化末期。把水排至 3 cm 深，用 90%敌百虫 150～200 g/hm^2、10%吡虫啉可湿性粉剂 600～700 g/hm^2 喷雾；或用 480 g/L 毒死蜱乳油毒土，用药 3 750～4 500 mL/hm^2 撒施或 10%灭线磷颗粒剂 15 000～18 000 g/hm^2 撒施。

八、稻螟蛉

稻螟蛉（*Naranga aenescens* Moore），属鳞翅目夜蛾科，别称双带夜蛾、稻青虫、量尺虫（图 2-10）。此虫分布较广，北起黑龙江，南至海南省，西北及东部沿海各地均有发生。国外分布于朝鲜、日本、印度、斯里兰卡以及东南亚一带。除为害水稻外，还为害高粱、玉米、粟、陆稻、甘蔗、稗及多种禾本科杂草。稻螟蛉以幼虫食害叶片，3 龄前幼虫沿叶脉啃食叶肉，叶片上形成许多白色条纹，3 龄后从边缘咬食，吃成不规则的缺刻，严重时将叶片咬成破碎不堪，仅剩中脉。

图 2-10 稻螟蛉（雄蛾）

（一）形态特征

成虫 雌蛾体长 8～10 mm，翅展 21～24 mm，体翅黄褐色，前翅从前缘到后缘有两条平行的赤褐色宽斜带，两条斜带中部间断不连续，后翅灰白色。雄蛾体长 6～8 mm，翅展 16～18 mm，前翅金黄色，两斜带连续不断，后翅灰黑色。

卵 扁圆形，直径 0.45～0.5 mm，表面由放射状纵隆线相交形成许多方格，初产时乳白色，以后映出一圈紫色环纹，孵化前变紫色，环纹呈暗紫色。

幼虫 共 5 龄，老熟幼虫体长 20～26 mm，细长，头部黄褐色，胴部深绿色，只有两对腹足和一对臀足，腹部第 1、2 对腹足退化，仅留痕迹，行动似尺蠖。背线及亚背线白色，气门线黄色。

蛹 长 7～10 mm，近圆锥形，初为绿色，后变黄褐色，前胸、中胸前缘和腹部 1～7 节背面及 5～7 节腹面前缘均有小刻点，其中 4～6 节背面刻点较大，腹末有钩状臀刺 4 对，中央 2 对较粗，背面中间及两侧的 2 对较细。

（二）发生规律

稻螟蛉 1 年发生代数因地而异，由南向北世代数逐渐减少，1 年发生 2～6 代不等。浙江 4～5 代，吉林 3 代，黑龙江 2 代。各地均以蛹在田间稻茬丛中或稻秆、杂草的叶包、叶鞘内越冬。各虫态历期在温度 26～28℃时，卵期 5 d；幼虫期 13～15 d；蛹期 5～6 d；产卵前期 2～3 d；产卵期 2～3 d。

成虫昼伏于水稻茎叶或杂草丛中，夜间活动，交尾、产卵，趋光性强，且灯下多属未产卵的雌蛾。成虫产卵有趋向稻苗叶色青绿植株的习性。卵多产在稻叶的中部，正、反面都有，少数产在叶鞘内，每卵块通常 7～8 粒，排成 1～2 行，每个雌虫平均产卵 250 粒左右，幼虫孵化后约 20 min 开始取食，幼虫有假死性，一遇惊动即跳跃落水，再游水或爬到别的稻株上危害。老熟幼虫常吐丝将叶片尖端做成三棱状的虫苞，在苞里化蛹。

(三)防治措施

1. 农业防治

春、冬季铲除田边、沟边杂草，在出水处捞除虫苞，集中处理。

2. 物理防治

在成虫发生盛期利用灯光诱杀。

3. 生物防治

保护和利用天敌昆虫。释放稻螟赤眼蜂和拟澳洲赤眼蜂。稻螟蛉天敌种类很多，常见寄生于幼虫的有螟蛉绒茧蜂、螟蛉内茧蜂、螟蛉黄茧蜂、螟蛉悬茧姬蜂等，此外幼虫期还有步甲类、蜘蛛类、蛙类、鸟类等捕食性天敌。

4. 化学防治

在 2～3 龄幼虫盛发期喷施 2.5%敌百虫粉剂或选用 90%晶体敌百虫、50%敌敌畏乳油、40%乐果 1 000 倍稀释液。

九、水稻其他害虫

水稻其他害虫及防治要点详见表 2-3。

表 2-3　水稻其他害虫及防治要点

害虫种类	形态特征	发生规律	防治要点
中华稻蝗[*Oxya chinensis* (Thunberg)]，直翅目，蝗科	成虫体长 30～44 mm，黄绿色或黄褐色，复眼后有褐色纵带伸至后胸后缘；若虫与成虫相似，体绿色至黄褐色	1 年 1 代，以卵囊在土中越冬；3 龄前就近取食杂草，3 龄以后迁入稻田为害，成、若虫主要取食水稻叶片	治理荒滩，恶化稻蝗生存环境；铲除田边杂草，清除水面卵囊；严重时，可在若虫 3 龄以前施药防治
白翅叶蝉[*Thaia rebiginosa* (Kuoh)]，半翅目、叶蝉科	成虫体长 3.5 mm，头胸部橙黄色，前翅膜质半透明，被有白色蜡质物。若虫淡黄绿色，胸部各节背面两侧有烟褐色斑纹	在我国中南部稻区 1 年发生 3～6 代，以成虫或若虫在田边、沟边禾本科杂草上越冬，成虫有趋光性和趋嫩性，多在稻株上部吸食，产卵于稻叶中脉内	成虫盛发期灯光诱杀，狠抓早稻秧田集中危害期，压低虫源。做好晚稻田防治，控制其危害程度。药剂防治参见稻飞虱部分
黑尾叶蝉[*Nephotettix bipunctatus* (Fabricius)]，半翅目、叶蝉科	成虫体长 4.5～5.5 mm，黄绿色，头顶部近前缘有 1 条黑色横带纹。若虫黄绿色，中后胸背板各有 1 个倒“八”字形褐斑	1 年发生 2～8 代，以成虫或若虫在田边、沟边禾本科杂草上越冬，成虫有趋光性和趋嫩性，多在稻株上部吸食，产卵于稻叶中脉内	同白翅叶蝉

项目二 小麦害虫防治技术

一、麦蚜

麦蚜属半翅目，蚜科。我国为害麦类作物的蚜虫主要有麦长管蚜[*Macrosiphum avenae*(Fabr).]、麦二叉蚜[*Schizaphis graminum*(Rondani)]、禾谷缢管蚜(*Rhopalosipum Padi*)、麦无网蚜[*Acyrthosiphon dirhodum*(Walker)]等，麦长管蚜在全国小麦栽培区均有发生，是大多数地区的优势种；麦二叉蚜主要分布在我国北方冬麦区；禾谷缢管蚜分布于华北、东北、华南、华东、西南各麦区，是多雨地区的优势种；麦无网蚜主要分布在华北及云南和西藏等地。除为害麦类作物外，还为害玉米、高粱、马唐、看麦娘等多种禾本科作物及杂草，其均以成蚜、若蚜刺吸小麦等作物叶、茎、穗的汁液。苗期，麦蚜多群集在叶片背面、叶鞘及心叶取食；拔节期、抽穗期和灌浆期集中在茎、叶和穗部取食，并排泄蜜露，影响作物发育，被害处呈浅黄色斑点，严重时叶片发黄，甚至整株枯死。穗部受害，造成麦粒干瘪，千粒重下降，严重减产。乳熟期受害，对产量影响最大。同时传播多种病毒病，尤其是小麦黄矮病。

(一)形态特征

1. 麦长管蚜

麦长管蚜的有翅胎生雌蚜体长 2.4～2.8 mm，身体椭圆形，淡绿至绿色；复眼红色。触角较体长，暗褐色；前翅中脉有 3 个分支；腹管黑色、圆筒形、长为体长的 1/4，端部有网纹。其无翅胎生雌蚜体淡绿色或黄绿色，除无翅外，与有翅胎生雌蚜相似(图 2-11)。

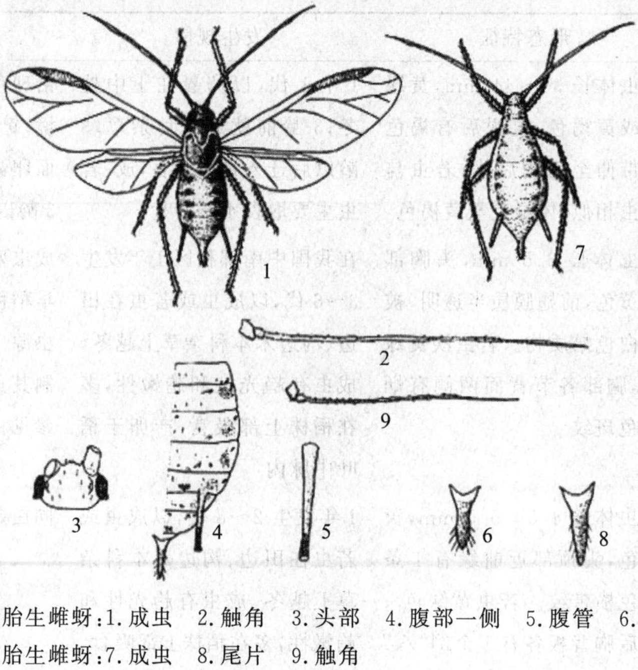

有翅胎生雌蚜：1. 成虫　2. 触角　3. 头部　4. 腹部一侧　5. 腹管　6. 尾片
无翅胎生雌蚜：7. 成虫　8. 尾片　9. 触角

图 2-11　麦长管蚜

(仿西北农学院农业昆虫教学组)

2. 禾谷缢管蚜

有翅成蚜体长 1.4～1.8 mm。身体卵圆形，深绿色；复眼黑色。后端有赤色至深紫褐色横带；触角短，约为体长一半，黑色；前翅中脉有 3 个分支；腹管黑色、短小，圆筒形，近端部呈瓶口状缢缩（图 2-12）。

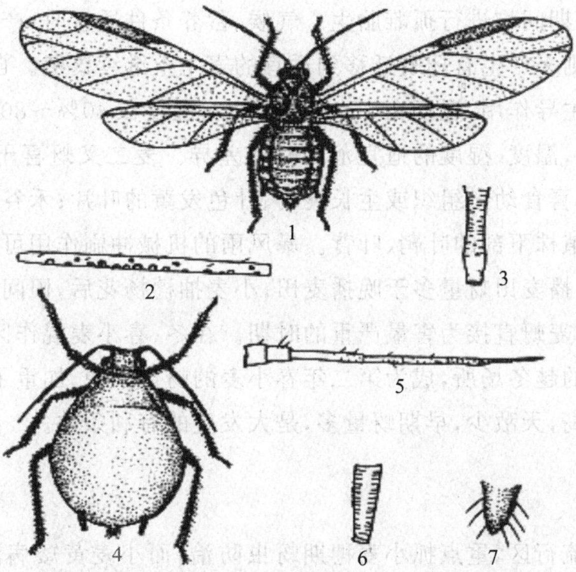

有翅胎生雌蚜：1. 成虫　2. 触角第 3 节　3. 腹管

无翅胎生雌蚜：4. 成虫　5. 触角　6. 腹管　7. 尾片

图 2-12　禾谷缢管蚜

3. 麦二叉蚜

有翅成蚜体长 1.4～1.7 mm，身体椭圆形或卵圆形，淡绿色或黄绿色；复眼漆黑色。背面有绿色纵条带；触角短，约为体长的 3/5；前翅中脉有两个分支；腹管黄绿色，较短，圆锥形，顶端稍膨大，基部有横皱纹（图 2-13）。

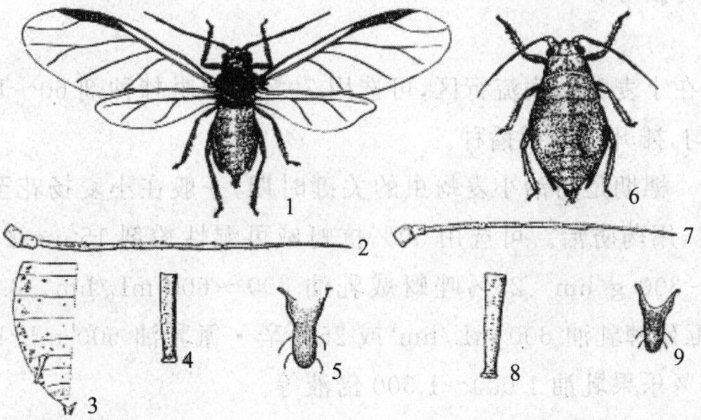

有翅胎生雌蚜：1. 成虫　2. 触角　3. 腹部一侧　4. 腹管　5. 尾片

无翅胎生雌蚜：6. 成虫　7. 触角　8. 腹管　9. 尾片

图 2-13　麦二叉蚜

（仿西北农学院农业昆虫教学组）

(二)发生规律

一年发生10～20代,麦长管蚜和麦二叉蚜终年在禾本科植物上繁殖生活,以成蚜、若蚜、卵在冬小麦或禾本科杂草上越冬,禾谷缢管蚜在北方多以卵在蔷薇科木本植物上越冬,翌年春暖开始活动危害,危害期间均进行孤雌胎生。气候、营养条件适宜时,产生无翅蚜;营养条件恶化或虫口密度过大时则多产生有翅蚜迁移到适宜的寄主上继续繁殖。自然条件下,温度、湿度对麦蚜发生和消长起主导作用,温度在15～25℃、相对湿度在40%～80%,即中温低湿有利于麦蚜发生,但种类不同,温度、湿度的适宜范围略有差异。麦二叉蚜喜干旱,怕光照,多分布在植株下部和叶片背面,喜食幼嫩组织或生长衰弱、叶色发黄的叶片;禾谷缢管蚜喜湿畏光,喜食茎秆、叶鞘,多分布在植株下部的叶鞘、叶背。暴风雨的机械冲刷作用可使蚜量显著减少,麦长管蚜尤为明显;秋季早播麦田蚜量多于晚播麦田;小麦抽穗扬花后,田间蚜量激增,乳熟期种群数量达到最高峰,这是麦蚜直接为害最严重的时期。在冬、春小麦混作区,冬小麦生育期长,冬小麦田成为多种麦蚜的越冬场所,成为第二年春小麦的蚜虫来源,加重了对春小麦的为害。总之,天气干旱,气温较高,天敌少,早期蚜量多,是大发生的有利条件。

(三)防治措施

在非小麦黄矮病流行区,重点抓小麦穗期蚜虫防治;而小麦黄矮病流行区,为了做好治蚜防病工作,除进行穗期防治外,还应重点抓好小麦苗期蚜虫防治。

1. 农业防治

选用抗蚜、耐蚜品种;清除麦田内外杂草;适时集中播种,春小麦适当早播,冬小麦适当晚播;实行冬灌,早春耙磨镇压;合理施肥,促进麦株生长健壮,增强抗蚜能力。

2. 生物防治

注意保护和利用天敌,合理施用农药,尽量减少对天敌的杀伤;充分发挥天敌对蚜虫的控制作用,有条件的地方还可人工繁殖或助迁天敌。麦蚜的天敌很多,包括瓢虫、草蛉、食蚜蝇、蚜茧蜂、蚜小蜂和蚜霉菌等。

3. 化学防治

(1)种子处理　在小麦黄矮病流行区,可选用70%吡虫啉拌种剂60～180 g,加水10 L,与100 kg小麦种子拌匀,摊开晾干后播种。

(2)生长期施药　穗期是防治小麦蚜虫的关键时期,一般在小麦扬花至灌浆初期,当有蚜穗率达5%～10%时,用药防治。可选用50%抗蚜威可湿性粉剂150～225 g/hm^2、10%吡虫啉可湿性粉剂150～300 g/hm^2、25%唑蚜威乳油300～600 mL/hm^2、2.5%溴氰菊酯乳油600 mL/hm^2、48%毒死蜱乳油600 mL/hm^{2}或25%辛·氰乳油600 mL/hm^2、50%敌敌畏乳油1 500倍液,或40%乐果乳油1 000～1 500倍液等。

二、小麦吸浆虫

小麦吸浆虫为世界性害虫,我国小麦上发生的吸浆虫有麦红吸浆虫(*Sitodiplosis mosellana* Gehin)和麦黄吸浆虫(*Contarinia tritci* Kirby)两种,均属双翅目,瘿蚊科。其中麦红吸浆虫发生最普遍、危害最严重。小麦吸浆虫主要取食小麦，也取食大麦、青稞、黑麦、燕麦及鹅冠草等。以幼虫为害小麦花器，吸食灌浆期麦粒浆液，造成小麦籽粒秕瘦而减产，严重时造成绝收，是小麦的毁灭性害虫(图 2-14)。

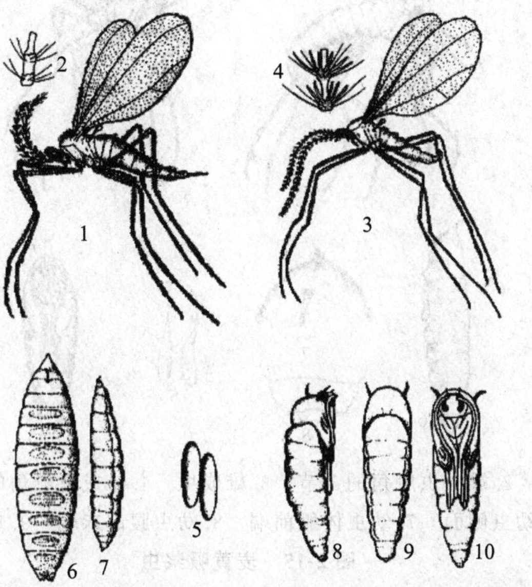

1.雌成虫　2.雌成虫触角的 1 节　3.雄成虫　4.雄成虫触角的 1 节　5.卵
6.幼虫腹面　7.幼虫侧面　8.蛹侧面　9.蛹背面　10.蛹腹面

图 2-14　麦红吸浆虫

(仿西北农学院昆虫学教学组)

(一)形态特征

1.麦红吸浆虫

成虫　体长 2～2.5 mm，橘红色，密被细毛。头小，触角细长，14 节，各节呈长圆形膨大，环生刚毛。中胸发达，足细长。前翅宽卵形，膜质，有紫色闪光，翅脉 4 条；后翅退化为平衡棒。腹部 9 节，雌性成虫第 9 节细长，形成伪产卵管。雄虫体稍小，触角比雌虫长，每节有两个球形膨大部分。腹部末端略向上弯曲。

卵　长 0.09 mm，长圆形，浅红色。

幼虫　体长 2～3 mm，扁纺锤形，橙黄色，头小，无足，蛆形，前胸腹面有 1 个“Y”形剑骨片，前端分叉，凹陷深。

蛹　长 2 mm，裸蛹，橙褐色，头前方具白色短毛 2 根和长呼吸管 1 对。

2.麦黄吸浆虫

形态与麦红吸浆虫相似，成虫姜黄色，雌成虫伪产卵器，伸出时与腹部等长，末端呈针状。幼虫体黄色(图 2-15)。

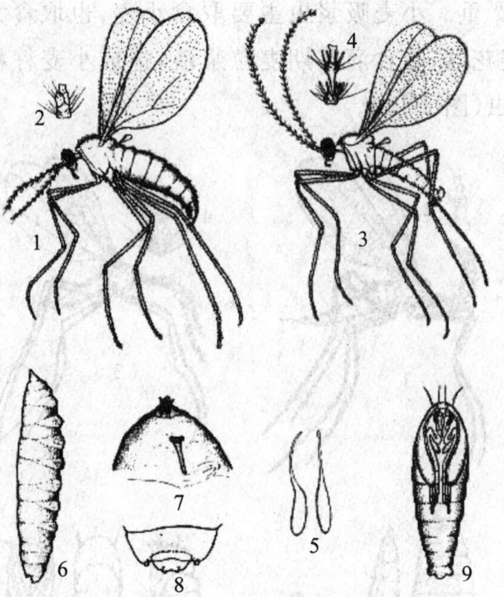

1.雌成虫　2.雌成虫触角的1节　3.雄成虫　4.雄成虫触角的1节　5.卵
6.幼虫侧面　7.幼虫体躯前端　8.幼虫腹部末端　9.蛹腹面

图 2-15　麦黄吸浆虫

(仿西北农学院昆虫学教学组)

(二)发生规律

小麦吸浆虫一年发生1代,以老熟幼虫在土中结圆茧越夏、越冬。次年春天温度适宜时,破茧上升至土表化蛹,若遇长期干旱,仍可再下移结茧潜伏。部分幼虫可滞育1～3年。成虫畏强光和高温,早晨和傍晚活动为盛。成虫以每日7～10时和15～18时为羽化盛期。雄性成虫多在小麦植株下部活动,雌性成虫多在小麦植株上方10 cm处飞舞,借风力扩散。抽穗期成虫羽化、交尾,将卵产在抽穗而未扬花的麦穗上,卵多散产在外颖背上方。每个雌性成虫可产卵50～90粒,每次产卵1～3粒。幼虫孵化时,正值小麦扬花、灌浆期,幼虫孵化后从内外颖缝隙间钻入麦粒,取食子房或灌浆期的麦粒浆液。幼虫分3龄,老熟后遇雨从颖壳内的蜕皮中爬出,钻入土中,在6～10 cm深处结圆茧越夏、越冬。

小麦吸浆虫喜湿怕干,成虫产卵、幼虫孵化和侵入、老熟幼虫离穗入土都需要较大的湿度。根据春季或麦收前雨量,可预测当年或次年的发生趋势。如果春季缺雨,土壤板结,小麦吸浆虫很少化蛹,当年发生量少,受害轻。小麦连作受害重。凡抽穗整齐、灌浆迅速、抽穗盛期与成虫盛发期错开的品种受害轻,反之则受害重。小麦吸浆虫幼虫在土壤中生活长达10个月以上。地势、土壤结构、含水量和酸碱度与小麦吸浆虫的分布和发生量密切相关。壤土比黏土和沙土发生重。低平地比坡地虫量多,阴坡比阳坡虫量多。碱性土壤适宜麦红吸浆虫发生,而酸性土壤适宜麦黄吸浆虫发生。

(三)防治措施

1.农业防治

小麦品种对麦红吸浆虫的抗虫性有明显的差异,选用抗虫品种是很好的途径,小麦穗型是决定幼虫入侵数量多少的主要因素,一般内外颖壳扣合紧密、灌浆速度快、皮厚的品种可阻碍成虫产卵和幼虫侵入；抽穗整齐，可减少成虫产卵。小麦连作受害重，通过调整作物布局，实行轮作，使吸浆虫失去寄主，可减轻危害。麦收后及时翻地，可将幼虫晒死。

2. 生物防治

保护和利用天敌，小麦吸浆虫卵期寄生蜂主要有宽腹姬小蜂、尖腹黑蜂。

3. 药剂防治

其化蛹盛期及成虫羽化盛期是用药的最佳时期。化蛹盛期以撒毒土为主，每样方(10 cm×10 cm×20 cm)平均蛹数 1 头以上时，即需防治。可选用 50％辛硫磷乳油 1 500 mL/hm^2，加水 15～30 kg 拌细土 300 kg，下午 4 时以后均匀撒施。成虫盛发期，若平均网捕 10 次有成虫 10～25 头即需防治。可选用 48％毒死蜱乳油 1 500～2 000 倍液或 80％敌敌畏乳油 1 500 mL/hm^2 拌细土 300 kg 撒施。还可选用 40％乐果，或 50％辛硫磷，或 20％氰戊菊酯乳油，或 80％敌敌畏乳油、或 2.5％溴氰菊酯 450 mL/hm^2，加水 900 L 常规喷雾。也可选用 80％敌敌畏乳油 1.5 L/hm^2，加水 15～30 L，喷拌 300 kg 细土，在下午均匀撒于田间。

三、小麦害螨

小麦害螨主要有麦岩螨(麦长腿红蜘蛛)[*Petrobia Latens* (Müller)]和麦圆叶爪螨(麦圆红蜘蛛)[*Penthaleus major* (Duges)]两种(图 2-16)，均属于蛛形纲、蜱螨目，前者属叶螨科，后者属叶爪螨科。小麦害螨以取食小麦为主。麦圆叶爪螨也取食大麦、豌豆、蚕豆、油菜等作物，还取食小蓟、看麦娘等杂草；麦岩螨也取食大麦、棉花、大豆等作物和桃、柳、桑、槐等树木，取食红茅草、马拌草等杂草。两种害螨均以成、幼、若螨在麦苗期至抽穗期吸食叶片汁液，被害麦叶出现褪绿斑点，严重时斑点成片，被害麦株矮小，穗少粒轻，甚至干枯死亡。

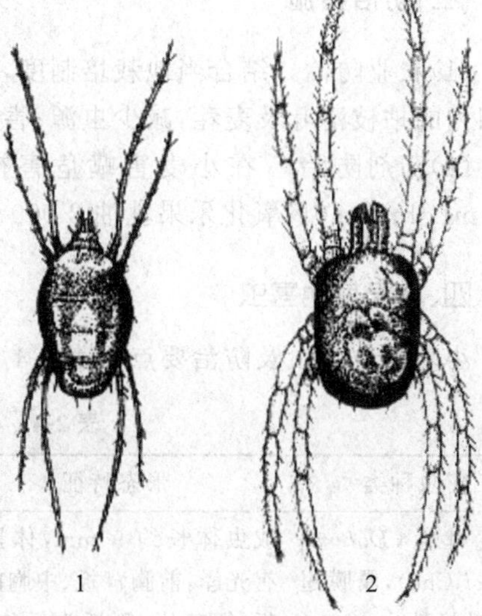

1. 麦岩螨　2. 麦圆叶爪螨

图 2-16　小麦害螨

(仿中国农作物病虫图谱编绘组)

(一)形态特征

1. 麦岩螨

成雌螨体长 0.62～0.85 mm，阔椭圆形，紫红色或绿色。足 4 对，第 1 对与第 4 对足长于体长的 1/2，第 2、3 对足短于体长的 1/2。雄螨体长 0.46 mm，梨形。幼螨圆形，暗褐色，体长和体宽均为 0.15 mm。3 对足。若螨体色、体形与成螨相似，4 对足。

2. 麦圆叶爪螨

成雌螨体长 0.65～0.9 mm，椭圆形，腹背隆起，深红色或黑褐色，体背有 8 条横刻纹。4 对足长度相似，其上密生短刚毛。幼螨圆形，草绿色，3 对足。若螨体色、体形与成螨相似，4 对足。

(二)发生规律

小麦害螨有群集性，在叶背为害；可借风力、雨水传播。在连作麦田及靠近村庄、堤坝等杂草较多的地块发生重，水旱轮作和麦后耕翻的地块发生轻，免耕地块为害重。

1. 麦岩螨

1 年 3～4 代，以成螨或卵在麦田土块下、土缝中越冬。翌年春季成螨开始活动，越冬卵相继孵化。小麦孕穗至抽穗期,田间虫口密度最大,为害最重。小麦进入黄熟期,将卵产于1~4 cm深的表土中越夏。冬小麦出土后,越夏卵孵化,开始为害小麦幼苗,最后以成螨或卵越冬。部分越夏卵也能直接越冬。麦岩螨主要进行孤雌卵生,也有两性生殖。麦岩螨喜温暖干燥,发生的适宜相对湿度在50%以下,故秋雨少、春暖干旱以及壤土、黏性土壤地块受害重,小雨或露水大时停止活动。危害高峰为每天9~16时,其中以15~16时数量最大。

2.麦圆叶爪螨

1年发生2~3代,以雌性成螨和卵在小麦植株或田间杂草上越冬。次年2月下旬雌性成螨开始活动并产卵繁殖,越冬卵也陆续孵化。小麦分蘖至拔节期是危害盛期。小麦孕穗后期产卵越夏。10月上旬越夏卵孵化,为害冬小麦幼苗或田边杂草。11月上旬出现成螨并陆续产卵,随气温下降进入越冬阶段。卵多堆产或串产在小麦分蘖茎近地面处或干叶基部及土块上。麦圆叶爪螨喜阴湿,怕高温干燥,最适湿度在80%以上,水浇地、地势低洼地、秋雨多、春季阴凉多雨以及沙壤土麦田受害重;危害高峰为每天6~9时和16~20时。

(三)防治措施

(1)农业防治　结合当地栽培制度,避免小麦连作,采用合理的轮作方式,清除田边杂草和麦田内的枯枝落叶及麦茬,减少虫源;害螨发生高峰期适时灌水,结合敲打麦株,将害螨淹死。

(2)药剂防治　在小麦害螨危害初盛期喷雾进行防治,可选用1.8%阿维菌素乳油300 mL/hm^2、40%氧化乐果乳油2 000倍液、20%哒螨灵可湿性粉剂2 000倍液等喷雾。

四、小麦其他害虫

小麦其他害虫及防治要点见表2-4。

表2-4　小麦其他害虫及防治要点

害虫种类	形态特征	发生规律	防治要点
小麦叶蜂(*Dolerus tritici* Chu),属膜翅目,叶蜂科	成虫体长约9 mm,体黑色有光泽,前胸背板、中胸前盾板、翅基片、侧板为锈红色,后胸背面两侧各有1白斑。老熟幼虫体长约18 mm,圆筒形,头深褐色。胸腹部灰绿色,背面带暗蓝色。各节多横皱,腹足8对	1年1代,以蛹在土中结茧越冬。4月中旬幼虫危害最盛,老熟幼虫入土滞育越夏。冬季温暖,土壤湿润,春季冷湿,成虫羽化期无大雨,有利于麦叶蜂发生为害。成虫、幼虫具假死性	秋播前深耕翻土,破坏化蛹越冬场所;水旱轮作;幼虫3龄前选用50%辛硫磷乳油1 500倍液等喷雾。傍晚或上午10时前施药
麦秆蝇 *Meromyza saltatrix* (Linnaeus)属双翅目,秆蝇科	雄成虫体长3.0~3.5 mm,雌成虫3.7~4.5 mm,黄绿色,复眼黑色,有青绿色光泽。翅脉黄色。胸部背面有3条纵纹,两侧纵纹各在后端分叉为二。老熟幼虫体长6.0~6.5 mm,细长。黄绿或淡黄色,口钩黑色	以幼虫在麦苗中越冬,晴天10时前及17~18时为成虫活动高峰。成虫对糖蜜有较强趋性,小麦拔节末期着卵及幼虫入茎最多,幼虫有转株危害习性,老熟时爬到叶鞘上部外层化蛹	适时早播,合理密植,加强水肥管理,提高小麦抗虫能力;选用抗虫良种;越冬代成虫始盛期尚未产卵或产卵极少时喷药防治

项目三　禾谷类杂粮害虫防治技术

一、亚洲玉米螟

玉米螟俗称玉米钻心虫，属鳞翅目螟蛾科。我国玉米螟有2个种，分别是亚洲玉米螟[*Ostrinia furnacalis* (Guenée)]和欧洲玉米螟[*Ostrinia nubilalis* (Hübner)]，其中以亚洲玉米螟为优势种，大部分省(市、自治区)均有发生；欧洲玉米螟主要分布在新疆、宁夏等地。

亚洲玉米螟为多食性害虫(图2-17)，主要为害玉米、高粱、谷子，也能为害棉花、大麻、向日葵、水稻和豆类等作物。为害玉米时主要以幼虫钻蛀寄主的心叶丛、茎秆及果实。玉米心叶期，初孵幼虫啃食叶肉，留下表皮，俗称"花叶"；后钻蛀到纵卷的心叶为害，心叶展开后，在叶片上呈现整齐的横排圆孔，俗称"排孔"；4龄以后蛀食茎秆。玉米抽雄期，幼虫先取食雄穗，抽雄后钻蛀雄穗柄，造成雄穗折断或枯死。玉米抽丝期，幼虫取食雌穗的花丝、穗轴，部分大龄幼虫向下转移，蛀入穗柄和茎节，破坏营养物质的运输，造成雌穗下垂，并易遭风折；也可蛀入雌穗取食籽粒，并引起籽粒腐烂变黑，严重影响产量和品质。

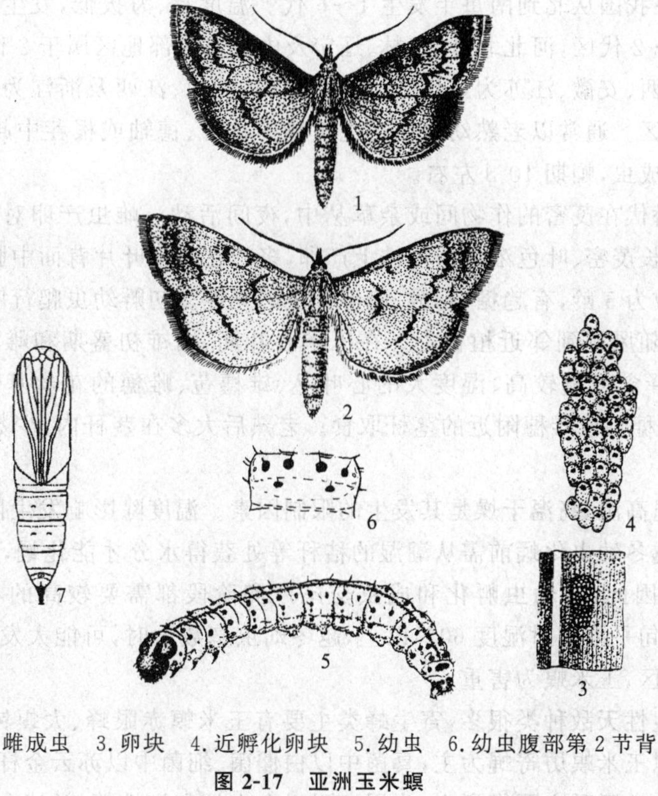

1.雄成虫　2.雌成虫　3.卵块　4.近孵化卵块　5.幼虫　6.幼虫腹部第2节背面观　7.蛹

图2-17　亚洲玉米螟

(仿西北农学院)

(袁峰.农业昆虫学.2001.)

高粱受害情况与玉米相似。为害谷子时主要为害茎部，幼虫从茎基部蛀入，造成谷子苗期枯心，抽穗前受害多数不能抽穗，抽穗后受害植株易被风吹折断。

(一)形态特征

成虫 黄褐色。雄蛾体长 10～13 mm,翅展 20～26 mm;腹末较瘦尖;前翅内横线暗褐色、波状,外横线暗褐色、锯齿状,内、外横线间有 2 个褐色斑,外横线与外缘线之间有一条较宽的褐色带;后翅灰黄色,中央和近外缘处各有 1 褐色带;翅缰 1 根。雌蛾体长 10～14 mm,翅展 20～30 mm;腹部较肥胖;翅颜色比雄蛾淡,前翅内、外横线及斑纹为淡褐色;后翅灰白色;翅缰 2 根。

卵 扁平椭圆形,数粒至数十粒组成卵块,呈鱼鳞状排列。初为乳白色,渐变为黄白色,孵化前卵的一部分为黑褐色(幼虫头部,称黑头期)。

幼虫 体色淡灰褐色、淡红褐色或灰黄色多种,头黑褐色,体长 20～30 mm。有纵线 3 条,其中背线明显,暗褐色,中、后胸背面各有毛片 4 个,腹部 1～8 节背面各有两排毛片,前排 4 个较大,后排 2 个较小。趾钩三序缺环。

蛹 长 15～18 mm,黄褐色,长纺锤形,尾端有刺毛 5～8 根。

(二)发生规律

亚洲玉米螟在我国从北到南每年发生 1～6 代。温度高、海拔低,发生代数较多。一般情况下,黑龙江为 1～2 代区,河北北部、吉林、辽宁及内蒙古大部地区属于 2 代区,长江以北的河北、河南、山东、陕西、安徽、江苏为 3 代区,湖北、湖南、四川、江西及浙江为 4 代区,广西、广东中北部为 5～6 代区。通常以老熟幼虫在寄主植物的秸秆、穗轴或根茬中越冬,翌年生长季节开始化蛹、羽化为成虫,蛹期 10 d 左右。

成虫白天多潜伏在茂密的作物间或杂草丛中,夜间活动。雌虫产卵对寄主植物有高度的选择性,喜欢在生长茂密、叶色浓绿的植株上产卵,多产在玉米叶片背面中脉附近,卵块呈鱼鳞状排列。幼虫多数为 5 龄,有趋糖、趋触、趋湿和负趋光性。初孵幼虫爬行敏捷,在分散爬行过程中常吐丝下垂,随风飘到邻近植株上。在玉米心叶期、抽雄初盛期和雌穗抽丝初期群集为害,4 龄以前多选择含糖量较高、湿度大的心叶丛、雄穗苞、雌穗的花丝基部、叶腋等处取食,4 龄以后蛀入雄穗穗轴或雌穗附近的茎秆取食。老熟后大多在茎秆内,少数在穗轴、苞叶和叶鞘内化蛹。

玉米螟喜中温高湿,高温干燥是其发生的限制因素。温度除影响发生世代数和发生期外,也影响发生量。越冬幼虫化蛹前需从潮湿的秸秆等处获得水分才能化蛹,成虫羽化后必须饮水才能正常产卵,因此,在幼虫孵化和成虫交尾产卵阶段都需要较高的相对湿度。一般在 25～30℃范围内,旬平均相对湿度 60%以上,越冬幼虫基数大时,可能大发生。玉米、高粱、谷子的春、夏播混种区,玉米螟为害重。

玉米螟的寄生性天敌种类很多,寄生蜂类主要有玉米螟赤眼蜂、大螟钝唇姬蜂、螟虫长距茧蜂等。寄生蝇以玉米螟厉寄蝇为主,真菌中以白僵菌、细菌中以苏云金杆菌对玉米螟幼虫的寄生率最高。捕食性天敌主要有瓢虫、步甲、草蛉、食虫虻和蜘蛛等,常捕食玉米螟卵块。

(三)预测预报

1. 越冬虫源基数调查

在秋后及翌春化蛹前各调查一次,选取玉米、高粱秸秆若干垛,每垛随机取样,各剥查

100～200 株，检查的总虫数不少于 20 头，分别统计百秆平均活虫数、幼虫死亡率。根据越冬虫口密度、越冬死亡率及当地秸秆贮存数量，推算越冬基数。结合当年气象预报，预报当年可能发生的程度。

2. 越冬幼虫化蛹及羽化时期调查

冬前或次年早春选含有活虫的玉米秸秆，剪成 6～10 cm 长的小段若干，内含活虫 100 头以上，放在接近自然堆放的环境，罩笼定期观察，每次检查后将劈开的秸秆对上，用线捆好，放在笼内。每 3～5 d 检查 1 次，发现化蛹达 20%时，表明进入化蛹始期，应检查当地自然堆放的秸秆 1 次，以对比自然化蛹情况，当化蛹率达 60%以上，表明进入化蛹盛期，然后继续记载，至羽化完毕。根据化蛹始期、盛期及蛹期日数推断田间成虫发生始期、盛期，进而预测产卵与孵化的始期、盛期，以指导及时防治。

3. 玉米生育期调查

玉米心叶末期和抽丝盛期是防治玉米螟的适期。玉米心叶末期的确定：还差 2～3 片叶抽雄，即用手能捏到穗苞，但从喇叭口向下看，还看不到一点雄穗苞的痕迹，若将喇叭口内卷成筒状的心叶拔除剥检，剥取 2～3 叶可见雄穗，即为心叶末期。抽丝期调查应从见抽丝开始，每 2 d 调查一次，当抽丝达 60%时即为盛期。

4. 防治次数的确定

一般年份，在心叶末期，花叶（心叶被咬成横排孔的植株）株率达 10%时，集中防治 1 次，重发生年可在心叶中期加治一次。穗期时，当虫穗率达 10%或百穗花丝有 50 头（一般在抽丝盛期）时防治 1 次，若虫穗率超过 30%，6～8 d 后还需再防治 1 次。

（四）防治措施

防治亚洲玉米螟应贯彻综合防治的原则，以农业防治为基础，积极推广生物防治，合理运用化学和物理等防治措施。化学防治重点抓住玉米心叶末期用颗粒剂防治玉米螟，同时加强谷子和高粱等作物田防治，以减轻危害和压低下代虫源。

1. 农业防治

（1）处理越冬寄主　秋收时齐泥收割，低留根茬，可减少根茬中的越冬虫量。秋收后至翌年春季化蛹前，对寄主的秸秆、根茬、穗轴、苞叶采取烧、铡、沤、封等方法，压低虫源基数，减轻第一代的发生程度。

（2）选种抗螟品种　合理布局，科学布局种植作物，避免在一个地区玉米螟主要寄主作物播期各异，插花种植，造成生育期前后交错。积极选育和引进抗螟高产品种是控制玉米螟的根本措施。

（3）种植诱集田　利用雌蛾产卵的选择性，有计划的种植诱集田，然后，在诱集田中适时采取有效防治措施，可减轻大面积受害程度。

2. 生物防治

（1）利用赤眼蜂治螟　在玉米螟产卵盛期投放玉米螟赤眼蜂或松毛虫赤眼蜂，每公顷放蜂 15 万～30 万头，每公顷设置放蜂点 75～150 个。

（2）利用白僵菌治螟　在玉米心叶期，将每克含分生孢子 50 亿～100 亿的白僵菌拌颗粒 10～20 倍，撒入玉米心叶丛中，每株 1～2 g。也可处理玉米秸秆，用白僵菌粉按 100～150 g/m^3，分层喷洒在秸秆垛内。

(3)利用苏云金杆菌治螟　苏云金杆菌变种、蜡螟变种、库尔斯塔克变种等对玉米螟致病力很强，在玉米心叶期用 750 g/hm^2 菌粉 2 000 倍液灌心。

3.化学防治

(1)玉米心叶期防治　玉米心叶期是防治玉米螟的最佳时期，以在心叶末期往喇叭口内撒施颗粒剂效果最好。可选用 1.5%辛硫磷颗粒剂 15～30 kg/hm^2，使用时可加细沙粒 37.5 kg/hm^2 稀释后手撒。也可自制颗粒剂，用 50%辛硫磷乳剂 500 g 加水 2 kg，拌颗粒 25 kg。自制颗粒剂以煤渣、砖渣颗粒最好，而沙粒和黏土颗粒较差。配制时筛选 20～60 筛目之间的颗粒，将药剂先用水稀释，再与干颗粒剂混拌均匀。还可用 25 g/L 溴氰菊酯乳油 300～450 mL/hm^2 拌毒土撒施。

(2)玉米穗期防治　在玉米抽丝盛期将上述颗粒剂撒于雌穗着生节的叶腋及其上两叶和其下一叶的叶腋，以及穗顶花丝上(四叶一顶)，对穗期螟害有一定控制作用。也可用 50%敌敌畏乳油 600～800 倍液滴于雌穗顶部花丝基部，效果较好。喷雾防治可选用 5%氯虫苯甲酰胺悬浮剂 240～300 mL/hm^2。

二、黏虫

黏虫[*Mythimna separata*(Walker)]属鳞翅目，夜蛾科，俗称五色虫、夜盗虫，我国大部分地区均有分布，黑龙江省是重发生区之一。主要为害小麦、玉米、高粱、谷子、稗草、狗尾草等禾本科植物，大发生年份也能为害其他作物，但不能完成生活史。黏虫是典型的暴食性、迁飞性、食叶性害虫。以幼虫取食寄主的叶片，1～2 龄幼虫仅食叶肉形成小孔，3 龄后沿叶缘取食成缺刻；大发生时常将作物叶片全部吃光，造成严重减产或绝收。当一块作物被吃光后，幼虫常成群迁到另一块田危害，故称行军虫(图 2-18)。

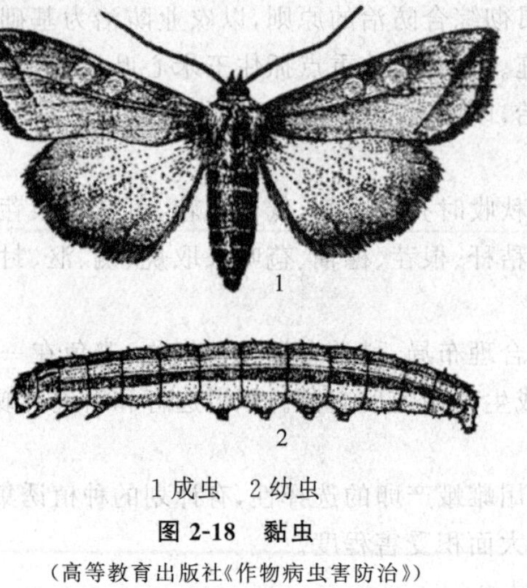

1 成虫　2 幼虫

图 2-18　黏虫

(高等教育出版社《作物病虫害防治》)

(一)形态特征

成虫　体长 15～20 mm，翅展 35～45 mm，淡灰褐色。前翅中央近前缘处有 2 个淡黄色圆斑，外侧圆斑下方有 1 个小白点，小白点两侧各有 1 个小黑点，自顶角有 1 条伸向后缘的黑色斜线。雄蛾腹部较细，用手指轻捏腹部，腹端可伸出 1 对长鳞片状抱握器；雌蛾腹部较粗，手捏时伸出一管状产卵器。

卵 半球形,表面有六角形的网状脊纹。初产时白色,渐变为黄色。

幼虫 老熟幼虫体长 30～40 mm。体色多变,从淡绿、黄褐、黑褐至深黑色。头部黄褐色,沿蜕裂线有棕黑色"八"字形纹。幼虫体表有多条纵条纹。背中线白色、较细,两侧有细黑线;亚背线红褐色,两侧有灰白色细线;气门黑色,气门线黄色,其上下有白色带纹。腹面污黄色,腹足基部外侧有黑褐色斑。

蛹 红褐色,腹部第 5～7 节背板前缘有横列的马蹄形刻点,腹末有一对粗大的臀刺,两边各有 2 对细而短的钩状刺。

(二)发生规律

黏虫在生长发育过程中无滞育特性,条件适宜时可终年繁殖。在我国东部的 1 月份 8℃等温线以南地区,黏虫可终年繁殖危害;在 4～8℃等温线,黏虫冬季虽能取食,但数量少;在 0～4℃等温线,以蛹和幼虫越冬;0℃等温线以北地区,不能越冬,越冬代成虫是从南方远距离随气流迁飞而来,现已知黏虫在我国每年有 4 次较大规模的迁飞。黏虫在我国各地发生的世代数因纬度而异,从北到南 1 年发生 1～8 代,黑龙江每年发生 1～2 代,2 代危害为主。

黏虫成虫昼伏夜出,白天潜伏在株丛间、作物心叶等阴暗环境中,趋光性较弱。傍晚日落后、半夜前后和黎明前为 3 个活动高峰,此时是成虫取食、交尾、产卵和寻找栖息场所的高峰。成虫对糖、醋、酒混合液和杨树、柳树枝有强趋性,对甘薯、酒糟、粉浆等含有淀粉和糖类的发酵液也有趋性。成虫有补充营养习性,喜欢取食花蜜、蚜虫和介壳虫的蜜露、腐烂水果汁及含淀粉和糖类的发酵液等。

黏虫成虫产卵对植物种类、植株部位、农田环境等有强选择性。喜欢在水稻、小麦、谷子等密植作物中、杂草丛生的玉米、高粱田等生长茂密、湿度大的田块产卵。成虫产卵有趋枯黄的习性,因此可用谷草把诱卵。在麦田,卵多产在植株中、下部枯黄叶片的尖端、叶背或叶鞘内,以及稻桩叶鞘的内侧。在稻田,枯黄叶尖产卵最多,也有产在叶鞘内侧的。卵块单层排列成行。

幼虫共 6 龄,初龄幼虫怕光,多潜伏在寄主的心叶、叶鞘、叶丛间或叶腋内,有吐丝下垂习性,3 龄后有假死性。多在夜间取食,气温高时,潜伏在作物根际土块下。1～2 龄幼虫啃食叶肉形成透明条纹斑;3 龄后沿叶缘取食成缺刻;5～6 龄进入暴食期,食量占整个幼虫期的 90%以上;大发生时,可将植株叶片吃光。在食料缺乏或环境条件不适宜时,大龄幼虫可成群迁移。幼虫老熟后,在植株附近表土下 3 cm 处做土室化蛹,在水田多在稻桩中化蛹。

黏虫发生的最适温度为 19～22℃,相对湿度 70%以上。温度低于 15℃或高于 25℃,相对湿度低于 65%,对成虫产卵、幼虫孵化不利。在黏虫越冬地,日平均气温上升至 5℃时,成虫开始出现,日平均温度稳定在 10℃以上时,成虫进入盛发期。成虫产卵和幼虫孵化期,气温比常年偏高,阴雨天多,有利于黏虫的发生。低温且降雨量大或长期干旱,都会导致黏虫产卵量减少和幼虫死亡数量增加。临近江河、湖泊,地势低洼、田间湿度大的地块受害重。密植和肥力、灌溉条件好的小麦田,田间小气候有利于黏虫的生长发育,为害重。黏虫成虫有补充营养习性,营养条件影响其卵巢发育、成虫寿命和产卵量。天敌可抑制黏虫的发生,要因地制宜地加以保护和利用。

(三)预测预报

1. 糖醋诱蛾器诱集成虫

成虫发生始期前7～10 d至末期用糖醋诱蛾器诱集成虫,糖醋液配方是白酒∶水∶红糖∶醋的比例为1∶2∶3∶4(每份为125 g),加12.5 g的晶体敌百虫。诱蛾器底距地面约1 m,间距500 m以上,一般每块地设2台即可。糖醋液3 d加半,5 d换一次。每天傍晚打开诱蛾器,搅拌一下诱蛾液,罩好筒罩,第二天清晨检查诱集到的成虫数量。若一台诱蛾器3 d累计诱到成虫300头以上时,预示黏虫可能会大量发生。

2. 谷草把诱卵

选较粗的干谷草或稻草,剪成50 cm长,端部向上,基部扎紧成一个草把,3根为一把,绑在小木棍或细竹竿上插于田间,每块地插10～20把,草把高出作物16 cm,把间距10 cm,每10个谷草把以棋盘式排列插于田间,每3 d检查一次,并检查卵块及卵粒数,每6 d更换一次草把。

3. 调查幼虫

田间见卵后开始,每3 d查一次,选代表性作物田1～2块,田中5点取样,每点查1 m双行。调查时,可在行间铺白色塑料布,用长约1 m的竹竿将植株向内压弯,并拍打使幼虫掉落在塑料布上,然后检查虫数和龄期。

(四)防治措施

黏虫具有远距离迁飞习性,各发生区又互为虫源地,必须注意了解异地虫源和本地虫源的动态,有条件的地方可以利用诱蛾器诱集成虫和谷草把诱集成虫产卵,根据诱集成虫和卵块的数量预测发生量。

1. 农业防治

合理密植,加强肥水管理,控制田间小气候,可降低卵的孵化率和幼虫的存活率。

2. 物理防治

人工采卵、捕杀幼虫,能在短期内压低虫口密度。在成虫产卵盛期,用草把诱卵,在成虫产卵盛期前,选叶片完好不霉烂的稻草、玉米干叶、高粱干叶10～20根扎成小把插在田间,500～800个/hm^2,3～5 d更换1次,可压低黏虫田间虫口密度。若草把用药剂浸泡,则可减少换把次数。也可以在田间插杨树枝把或放置糖醋盆诱杀成虫。还可用频振式杀虫灯、普通黑光灯诱杀成虫。

3. 生物防治

保护和利用天敌,如步甲、蛙类、鸟类、鸭、蝙蝠、蜘蛛等。其可捕食大量黏虫幼虫,黏虫寄生蝇对一代黏虫寄生率较高。还可使用苏云金杆菌、中华卵索线虫、黏虫核型多角体病毒等生物农药防治黏虫。

4. 化学防治

黏虫最佳防治时期为大部分幼虫在3龄以前。可选用25%甲萘威可湿性粉剂1.5 kg/hm^2,或10%氯氰菊酯乳油、或2.5%溴氰菊酯乳油300～600 mL/hm^2常规喷雾。也可选用25%灭幼脲悬浮剂2 000倍液,或50%辛硫磷乳油1 500倍液,或90%敌百虫晶体2 000倍液,或2.5%高效氯氟氰菊酯乳油2 000倍液,或25%的杀虫双水剂200～400倍液均匀喷雾。

三、东亚飞蝗

东亚飞蝗[*Locusta migratoria manilensis*(Meyen)]俗称蚱蚂、蝗虫，属直翅目斑翅蝗科，是飞蝗的1个亚种。其为迁飞性、杂食性害虫，分布广，危害大。东亚飞蝗属多食性害虫，喜欢取食小麦、玉米、粟、稻、高粱等禾本科作物和禾本科、莎草科杂草，一般不取食双子叶植物，仅在食物严重缺乏时，取食棉花、大豆和蔬菜等作物，会使其发育不良，造成不能完成生活史或不能产卵。以成虫和若虫(蝗蝻)咬食植物叶片、嫩茎、幼穗，大发生时可将作物地上部分的绿色部分吃光，造成颗粒无收。经常发生及适合发生飞蝗的地区称蝗区，飞蝗迁入后不能定居繁殖的地区称扩散区。根据蝗区的水文状况和生态环境，我国将蝗区分为滨湖蝗区、沿海蝗区、内涝蝗区和河泛蝗区4种类型。

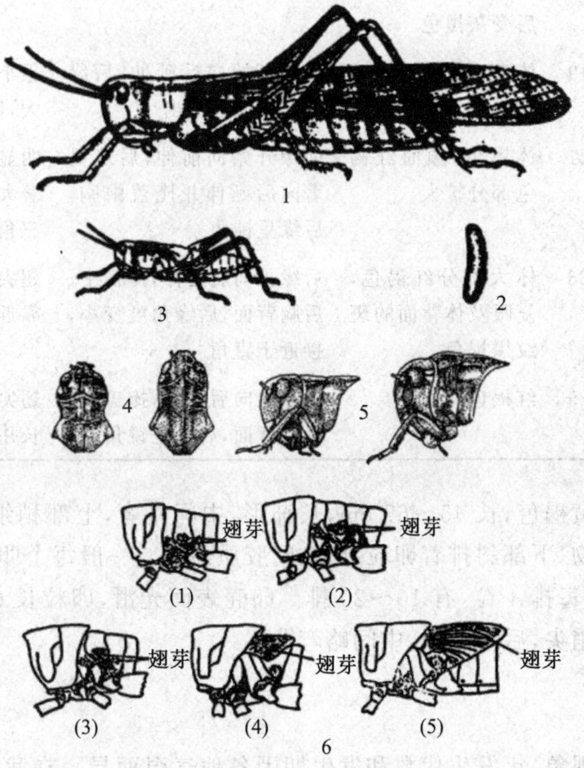

1.成虫 2.卵 3.若虫 4.群居型头、胸侧面观 5.散居型头、胸侧面观
6.各龄若虫翅芽(括号内数字表示龄期)

图2-19 东亚飞蝗

(袁峰.农业昆虫学.2001.)

(一)形态特征

成虫 雄虫体长32～48 mm，前翅长34～44 mm，雌虫体长39～53 mm，前翅长45～56 mm。头顶与颜面形成圆弧状，颜面垂直，无头侧窝。触角丝状，淡黄色。上颚青蓝色。前翅褐色，有许多暗色斑；后翅透明。后足胫节内侧的基半部黑色，近端部有黑环，胫节红色，外缘具刺10～11个。前胸背板中隆线发达，略呈弧状隆起(散居型)或较平直(群居型)。群居型

前胸背板稍短，呈马鞍形；散居型前胸背板稍长，不呈马鞍形。群居型体色较固定，呈赤褐色或黑褐色，黑褐色斑较多而色深；散居型体色随环境变化而呈草绿色或淡绿色，黑褐色斑少而色淡。

若虫 称作蝗蝻，共5龄。群居型体形较小，体色随龄期变化；散居型体形较大，体色不随龄期变化，与所处环境有关，在草荒地和农田内的大部分为绿色或黄绿色，而在老熟麦田内多为橘黄色。各龄蝗蝻形态特征见表2-5。

表2-5 东亚飞蝗各龄蝗蝻外部形态比较

龄期	体长/mm	触角节数	体色(群居型)	前胸背板	翅芽
1	5～10	13～14	初孵时体色浅，1 d后变灰黑色	后缘呈直线	极小，肉眼看不到
2	8～14	18～19	体灰黑色或黑色，颜面稍红褐色	背板开始向后延伸，后缘中部微向后突出	很小，稍见，前后翅芽相差不大，翅尖向下
3	10～20	20～21	体黑色，颜面红褐色部分扩大	前缘开始向前伸，后缘显著向后延伸并掩盖中胸，后缘呈钝角	明显，长约1 mm，后翅芽显著大于前翅芽，后翅芽略呈三角形，翅尖向后下方斜伸
4	16～25	22～23	体大部分红褐色，复眼及体背面的斑纹黑褐色	后缘再向后延伸，掩盖中、后胸背面，后缘角度变小，接近于直角	翅尖达腹部第1节，向背上靠近，翅尖开始指向后方
5	26～46	24～25	红褐色	后缘更向后延伸，掩盖中、后胸背面，后缘呈锐角	翅尖达腹部第4、5节，前翅狭长并被后翅覆盖，翅尖向后

卵囊及卵 卵囊黄褐色，长45～67 cm，长茄形，中间略弯，上部稍细。顶部是卵囊盖，上部1/5为海绵状胶质物，下部斜排着卵粒，卵粒间胶质黏结。一般每个卵囊有卵45～85粒，最多200粒，平均65粒，每排4粒，有10～20排。卵壳表面光滑，卵粒长6.5 cm，宽1.6 cm左右，呈香蕉状，其前端稍尖，后端微圆，中间略弯曲。

(二)发生规律

东亚飞蝗无滞育现象，年发生代数和发生期因各地气温而异。在我国从北到南1年发生1～4代，在北京以北地区每年发生1～2代，渤海湾与淮河流域、黄河中下游等地一般发生2代，长江流域每年可发生2～3代，江西、广东岭南一带每年发生3代，海南每年发生4代。各地均以卵在4～6 cm深的土壤中越冬。

雌性成虫交配后7～10 d开始产卵，飞蝗产卵对土壤有严格的选择性，产卵时多选择植被覆盖度在25%～50%，土壤含水量10%～22%，含盐量0.1%～1.2%，且土壤结构较坚硬的向阳地带。先用产卵瓣钻孔，腹部节间膜伸长，然后产卵，并分泌腺液黏成卵块，产卵毕，排出大量性腺液封闭卵室孔口，最后用后足拨土掩盖孔口后离去。卵室平均深度为4～6 cm，每头雌成虫产卵4～5块，一生可产卵300～400粒。

东亚飞蝗发育适温为20～42℃，最适温度为28～34℃。飞蝗多发生在水旱交替的低海拔地区，这些地区适宜飞蝗发生的气候特点是春旱多风、夏热多雨、秋旱少雨、冬寒少雪。

飞蝗在生长发育过程中，受种群密度和生态条件的影响，引起生活习性、生理机能和形态的一系列变化。经过1～2次蜕皮，形成群居型和散居型，并且两型相互转变，其过渡时期常称中间型或转变型。由散居型向群居型转变的中间型称转群型，反之则称转散型。飞蝗的变型现象不仅发生于两代之间，且在同一世代不同虫期也可发生。当密度增加到一定程度时，便转变为群居型，当密度降低到一定程度时，又转变为散居型。两型的转化有利于其种群数量的调节和种的繁衍生存。

飞蝗取食与气候和龄期有关。一般早晨日出后30 min开始取食，中午因气温过高停止取食，下午4时至日落前取食量最大，夜间和气温低的白天取食量小。每头蝗虫一生可取食寄主组织267.4 g，蝗蝻虫龄越大，食量越大，成虫期食量更大，尤其交配前期食量最大。在干旱季节，飞蝗需要从食物中获取大量的水分维持其生命活动，因此食量大，危害重。防治时，要根据其取食规律使用农药和毒饵防治。

群居型成虫有群聚、跳跃、迁移和迁飞习性。群居型蝗蝻2龄以前常集中在植物上部取食。2龄以后喜群集于裸地或植被稀少的地方。迁移先由少数蝗蝻跳动，引起条件反射，四周的蝗蝻随之跳跃集中，由小群汇成大群，然后向与阳光垂直的同一方向迁移。随着迁移，蝗群不断扩大。迁移时间多在晴天的9～16时，如遇阴雨天、中午地面温度超过40℃或日落后，停止迁移。群居型成虫迁飞多发生在羽化后5～10 d的性成熟前期。迁飞前先有少数飞蝗在空中盘旋，然后大多数飞蝗跟着起飞，试飞2～3 d后，沿一定方向飞去。一经起飞，可连续飞行1～3 d，夜间也可飞行，飞行中需要取食、饮水时可随时降落，如遇下雨则强迫停飞。微风时逆风飞，风力大时顺风飞，飞行距离可达数百千米。

(三)防治措施

防治东亚飞蝗必须贯彻“改治并举，根除蝗患”的方针。“改”是因地制宜改造蝗虫发生地的自然环境，消灭适合其发生繁殖的生态条件；“治”是在加强蝗情监测的基础上，当种群密度达到防治指标时，及时采用有效的灭蝗方法，及时控制蝗害。

1.改造蝗区

兴修水利，完善排灌系统，做到涝能排，旱能灌，从根本上治理因旱涝形成的蝗区。综合开发，植树造林，提高植被覆盖率，合理布局种植结构，改善田间小气候条件和昆虫种群结构，增加天敌数量，发挥天敌控制蝗虫种群的作用。

2.化学防治

东亚飞蝗的防治指标为0.3～0.45头/m^2，防治适期为蝗蝻3龄以前。点片发生时，用毒饵或机动喷雾器进行药剂防治；大面积发生，可采用飞机喷雾，防止迁移或迁飞。为防止蝗群大量迁入农田危害，可在农田周边设立20 m宽的药带进行药剂封锁；毒饵诱杀蝗虫可将麦麸100份、清水100份、90%敌百虫或40%氧化乐果0.15份拌匀，用量(以干料计)15～22.5 kg/hm^2；也可用飞蝗喜食的鲜草100份，切碎加水30份，拌入以上药剂，用量112.5 kg/hm^2；常规喷雾可选用80%敌敌畏1200～1 500 mL/hm^2，或2.5%溴氰菊酯450～600 mL/hm^2，或5%高效氯氟氰菊酯300～450 mL/hm^2。高粱对有机磷类杀虫剂敏感，易产生药害，选择药剂时应慎重。

四、玉米蚜

玉米蚜[*Rhopalosiphum maidis* (Fitch)]又称玉米缢管蚜，俗称腻虫，属半翅目蚜科。分布遍及全国主要玉米产区。玉米蚜主要为害玉米，也为害谷子、高粱及多种禾本科杂草等。玉米蚜以成、若蚜刺吸汁液，玉米苗期开始受害，至扬花期蚜量猛增，为害加重，玉米叶片、叶鞘甚至雌、雄穗均可布满蚜虫，常导致叶面生霉变黑，影响光合作用。还能传播多种禾本科谷类病毒，危害极大(图 2-20)。

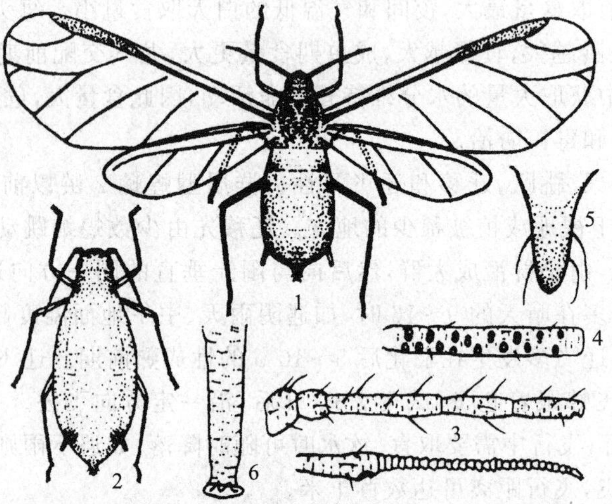

有翅胎生孤雌蚜：1. 成虫　4. 触角第 3 节
无翅胎生孤雌蚜：2. 成虫　3. 触角　5. 尾片　6. 腹管

图 2-20　玉米蚜

(李照会. 农业昆虫鉴定. 2002.)

(一)形态特征

有翅胎生孤雌蚜　体长 1.8～2.0 mm，长卵形，深绿色或黑绿色。头胸部黑色，复眼暗红褐色，触角、喙、足、腹节间、腹管及尾片黑色。触角 6 节，长度为体长的 1/2，第 3 节有小圆形次生感觉圈 12～19 个，呈不规则排列。翅透明，前翅中脉分叉。腹部第 3、4 节两侧各有 1 个小黑点。尾片两侧各着生刚毛 2 根。

无翅胎生孤雌蚜　体长 1.8～2.2 mm，长椭圆形，暗绿色，覆以少量的白粉。复眼红褐色。触角较短，只有体长的 1/2～1/3，第 6 节的鞭部为基部的 1.8～2.5 倍。腹部第 8 节背面具刺毛 2 根。腹管长圆筒形，暗褐色，基部周围有黑色的晕纹，端部收缩。尾片黄褐色，圆锥形，中部微收缩，具毛 4 或 5 根。

(二)发生规律

玉米蚜在我国从北到南一年可发生 10～20 代。冬季以成、若虫在小麦和马唐、狗尾草及芦苇等禾本科杂草的心叶与叶鞘内越冬。春季气温回升后在越冬寄主上繁殖为害，在小麦临近成熟时产生有翅蚜，迁飞到春玉米、夏玉米上为害，秋季再迁回越冬寄主。高温干旱是玉米蚜大发生的重要气候条件。玉米蚜在7～28℃均能繁殖后代，适宜温度为22～24℃。适宜玉米蚜发生的相对湿度为85%。玉米蚜以孤雌生殖繁殖后代，7月上旬平均温度达到23.6℃时，平均5.5 d即可繁殖1代。由于玉米蚜多在寄主心叶内为害，在干旱年份，心叶中仍能保持较高的湿度，有利于其发生危害；而多雨年份心叶中容易积水，常不利于其发生。

(三)防治措施

1.农业防治

选种抗虫品种。铲除玉米田边杂草，减少虫源。玉米抽穗时，拔除受蚜危害的玉米雄穗，减少虫量。

2.生物防治

保护利用天敌，在玉米苗期，玉米蚜天敌(瓢虫、蜘蛛、草蛉)数量较多的情况下，尽量避免使用药物，或选用对天敌无害的药物进行防治。

3.化学防治

可选用25%吡虫啉乳油1 000～1 500倍液，或4.5%高效氯氰菊酯乳油1 500倍液喷雾。防治穗期玉米蚜时，由于玉米植株高大不利于喷雾，可撒施颗粒剂，选用40%乐果乳油1 500 mL/hm^2，兑水15 L，拌沙土225 kg，或50%辛硫磷乳油1 125 mL/hm^2，兑水15 L，拌沙土225 kg，拌匀后的颗粒剂于清晨或傍晚撒施玉米穗部。

五、高粱条螟

高粱条螟[*Proceras venosatus*(Walker)]又称条螟、高粱钻心虫、甘蔗条螟，属鳞翅目螟蛾科。属世界性害虫，国内分布于大多数省份，常与玉米螟混合发生。主要为害高粱、玉米和甘蔗，还可为害粟、薏米、麻等作物。以幼虫钻蛀作物的茎秆危害，蛀茎部位多在节间中部，蛀入后环状取食，由于幼虫有几头到十几头群居危害习性，孔内组织常被蛀空仅剩表皮，遇风易折断，影响产量和品质。高粱条螟蛀茎节处可见较多的排泄物和虫孔，常有蚂蚁、小甲虫及其他捕食昆虫出入(图2-21)。

(一)形态特征

成虫 雌蛾体长14 mm，翅展32～34 mm；雄蛾体长10～14 mm，翅展25～30 mm。头、胸背面灰黄色，腹部黄白色。复眼黑褐色。前翅灰黄色，顶角显著尖锐，外缘略呈一直线，顶角下部略向内凹，翅外侧有近20条暗褐色纵条纹，中室外端有1个黑色小点，雄蛾黑点较雌蛾明显，外缘脉间有7个小黑点排成直线。后翅色较淡，雌蛾近银白色，雄蛾淡黄色。

卵 椭圆而扁平，约1.5 mm×0.9 mm，表面有微细的龟甲状纹。初产乳白色，渐变黄白至深黄色，数粒至数十粒卵呈双行排成“人”字形卵块。

幼虫 老熟幼虫体长20～30 mm，乳白至淡黄色。夏型幼虫胸腹部背面有明显的淡紫色纵纹四条，腹部背面有6个黑褐色毛片，其中前缘有4个，中间2个较大、圆形，后缘有2个，近长圆形。冬型幼虫体面毛片为白色，体背有四条紫褐色纵线，腹面白色。

蛹 体长12～16 mm，纺锤形。红褐色或暗褐色，有光泽。腹部5～7节背面前缘有深褐色不规则网状纹，末节有2对尖锐小突起。

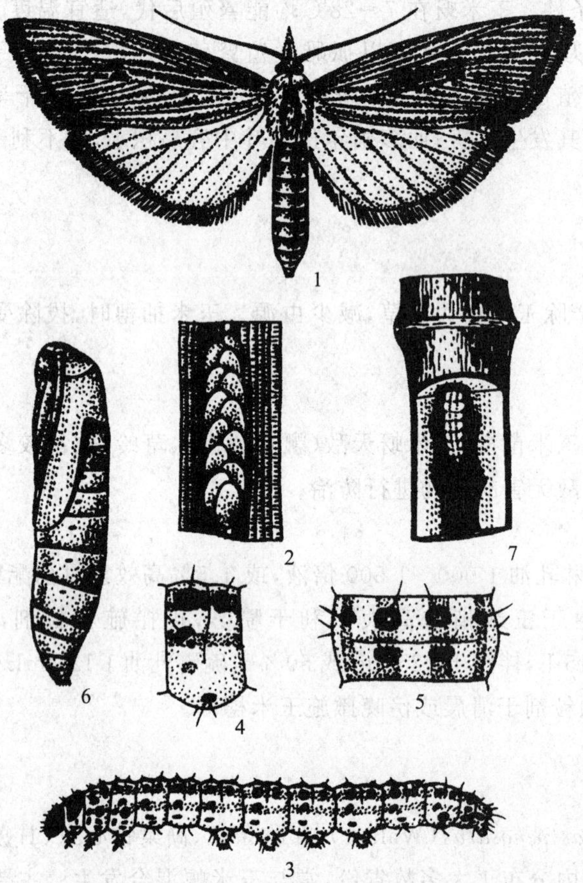

1.成虫　2.卵块　3.幼虫　4.幼虫第2腹节侧面　5.幼虫第2腹节背面　6.蛹　7.为害状

图 2-21　高粱条螟

(袁峰.农业昆虫学.2001.)

(二)发生规律

高粱条螟在华北1年发生2代,以老熟幼虫在玉米和高粱秸秆中越冬,也有在玉米穗轴或谷草内越冬。南方1年发生3～5代,以老熟幼虫在甘蔗的枯叶鞘内侧结白茧越冬。北方越冬幼虫在翌年5月中下旬化蛹,5月下旬至6月上旬羽化;南方发生较早,在广东于3月中旬至4月下旬即可见到成虫。北方8月上中旬为第2代卵盛期。在华北地区高粱条螟为害玉米的时间一般比玉米螟晚10 d左右。

其成虫有趋光性,白天躲藏在植株近地面部分的叶片下面,晚上出来活动,活动高峰期在每天5～7时和20～23时。交尾产卵多在半夜和清晨。产卵多在叶片背面的近基部和中部处,也有产在叶面和茎秆上的。每头雌虫可产卵200～300粒,卵期一般5～7 d。

其初孵幼虫爬行快,迅速爬至叶腋,再向上钻入心叶内,群集危害,也有少数幼虫能吐丝下垂,转移到其他植株心叶内危害。初孵幼虫啃食心叶叶肉,残留透明表皮,稍大后咬成不规则小孔。在心叶内为害10 d左右发育至3龄,其后在原咬食的叶腋间蛀入茎内,或在叶腋间继续为害。蛀茎早的咬食生长点,受害高粱出现枯心,这与玉米螟要等到高粱抽雄或玉米抽雄后再蛀入茎内的习性不同。高粱条螟蛀茎部位多在节间的中部，与玉米螟多在茎节附近蛀入不同。高粱条螟多为几头至十余头群集危害，蛀茎后幼虫在茎内做环状取食茎的髓部，受害株遇风易折断，断处呈刀割状。多数幼虫有 6～7 个龄期，有的个体可达 9 龄，幼虫期 30～50 d。

北方春季降水较多的年份，有利于越冬代化蛹、羽化，第 1 代发生严重。田间作物生长茂盛、湿度偏高有利于发生。寄主植物营养状况与高粱条螟发生关系密切，一般在杂交高粱上发生较重。

(三)防治措施

高粱条螟的防治与玉米螟基本相同。

1. 农业防治

在越冬幼虫化蛹与羽化之前，将高粱或玉米秸秆处理完毕，以减少越冬虫源。秸秆处理可采用粉碎、烧毁、沤肥、铡碎、泥封等不同方法。

2. 生物防治

参照玉米螟的释放赤眼蜂、使用白僵菌的方法进行防治。南方甘蔗区也可释放红蚂蚁捕食高粱条螟。

3. 化学防治

由于高粱条螟幼虫龄期稍大后立即蛀茎，所以应以虫情为防治时期标准，不能像防治玉米螟那样，按照高粱和玉米的生育期，等到心叶末期防治。高粱条螟防治时期应在卵盛期。华北地区一般防治第 1 代在 6 月中、下旬，第 2 代在 8 月上、中旬。药剂种类和施药方法同玉米螟。但要注意高粱留苗密度一般较大，单位面积株数多，颗粒剂用量大。另外，高粱对敌百虫、敌敌畏等有机磷类的杀虫剂十分敏感，生产上不宜使用，以免产生药害。

六、粟灰螟

粟灰螟[*Chilo infuscatellus* (Snellen)]别称甘蔗二点螟、谷子钻心虫、枯心虫，属鳞翅目螟蛾科。分布于东北平原、内蒙古高原、华北平原、长江中下游平原、四川盆地。北方主要为害谷子，临近谷田的糜、玉米、高粱偶有受害；南方为害甘蔗，偶尔为害玉米。以幼虫蛀茎为害，谷子苗期受害后造成枯心株，生长后期被蛀形成白穗或虫伤株，遇大风、暴雨易折断倒伏，常常形成穗而不实，造成减产。甘蔗苗被害形成枯心苗，蔗株受害常造成螟害节，并常导致红腐病菌的侵入(图 2-22)。

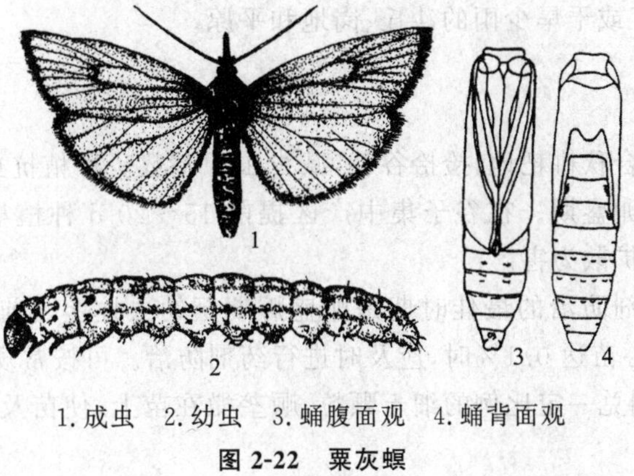

1. 成虫　2. 幼虫　3. 蛹腹面观　4. 蛹背面观

图 2-22　粟灰螟

(袁峰. 农业昆虫学. 2001.)

(一)形态特征

成虫 雄蛾体长 8.5 mm 左右,翅展 18 mm,雌蛾体长 10 mm 左右,翅展 25 mm 左右。体淡黄褐色,复眼黑褐色,下唇须发达,向前下方直伸。前翅略呈长方形,浅黄褐色杂有黑褐色鳞片,中室顶端及中室下方各具 1 个暗灰色斑点,外缘有 7 个小黑点成一列;后翅灰白色,外缘浅褐色。

卵 扁椭圆形,表面生网状细纹。初产时乳白色,孵化前灰黑色。常数粒至数十粒排列成鱼鳞状卵块,与玉米螟相似,但主要区别在于卵粒间重叠部分较少,排列松散。

幼虫 老熟幼虫体长 15～30 mm,头红褐色或黑褐色,中胸以后为灰白色,体背具紫褐色纵线 5 条,中线略细,两侧的较粗。每节背面的 4 个毛片排列成梯形。

蛹 长 12～20 mm,略呈纺锤形,黄白色,羽化前变成黄褐色。幼虫期的 5 条纵线仍然存在。腹部 5～7 节背面近前缘有数条黑褐色波状隆起线,第 7 节后瘦削,末端平。

(二)发生规律

我国北方谷子产区,1 年可以发生 1～3 代,一般以 2、3 代发生区为害较重。以老熟幼虫在谷茬内越冬,少数在谷草、玉米茬或玉米秆内越冬。在每年种一茬春谷的地区,第 1 代幼虫主要为害谷苗;在每年种植春谷和夏谷的地区,第 1 代幼虫为害春谷,第 2 代幼虫为害夏谷;在两年三作或一年两作地区,第 1 代幼虫集中在早播春谷上为害,第 2～3 代则为害晚春谷和夏谷。

成虫白天潜栖于谷株或其他植物的叶背等阴暗处,夜晚活动,有趋光性。成虫羽化后可立即交配,第 2 d 产卵,因此,成虫羽化盛期也就是产卵盛期。成虫一般喜欢在生长旺盛的高大谷苗上产卵,单雌产卵 50～160 粒,多的可达 200 粒以上。

初孵幼虫行动活泼,爬行迅速。大部分幼虫从叶背经茎部爬至茎基部,立即从叶鞘缝隙蛀入茎内危害,部分随风吐丝下垂至地面,爬至茎基部分蘖节处蛀入谷苗,约 5 d 后,被害谷苗心叶青枯。1～3 龄幼虫群栖危害,发育至 3 龄后表现转株危害习性,一般 1 头幼虫可转株危害 2～3 株。

降雨量和湿度对粟灰螟影响最大,成虫产卵、卵孵化和幼虫化蛹要求湿度在 75%以上,超过 90%则变为限制因素。干旱环境是粟灰螟发生的显著地理特征,北方的严重发生区域多集中在地势高的丘陵地区或干旱少雨的沙丘、岗地和平原。

(三)防治措施

(1)农业防治 结合秋耕耙地,捡拾谷茬,减少虫源基数。种植抗虫品种。因地制宜调节播种期,避开粟灰螟产卵盛期。在谷子集中产区提前 15～20 d 种植早播诱集田,集中防治。及时拔除枯心苗,减少扩散为害。

(2)化学防治 药剂防治的最佳时期是卵盛孵期至幼虫蛀茎之前。当谷子田有 1 块卵/500 株,或卵孵化期枯心苗达 0.1%时,应及时进行药剂防治。可按常规用药量喷雾防治,也可用防治玉米螟的颗粒剂兑一定比例的细土颗粒,顺垄撒在苗上,使苗及其基部形成约 6 cm 宽的药带。

七、高粱蚜

高粱蚜[*Longiunguis sacchari* (Zehntner)]又称甘蔗蚜、甘蔗黄蚜等，属半翅目蚜科。高粱蚜在我国北方主要为害高粱，在南方主要为害甘蔗。以成、若蚜为害高粱时，主要群集于叶背吸食汁液，使叶片变黄、变红，严重时全叶干枯，茎秆弯曲，不能抽穗，或者抽穗而不结实。高粱蚜还能排泄大量蜜露，污染叶面，使叶面反光发亮，形成“油叶”，严重影响植物的光合作用(图 2-23)。

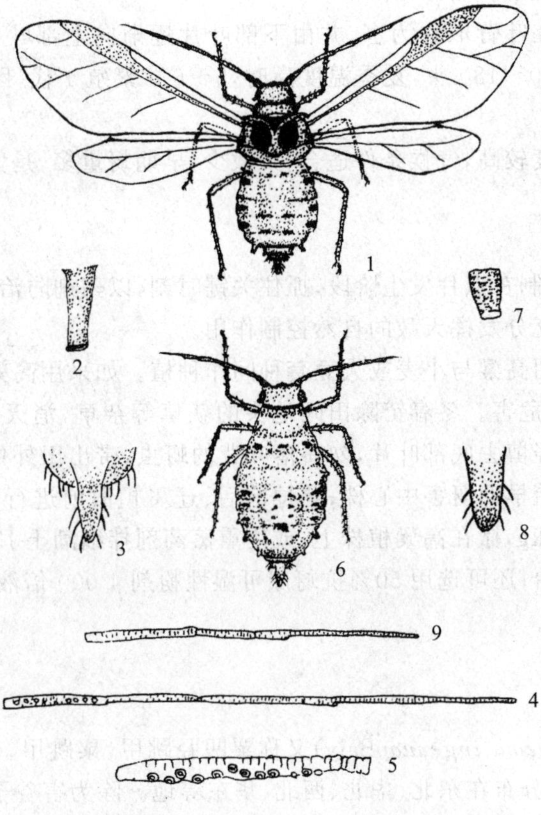

1.有翅胎生雌蚜　2.有翅蚜腹管　3.有翅蚜尾片　4.触角 3～6 节　5.有翅蚜触角第 3 节
6.无翅胎生雌蚜　7.腹管　8.尾片　9.触角第 3 节

图 2-23　高粱蚜

(袁峰.农业昆虫学.2001.)

(一)形态特征

无翅雌蚜　体淡黄色至淡绿色，头略带黑色，复眼暗赤色。触角 6 节，除端部 2 节为黑色外，余均为淡黄绿色。后胸侧面有 1 个黑色斑纹。腹管筒形，端部渐变细，黑色。尾片圆锥形，黑色，有毛 2～3 对。

有翅雌蚜　头及胸部黑色，复眼暗紫色。触角 6 节，长度约为体长的 2/3，第 6 节鞭状部的长度为基部的 3.8 倍，第 3 节有感觉圈 6～12 个，除第 3 节基部为黄色以外，其余均为黑色。

足的腿节和胫节淡黄绿色，胫节末端及跗节黑色。腹部淡黄绿色或带赤紫色，各节具黑色斑点。腹管筒形，黑色。尾片黑色，有长毛 8 根或更多。

（二）发生规律

在东北 1 年发生 16～20 代，以卵在冬寄主荻草的叶鞘和叶背越冬。越冬卵次年春季孵化后先在荻草上繁殖 2～3 代，高粱出苗后产生有翅孤雌蚜迁入高粱田危害，共繁殖 10 余代；秋季气温下降至 14℃左右时，在高粱和荻草上出现无翅产卵雌蚜，交配产卵越冬，但在高粱上的越冬卵，次年孵化后因无食料而死亡。

高粱蚜有背光性，在叶背取食为害，并由下部叶片逐渐向上部叶片蔓延危害。繁殖力很强，1 头雌蚜可产若蚜 70～180 头，夏季温度高时，5～6 d 繁殖 1 代，因此，常在短期内形成猖獗为害。

天气长期干旱，温度较高，气候条件适合，天敌少，早期蚜量多，是大发生的有利条件。

（三）防治措施

防治高粱蚜应当控制在点片发生阶段，抓住关键时刻，以药剂防治为主。同时要协调好药剂防治与天敌的关系，充分发挥天敌的自然控制作用。

（1）农业防治　采用高粱与小麦或大豆套种间作种植。如采用高粱、大豆 6∶2 间作，可大大减轻高粱蚜对高粱的危害。冬春铲除田间地头的荻草等杂草，消灭越冬虫源。当田间发现中心蚜株（虫窝）后，轻轻剪去底部叶片，勿抖落叶背的蚜虫，带出田外处理或深埋。

（2）化学防治　挑治早期蚜害中心株；孕穗前后、迁飞扩散前进行全面防治。方法有将药剂拌细潮土或细沙 150 kg，撒在高粱植株上；或用熏蒸药剂拌细潮土 150 kg，每隔 5～6 垄均匀撒施 1 垄，进行熏蒸防治；还可选用 50%抗蚜威可湿性粉剂 4 000 倍液，或 40%氧化乐果乳油 1 000 倍液喷雾防治。

八、粟茎跳甲

粟茎跳甲（*Chaetocnema ingenua* Baly）又称粟凹胫跳甲、粟跳甲，俗称土跳蚤、地蹦子等，属鞘翅目叶甲科。主要分布在东北、华北、西北、华东等地。除为害谷子、糜子外，还为害玉米、高粱、小麦等禾本科作物，也是为害鹅观草等禾本科牧草的重要害虫。以幼虫和成虫为害刚出土的幼苗，发生严重年份，常造成缺苗断垄，甚至毁种（图 2-24）。

（一）形态特征

成虫　近卵圆形，体长 2～3 mm，体黑色或青蓝色，有金属光泽。触角 11 节，近基部 4 节黄褐色，其余为黑褐色。鞘翅上刻点粗大，整齐排成纵行。各足基节及后足腿节黑褐色，其余为黄褐色；后足腿节膨大发达，善于跳跃。腹部金褐色，腹部可见 5 节，具粗刻点。

卵　长 0.5～1.0 mm，长椭圆形，淡黄至深黄色。

幼虫　老熟幼虫体长 4.0～6.5 mm，体呈圆筒形，头黑色，前胸盾板及臀板褐色，其余各节污白色，体面有大小不同的褐色椭圆形斑点，胸足黑褐色。

蛹　长 3～4 mm，体被白色短毛，乳白色略带黄褐色。腹部末端有 2 个赤褐色分叉。

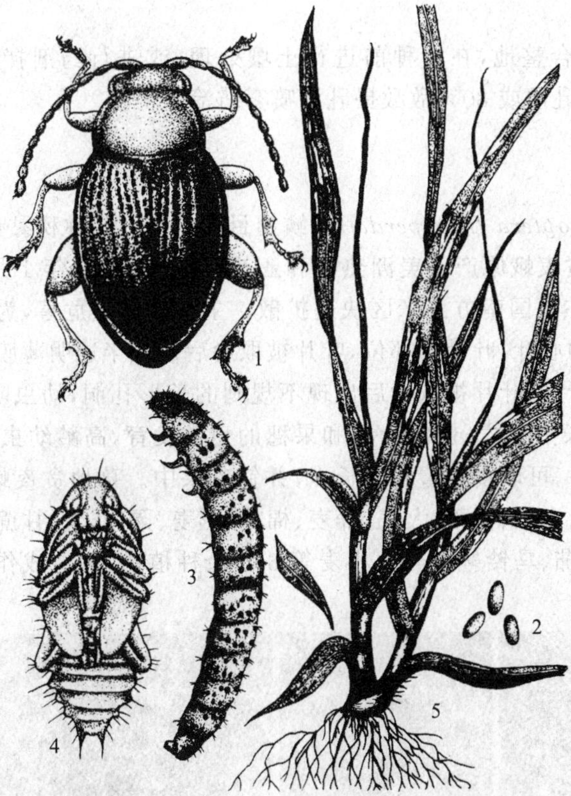

1. 成虫　2. 卵　3. 幼虫　4. 蛹　5. 为害状

图 2-24　粟茎跳甲

（袁峰. 农业昆虫学. 2001.）

(二)发生规律

在黑龙江 1 年发生 1 代，在吉林 1 年发生 1～2 代，在宁夏、甘肃、山西、内蒙古等地 1 年发生 2 代；以成虫在土缝、谷茬中或表土内越冬。

以第 1 代幼虫蛀苗危害最大，幼虫孵化后立即从谷子近地面的基部蛀入，少数则自心叶蛀入，约 3 d 谷苗出现枯心；幼虫有转株为害习性，1 头幼虫可为害谷苗 2～7 株，以株高 4～9 cm 的幼苗受害最重。对较大谷苗，茎秆组织比较坚硬，幼虫便爬至顶部潜入心叶为害，取食嫩叶，顶心被吃掉不能正常生长，形成丛生，不能抽穗。第 2～3 代幼虫发生期，谷子已拔节抽穗，幼虫极少蛀茎，大部分在叶鞘或心叶丛里潜藏为害。成虫为害，则取食幼苗叶子的表皮组织，形成条纹、白色透明，严重时叶片纵裂，甚至干枯死掉。

在成虫发生盛期，气候高温干燥，为害较重；一般对播期早的春谷为害较重，适期晚播的为害较轻；重茬谷田受害重，轮作谷田受害轻；高岗地受害重；杂草多的地虫口密度大，危害重。

(三)防治措施

(1)农业防治　根据虫情，调整播种期，适当晚播，躲过成虫盛发期。实行轮作，避免连作。加强栽培管理，清洁田园，清除杂草、残茬，减少虫源。结合疏苗、定苗拔除枯心苗及时深埋处理。

(2)化学防治　结合整地，在播种前进行土壤处理，或进行药剂拌种。在产卵盛期前用2.5%高效氯氟氰菊酯乳油或80%敌敌畏乳油喷雾防治。

九、草地贪夜蛾

草地贪夜蛾(*Spodoptera frugiperda*)属鳞翅目夜蛾科。又称秋黏虫，其是为检疫性农业害虫(图 2-25)。草地贪夜蛾原产于美洲热带和亚热带地区，2019 年 1 月，我国云南省首次发现草地贪夜蛾，随后，在我国南方玉米区快速扩散。主要以幼虫危害，为害玉米时，1～3 龄的幼虫通常隐藏在玉米的心叶、叶鞘等部位，叶片被取食后形成半透明薄膜"窗孔"；4～6 龄的幼虫对玉米的危害更为严重，叶片被取食后出现不规则的长形孔洞，幼虫吃光整株玉米的叶片，严重时可造成玉米生长点死亡，影响叶片和果穗的正常发育，高龄幼虫还取食玉米雄穗和果穗。为害番茄等植物时，可取食花蕾和生长点，并钻入果中。草地贪夜蛾是杂食性害虫，其寄主植物广泛，包括玉米、水稻、苜蓿、大麦、荞麦、棉花、燕麦、粟、花生、甘蔗、黑麦草、高粱、甜菜、苏丹草、大豆、烟草、番茄、马铃薯、洋葱、小麦等 350 余种植物，可造成作物减产 10%～25%，严重时可造成绝收。

1. 成虫(雄)　2. 成虫(雌)　3. 幼虫

图 2-25　草地贪夜蛾

(一)形态特征

幼虫　老熟幼虫体长 35～45 mm，体色有浅黄、浅绿、褐色等，末龄幼虫在迁移期基本上是黑色，背面有原生的刚毛。3 龄后头部具白色或浅黄色倒"Y"形斑，腹部末节有呈正方形排列的 4 个黑斑。

成虫　翅展在 32～38 mm，雌蛾前翅呈灰褐色或灰棕杂色，有环形纹和肾形纹，轮廓线黄褐色；雄蛾前翅灰棕色，翅顶角向内各具一大白斑，环状纹后侧各具一浅色带自翅外缘至中室，肾形纹内侧各具一白色楔形纹。雄蛾和雌蛾后翅形态基本相同，均为白色，翅边缘有窄褐色带。

卵　半球形，初产时为浅绿或白色，孵化前渐变为棕色。

蛹　长 15～17 mm、宽 4.5 mm，呈椭圆形，化蛹初期蛹体淡绿色，以后逐渐变为红棕及黑褐色。

(二)发生规律

草地贪夜蛾成虫具有趋光性,一般在夜间进行迁飞、交配和产卵,成虫寿命可达2～3周,在这段时间内,雌成虫可以多次交配产卵,一生可产卵900～1 000粒,若食物充足,则产卵数量可高达2 300粒。卵块通常产在叶片背面,表面有雌虫腹部灰色绒毛状的分泌物覆盖形成的带状保护层。在适合温度下,卵在2～4 d内即可孵化成幼虫。幼虫共6龄,少数为5龄,新孵出的幼虫以卵壳本身为食,然后静置2～10 h。1～2龄的幼虫会吐丝,借助风扩散到周边的植株;老熟幼虫一般在2～8 cm深的土壤中做蛹室化蛹,有时也在玉米果穗或叶腋处化蛹。夏季蛹期一般为9 d,如遇低温,蛹期则需20～30 d。幼虫具有假死习性,一动它就会卷成一团。高龄幼虫具有自相残杀的习性。

草地贪夜蛾的世代长短与所处的环境温度及寄主植物有关,适宜发育温度为11～30℃,在28℃条件下,30 d左右即可完成一个世代,而在低温条件下,需要60～90 d才能完成一个世代。有世代重叠现象。

草地贪夜蛾迁飞能力强,迁移扩散速度快,可通过远距离飞行进行快速、大范围扩散。草地贪夜蛾成虫可在几百米的高空中借助风力远距离飞行,每晚可飞行100 km。成虫通常在产卵前可迁飞500 km,如果风向、风速适宜,迁飞距离会更长。

草地贪夜蛾分为“玉米型”与“水稻型”,即一种亚型主要取食玉米,一种亚型主要取食水稻。2019年入侵我国的草地贪夜蛾主要取食玉米。

(三)防治措施

根据草地贪夜蛾的发育规律,结合预测预报,因地制宜采取农业、物理、生物生态控制、应急化学防治等综合措施,强化统防统治和联防联控,及时控制害虫扩散危害。

1. 农业防治

合理种植,避免不同茬口混栽,减少“桥梁”田;人工摘除卵块、捕杀幼虫。

2. 物理防治

在成虫发生高峰期,采取高空诱虫灯、性诱捕器以及食物诱杀等理化诱控措施,诱杀成虫、干扰交配,减少田间落卵量,压低发生基数,减轻危害损失。

3. 生物防治

采用白僵菌、绿僵菌、核型多角体病毒(NPV)、苏云金杆菌(Bt)等生物制剂早期预防幼虫,充分保护利用夜蛾黑小峰、螟黄赤眼蜂、蠋蝽等天敌。

4. 化学防治

当玉米田块虫口密度达到10头/百株时,要及时防治。低龄幼虫通常在夜间取食,最佳施药时间为清晨或傍晚。农业农村部《关于做好草地贪夜蛾应急防治用药工作的通知》[农办农(2019)13号]中推荐使用的农药单剂有茚虫威、虫螨腈、四氯虫酰胺、氯虫苯甲酰胺、高效氯氟氰菊酯、氟氯氰菊酯、甲氰菊酯、溴氰菊酯、乙酰甲胺磷、虱螨脲,复配剂有甲维盐·茚虫威、甲维盐·氟铃脲、甲维盐·高效氯氟氰菊酯、甲维盐·虫螨腈、甲维盐·虱螨脲、甲维盐·虫酰肼、氯虫苯甲酰胺·高效氯氟氰菊酯、除虫脲·高效氯氟氰菊酯。

对虫口密度高、集中连片发生区域,抓住幼虫低龄期实施统防统治和联防联控;对分散发生区实施重点挑治和点杀点治。注重农药的交替使用、轮换使用、安全使用,延缓抗药性产生,提高防控效果。

项目四 油料作物害虫防治技术

一、大豆食心虫

大豆食心虫[*Leguminivora glycinivorella* (Matsumura)]又称大豆蛀荚虫、豆荚虫、小红虫等，属鳞翅目小卷叶蛾科(图 2-26)。在我国几乎遍布各大豆产区，以黑龙江、吉林、辽宁、山东、安徽、河南等地为害严重，是我国北方大豆产区的重要害虫。此虫食性单一，主要为害大豆，也为害野生大豆、苦参等。以幼虫蛀入豆荚危害，咬成沟状或吃去大半，虫食率常年为10%～20%，严重时达 30%～40%，严重影响大豆的产量和质量。

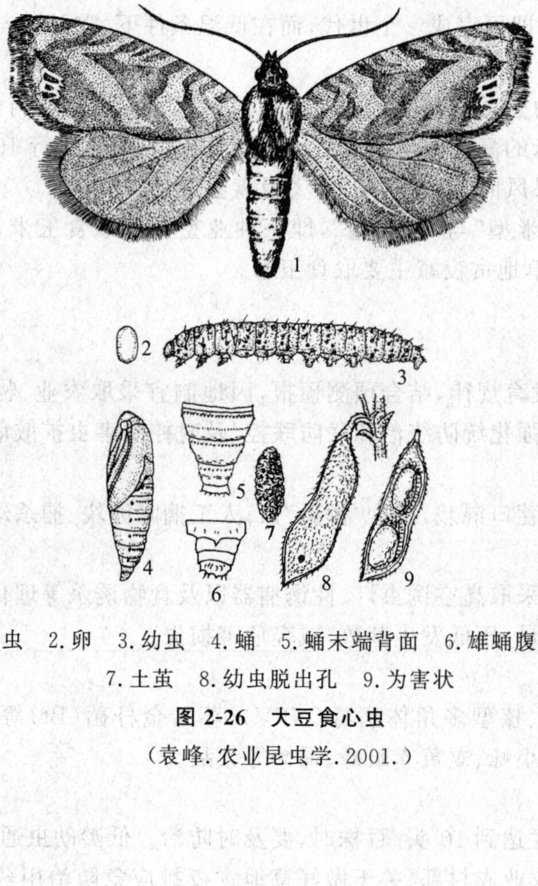

1. 成虫 2. 卵 3. 幼虫 4. 蛹 5. 蛹末端背面 6. 雄蛹腹部末端
7. 土茧 8. 幼虫脱出孔 9. 为害状

图 2-26 大豆食心虫

(袁峰. 农业昆虫学. 2001.)

(一)形态特征

成虫 体长 5～6 mm，翅展 12～14 mm，黄褐色至暗褐色，雄蛾色较浅。前翅略呈长方形，暗褐色，沿前缘有 10 条左右黑紫色短斜纹，其周围有明显的黄色区；外缘在顶角下略向内凹陷，外缘臀角上方有一银灰色椭圆斑，斑内有 3 个紫褐色小斑。后翅浅灰色，无斑纹。雌蛾腹末较尖，雄蛾腹末较钝。

卵 长约 0.5 mm，椭圆形，略有光泽。初产乳白色，后转橙黄色，表面可见一半圆形红带。

幼虫 共 4 龄，老熟幼虫体长 8～10 mm，略呈圆筒形。初孵幼虫黄白色，渐变橙黄色，老熟时变为红色，头及前胸背板黄褐色。腹足趾钩单序环状。

蛹 长5～7 mm，黄褐色，纺锤形。第2～7腹节背面前、后缘有大小刺各1列，第8～10腹节仅有1列较大的刺，腹部末端有8根粗大的短刺。

土茧 长约8 mm，宽3～4 mm，长椭圆形，由幼虫吐丝缀合土粒而成。

(二)发生规律

大豆食心虫在我国1年发生1代，以老熟幼虫在土内结茧越冬。东北地区越冬幼虫于次年7月中旬开始到表土陆续化蛹，7月末8月初为化蛹盛期，成虫7月底始现，8月中旬为盛期，9月上旬终现，8月中、下旬为产卵盛期，卵期6～7 d。幼虫孵化后即蛀入豆荚内蛀食豆粒，在荚内为害20～30 d后老熟，9月上、中旬开始脱荚，9月下旬为脱荚盛期。幼虫脱荚后即入土做茧越冬。

成虫飞翔力弱，一次飞行不超过5～6 m，飞翔高度约在植株上方0.5 m左右，多在下午3时以后到日落前活动。成虫产卵期5～8 d，每个雌成虫产卵80～200粒。产卵对植株部位、豆荚大小和品种有选择性，卵绝大多数产在嫩绿的豆荚上，以3～5 cm长的豆荚产卵量最多，在2 cm以下豆荚很少产卵；有荚毛的品种着卵多，无荚毛的品种着卵少；毛多毛直的品种着卵多，毛少毛弯的品种着卵少。每豆荚着卵多为1粒，其次2～3粒，4粒以上极少。

初孵幼虫先在豆荚上爬行一段时间(一般不超过8 h)，然后选择豆荚边缘合缝处蛀入，入荚前在荚上先吐丝结成细长形白色薄丝网，在网中咬破荚皮，蛀入荚内。老熟幼虫在荚的边缘咬一孔脱出，入土越冬，垄作大豆以垄台入土最多。少数幼虫在大豆收割时仍留在豆荚内，如收割后田间放置，仍能继续脱荚，故随割随拉可减少田间越冬虫量。越冬幼虫于次年化蛹前，有咬破土茧上升到3 cm表土层内重新做茧的习性，在3 cm以下的土层中幼虫化蛹极少，也不能正常羽化出土。

降雨对大豆食心虫的发生影响很大。幼虫脱荚期若雨量较多、土壤湿润，有利于幼虫入土及越冬，翌年发生重；7月上中旬若雨量偏多，土壤湿度大，有利于幼虫的转移、化蛹等活动，死亡率较低；干旱少雨则对其发生不利。土壤湿度影响化蛹和羽化率，土壤含水量10%～30%能正常化蛹和羽化，土壤含水量达50%时，对化蛹极不利，甚至完全不能羽化；土壤干旱、地面板结，对化蛹不利，化蛹后死亡率高，甚至不能羽化。

不同大豆品种，大豆食心虫为害程度差异较大。无荚毛或荚毛弯曲的品种着卵量少而表现为抗虫；荚皮硬、隔离层细胞紧密且横向排列的品种，幼虫入荚死亡率高而表现为抗虫；大豆重茬、邻茬发生重；洼地比平地受害重；培育极早熟或较晚熟品种，调整播期，可错过幼虫危害期而减轻受害。东北地区寄生性天敌主要有拟澳洲赤眼蜂、中华齿腿姬蜂、食心虫白茧蜂等，捕食性天敌主要有步甲、猎蝽、蜘蛛等。

(三)预测预报

1.发生期的预测

选当地种植的主要大豆品种，固定2块距离上年豆茬地较近的代表田块，从8月1日至8月25日，每日16～18时调查，每块田调查5个点，每点相距至少20 m以上，每点双垄，垄长50 m或100 m。调查时顺垄前进，用1 m长小木棍轻拍豆株，目测被惊动起飞的蛾团数和蛾数。在每次调查时，用捕虫网搜集成虫20头以上，分辨雌雄，计算性比。

当田间蛾量突增，集团飞翔的蛾团数增多，每个蛾团的蛾数量较大，开始见到交配，表明成虫已进入盛期。当田间雌雄比接近1∶1，且田间蛾量基本均衡，表示已达到成虫高峰期。一般成虫盛发期持续7～10 d，在成虫盛发期开始2～3 d即进入成虫高峰期，此后3～5 d达到产卵高峰，再过5～7 d为幼虫入荚盛期。

2. 发生程度预测

成虫的预测：按上述方法调查田间成虫发生量，在成虫盛发期，连续3 d累计百米双行垄长蛾量达100头，应发出防治成虫的预报。

幼虫的预测：根据豆荚着卵率测报。选择固定的代表地块，从8月10日开始至26日，每3 d调查1次，每次抽取6～10株大豆，摘取全株豆荚，逐荚检查其上的卵数和幼虫入荚孔数。若田间一次调查平均百荚卵量达20粒，应做出防治幼虫的预报。

(四)防治措施

防治大豆食心虫，应以农业防治为基础，辅以药剂防治和生物防治，使农业措施、化学药剂与天敌作用协调起来，达到综合防治的目的。

1. 农业防治

选用抗虫品种。实行远距离大面积轮作，距离大豆茬1 000～1 500 m受害显著减轻。适当调整播种期，使寄主结荚期与成虫产卵盛期错开。及时耕翻豆茬或豆后麦茬地，对虫口数量较大的大豆地块在深秋实行耕翻耙地，可恶化大豆食心虫的越冬场所，增加其越冬死亡率；增加虫源地中耕次数，特别是在化蛹期和羽化期增加中耕，可减少羽化，减轻危害。大豆收割后随割随拉。

2. 生物防治

在成虫产卵期释放赤眼蜂30万～45万头/hm^2；在幼虫临近脱荚之前，用白僵菌粉22.5 kg/hm^2加细土或草木灰67.5 kg，均匀撒在豆田垄台上。

3. 化学防治

成虫发生期用80%敌敌畏乳油1 500～2 250 mL/hm^2熏蒸；成虫产卵盛期，喷施2%阿维菌素3 000倍液+25%灭幼脲1 500倍液或2.5%溴氰菊酯乳油3 000倍液。

二、大豆蚜

大豆蚜(*Aphis glycines* Matsumura)俗称腻虫、蜜虫，属于半翅目蚜科(图2-27)。在我国大豆产区均有分布，以东北三省、河北、河南、山东、内蒙古等地为害较重。以成虫、若虫吸食大豆嫩枝叶的汁液，严重时布满茎叶，幼荚也可受害。被害豆叶形成鲜黄色不规则的黄斑，后黄斑逐渐扩大，变为褐色，受害严重的植株、叶卷缩，根系发育不良、植株矮小，分枝及结荚减少，产量降低；苗期发生严重时可使整株死亡。此虫还能传播大豆花叶病毒病。

(一)形态特征

有翅孤雌蚜 体卵圆形，长1.6 mm，黄色或黄绿色。胸前生2对透明的翅，前翅大后翅小。体侧有明显的乳突。触角淡黑色，与身体同长。腹管圆筒状，黑色，基部宽约为末端的2倍。

无翅孤雌蚜 体长椭圆形，长约1.6 mm，淡黄色或黄绿色。体侧有乳突。触角比身体短。腹管基部略宽。尾片圆锥形，有长毛7～10根。若虫形态与成虫基本相似，腹管短小。

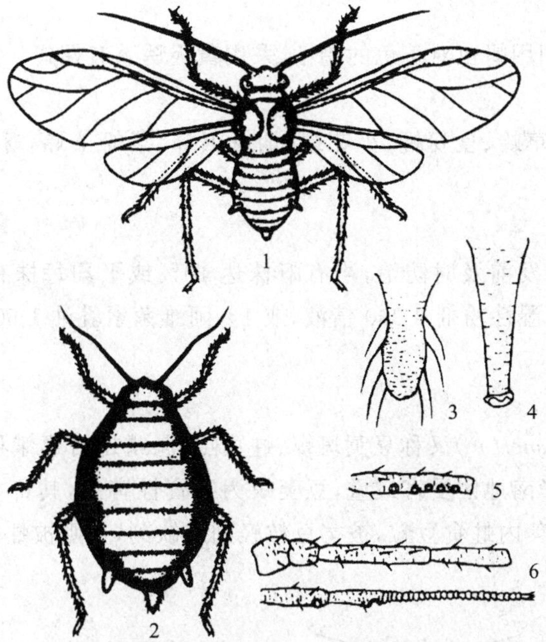

1. 有翅成蚜　2. 无翅成蚜　3. 腹管　4. 尾片　5. 有翅蚜触角第 3 节　6. 无翅蚜触角

图 2-27　大豆蚜

（李照会. 农业昆虫鉴定. 2002.）

（二）发生规律

在东北三省 1 年发生 10 多代，山东 20 多代。大豆蚜为乔迁类蚜虫，有冬寄主（第一寄主）和夏寄主（第二寄主）之分，前者有鼠李、牛膝等，后者有大豆、黑豆和野生大豆。在东北以卵在鼠李的枝条腋芽或缝隙间越冬。翌年春天在鼠李芽鳞露绿到芽开绽期，平均气温达 10℃时，越冬卵开始孵化为干母，取食萌芽的鼠李，并以孤雌胎生繁殖 1～2 代；鼠李开花前后发生迁移蚜，从鼠李迁飞到大豆幼苗上危害；6 月末至 7 月中旬是危害盛期；8 月末至 9 月初产生有翅型雌蚜飞回越冬寄主上，并胎生无翅型雌蚜，另一部分在大豆上胎生有翅型雄蚜，飞回越冬寄主，9 月中下旬雌蚜与雄蚜交配产卵越冬。大豆蚜繁殖力强，1 头雌蚜可繁殖 50～60 头若蚜，若气候适宜，5 d 即能成熟进行生殖。高温高湿对大豆蚜不利，若 5 日平均气温在 25℃以上，相对湿度在 80%以上，常造成大豆蚜大量死亡。大豆蚜常见的天敌有异色瓢虫、七星瓢虫、十三星瓢虫、龟纹瓢虫、印度食蚜蝇、大草蛉、丽草蛉等。

（三）防治措施

大豆蚜的防治策略为合理施药，保护天敌，尽量保持田间优势天敌种群，早期防治，防止其蔓延危害。

1. 农业防治

选用抗虫品种，一般木质素含量高的品种对大豆蚜的抗性强。及时铲除田边、沟边、塘边杂草，减少虫源。

2. 物理防治

利用银灰色膜避蚜；利用蚜虫对黄色的趋性，采用黄板诱杀有翅蚜。

3. 生物防治

保护天敌，利用瓢虫、草蛉、食蚜蝇、小花蝽、烟蚜茧蜂、菜蚜茧蜂、蚜小蜂、蚜霉菌等控制蚜虫。

4. 化学防治

在大豆苗期或蚜虫盛发前及时防治，当有蚜株达 10%或平均每株有虫 3～5 头，即应防治。可选用 10%吡虫啉可湿性粉剂 2 000 倍液，或 1%阿维菌素乳油 1 500 倍液喷雾防治。

三、豆荚螟

豆荚螟（*Etiella zinckenella* ）又称豆荚斑螟、蛀豆虫，属鳞翅目螟蛾科（图 2-28）。在我国分布广泛，以华东、华中、华南地区受害最重，豆荚螟为寡食性害虫，其寄主多为大豆、绿豆、豌豆等豆科作物。幼虫在豆荚内蛀食豆粒，被害豆粒轻则成缺刻，重则被蛀空，豆荚中充满虫粪，严重影响产量和品质。

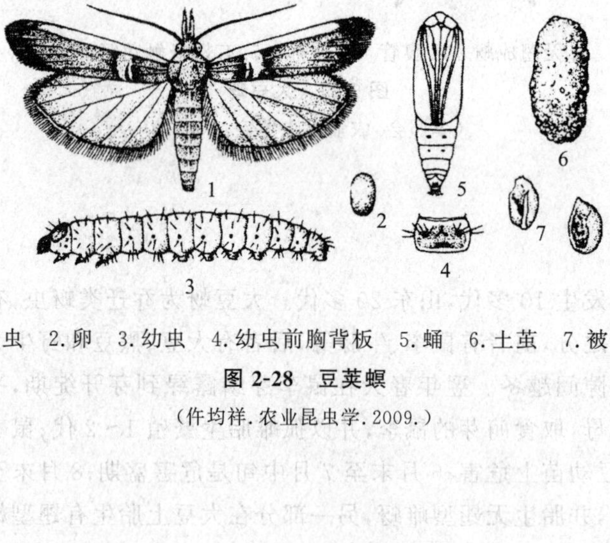

1. 成虫　2. 卵　3. 幼虫　4. 幼虫前胸背板　5. 蛹　6. 土茧　7. 被害状

图 2-28　豆荚螟

（仵均祥. 农业昆虫学. 2009.）

（一）形态特征

成虫　体长 10～12 mm，翅展 20～24 mm，体灰褐色。下唇须向前伸出很长。雄蛾触角基部有灰白色毛丛。前翅狭长，杂有深褐色和黄白色鳞片，前缘有 1 条明显的白色纵带，近翅基 1/3 处有 1 条金黄色横带；沿后翅外缘有 1 条褐纹。

卵　椭圆形，长 0.5～0.8 mm，初产时乳白色，孵化前呈暗红色，表面密布不规则网状纹。

幼虫　老熟幼虫长 14～18 mm，初孵时淡黄白色，其后变灰绿色直至紫红色，前胸背板中央有黑色“人”字形纹，两侧各有 1 个黑斑，后缘中央有 2 个小黑斑。

蛹　长约 10 mm，黄褐色，臀刺 6 根。

(二)发生规律

豆荚螟在各地发生的代数不同,陕西、辽宁南部2~3代,湖北、江西、安徽4~5代,广东、广西7~8代。各地主要以老熟幼虫在寄主植物附近土表下5~6 cm深处结茧越冬。成虫喜欢在豆荚有毛的大豆品种上产卵。将卵产于荚毛间,一般一荚一卵。未结荚的大豆则产卵于幼嫩叶柄、花梗、嫩芽及嫩叶背面。每头雌成虫平均产卵88粒,最多可达226粒。卵经3~4 d孵化。初孵幼虫先在荚面上爬行1~3 h,在原豆荚上蛀入,或在其他豆荚上蛀入。幼虫共5龄,1头幼虫平均可食豆3~5粒,在食料不足或环境不适时可转荚为害1~3次,幼虫转荚为害时蛀孔处有丝囊,而脱荚处无丝囊。

豆荚螟在温度适宜时,湿度对雌虫产卵影响很大,最适湿度为70%,低于60%或过高,产卵量显著减少。地势高的豆地因土壤湿度小较地势低的豆地发生重,壤土比黏土发生重。在大豆品种中,结荚期长的比结荚期短的受害重;荚毛多的比荚毛少的受害重。在中间寄主面积大,种植期长、距离豆田近的情况下也可使虫口数量大增。其天敌赤眼蜂、小茧蜂、姬蜂及白僵菌等对其有一定的控制作用。

(三)防治措施

1.农业防治

选种早熟丰产、结荚期短、豆荚毛少或无毛的抗虫品种,减少豆荚螟的产卵。避免豆科植物连作,可采用大豆与水稻等非豆科作物轮作,或玉米与大豆间作的方式,减轻豆荚螟的危害。在水源方便的地区,可在秋、冬灌水数次,提高越冬幼虫的死亡率;在大豆开花结荚期,灌水1~2次,可增加入土幼虫的死亡率。豆科绿肥在结荚前翻耕沤肥,种植绿肥及时收割,尽早运出本田,都能减少本田越冬幼虫的数量。

2.生物防治

老熟幼虫入土前,田间湿度高时,可施用白僵菌粉剂,减少化蛹幼虫的数量;产卵始盛期释放赤眼蜂,对豆荚螟的防治效果可达80%以上。

3.化学防治

老熟幼虫脱荚期,可在地表喷药毒杀入土幼虫;在大豆堆垛地及周围1~2 m范围内,撒施低毒农药,可杀死大部分脱荚幼虫。药剂喷雾防治的最适时期为成虫盛发期至幼虫孵化盛期以前,可用52.25%氯氰·毒死蜱乳油800倍液,或1.8%阿维菌素乳油1 500倍液,或20%氰戊菊酯乳油2 000倍液喷雾防治。

四、草地螟

草地螟(*Loxostege sticticalis* Linnaeus)又称黄绿条螟、甜菜网螟,属于鳞翅目螟蛾科。主要分布在我国北方,是东北、华北和西北地区间歇性、突发性、迁飞性害虫。食性杂,可以为害包括豆科、藜科、蓼科、茄科等35个科的近300种植物,嗜好甜菜和豆科作物,食物缺乏时也能取食杨、柳、榆等树木。初孵幼虫取食嫩叶,残留表皮,3龄后食量大增,可将叶片吃成缺刻、孔洞,仅留下叶脉,进入4~5龄暴食期后,如食物缺乏,可成群迁移,攀爬墙壁,故有“二黏虫”之称(图2-29)。

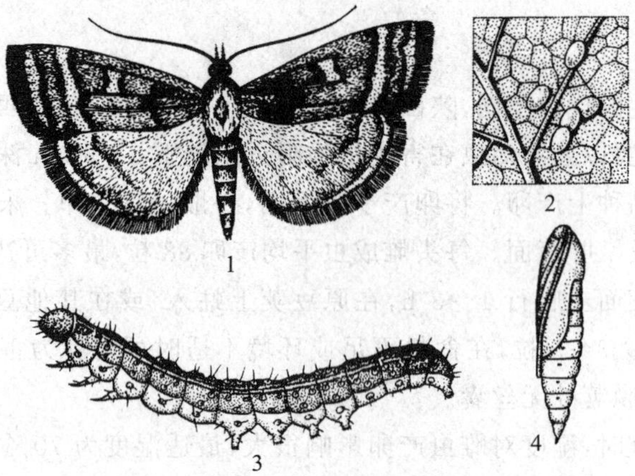

1. 成虫 2. 卵 3. 幼虫 4. 蛹

图 2-29 草地螟

(袁峰. 农业昆虫学. 2001.)

(一)形态特征

成虫 体长 10～12 mm,翅展 18～20 mm,体黑褐色。头部颜面突起呈圆锥形,触角丝状。前翅灰褐色有暗褐色斑纹,翅室中央有 1 个黄白色斑,近顶角处有 1 个黄色斑纹,翅外缘有黄色点状条纹。后翅灰色,翅基色较淡,沿外缘有 2 条平行的黑色波状条纹。

卵 长 0.8～1.0 mm,宽 0.4～0.5 mm,椭圆形,乳白色有光泽。

幼虫 老熟幼虫体长 19～21 mm,暗绿色,头黑色有白斑,体有明显的纵行暗色条纹,条纹间有黄绿色波状线,腹部各节有刚毛肉瘤,刚毛肉瘤部黑色,有两层同心的黄白色圆环。

蛹 长 15 mm 左右,淡黄色,藏在袋状丝质茧内。茧上端有孔,用丝封住,茧外附有细碎沙粒,土茧长 20～30 mm。

(二)发生规律

我国北方 1 年发生 1～4 代,以老熟幼虫在土中结丝茧越冬。成虫有远距离迁飞习性,草地螟种群数量有急剧变动、蛾群同期突增、突减现象。迁出、迁入区蛾量变动与气象条件有关,当迁出区形成上升性气流时,有利于成虫起飞和沿着气流方向远距离迁飞。在远距离迁飞中遇到下沉性气流,又有利于迁飞的成虫在迁入区降落,形成新的繁殖中心。

成虫具群集性,通常在黄昏后出现,白天潜伏在草丛及作物田内,受惊扰可短距离低飞,根据此习性可采用步测或网捕方法调查成虫发生量。温、湿度影响成虫对产卵部位的选择,气温偏高时,选择背阴的地方;在气温偏低时,选择向阳的地方;气温适宜时,选择潮湿且幼虫喜欢取食的寄主多的地方。卵多产在藜科、锦葵科、茄科、菊科杂草及作物的叶片背面,距地面 8 cm 处较多,3～5 粒排列成瓦状卵块或单粒。

幼虫共 5 龄,初孵幼虫先在杂草叶背取食叶肉,再转移到作物上取食,喜欢取食柔软多汁的叶片,有吐丝结网的习性。幼虫活泼,受惊扭动后退或吐丝下垂。2 龄幼虫多群集心叶在网内取食,3 龄幼虫出网取食。幼虫进入暴食期后,可将农田和草场的植物叶片吃光,食物缺乏时，幼虫可成群迁移数千米。

适宜幼虫发育的平均温度为20℃或稍高，相对湿度为60%～70%，在温度适宜的条件下，相对湿度低于50%，幼虫会大量死亡。湿度和降水对草地螟的性成熟和生殖力影响很大，相对湿度为60%～80%时，产卵最多，相对湿度低于40%的条件下，产卵量减少或不育。越冬幼虫在越冬茧内可忍耐－31℃的低温。春季化蛹阶段，对温度敏感，如遇低温，易被冻死。因此，春季升温后的突然降温对越冬代成虫的发生量有明显的抑制作用。精耕细作，不利于草地螟发生；管理粗放，杂草丛生，有利于草地螟产卵和幼虫越冬。草地螟的天敌主要类群有寄生蜂、寄生蝇、白僵菌、细菌类及捕食性的蚂蚁、步行甲、鸟类等。

(三)防治措施

1.农业防治

在草地螟集中越冬区，采取秋翻、春耕及冬灌等措施，减少越冬虫源基数；成虫产卵前，铲除田间、地边的杂草(特别是藜科杂草)，并深埋处理，降低田间虫口密度。

2.化学防治

防治适期应掌握在幼虫3龄以前，可选用2.5%溴氰菊酯乳油1 000倍液，或48%毒死蜱乳油1 000倍液，或2.5%高效氟氯氰菊酯乳油1 000倍液喷雾防治。

五、豆天蛾

豆天蛾(*Clanis bilineata* Walker)俗称豆虫、豆蛾、牛鼻栓等，属鳞翅目天蛾科(图2-30)。我国除西藏未见报道外，其他各地均有发生。除为害大豆外，还可为害绿豆、豇豆、刺槐等。以幼虫食叶危害，轻则吃成网孔，严重时将全株叶片吃光。

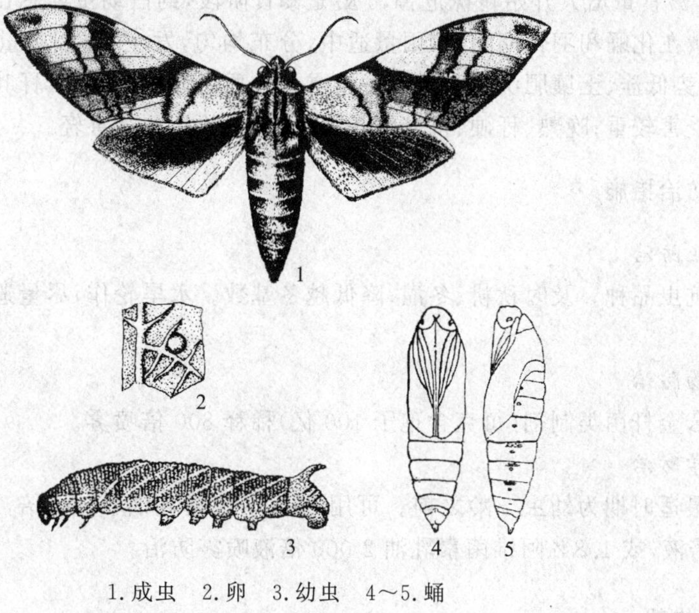

1.成虫　2.卵　3.幼虫　4～5.蛹

图2-30　豆天蛾

(袁峰.农业昆虫学.2001.)

(一)形态特征

成虫 体长 40～50 mm，翅展 100～120 mm。体、翅黄褐色，有的略带绿色。头、胸背面有较细的暗紫色纵线。前翅狭长，前翅有 6 条褐色的波状横纹，前缘近中央有 1 个半圆形浅白斑，近顶角有 1 个三角形褐色斑。后翅小，暗褐色，基部和后角附近黄褐色。

卵 椭圆形或球形，卵长 2～3 mm，初产黄白色，孵化前变褐色。

幼虫 老熟幼虫体长 60～90 mm，黄绿色，体表密生黄色小突起，胸足橙褐色；从腹部第 1 节起，两侧各有 7 条向背后方倾斜的黄白色斜线；臀背具尾角一个，尾角黄绿色，短而向下弯曲。

蛹 长 40～50 mm，红褐色。喙与蛹体紧贴，末端露出。第 5～7 腹节的气孔前方各有 1 个气孔沟，当腹节活动时可因摩擦而微微发出声响；臀棘三角形，末端不分叉。

(二)发生规律

豆天蛾在淮河以北 1 年发生 1 代，以南 1 年发生 2 代。以老熟幼虫在土中 9～12 cm 深处越冬。越冬场所多在豆田及其附近的土堆、田埂等向阳处。翌年在春暖时幼虫上升土表做土室化蛹。

成虫白天栖息在生长茂盛的作物茎秆上，傍晚开始活动，晚 8 时后活动趋缓，晚 10 时后又开始活动，直至黎明。成虫寿命 7～10 d，喜食花蜜，飞翔力强，可振翅远距离高飞。喜在生长茂密的豆田产卵，卵多散产于叶背基部，少数产在叶正面和茎秆上；每叶多数仅产卵 1～2 粒，少数产多粒；每个雌成虫可产卵 200～450 粒，平均约 350 粒。产卵期 2～5 d，以前 3 天最多。幼虫 5 龄，初孵幼虫有背光性，白天潜伏叶背，1～2 龄为害叶片顶部，咬食叶缘成缺刻，一般不迁移，3～4 龄食量增大开始转株危害，5 龄是暴食阶段，约占幼虫期总食量的 90%。

豆天蛾在化蛹和羽化期间，如雨量适中，分布均匀，发生重；如雨量过多，发生推迟。在植株茂密、地势低洼、土壤肥沃的淤地发生较重。大豆品种中以早熟、秆叶柔软、含蛋白质和脂肪多的品种受害较重；晚熟、秆硬、抗涝性强、品质较差的品种受害轻。

(三)防治措施

1. 农业防治

选种抗虫品种。及时秋耕、冬灌，降低越冬基数。水旱轮作，尽量避免连作豆科植物，可以减轻危害。

2. 生物防治

用苏云金杆菌类制剂(每克含孢子 100 亿)稀释 800 倍喷雾。

3. 化学防治

防治最适时期为幼虫 3 龄之前。可用 50%辛硫磷乳油 1 500 倍，或 2.5%的溴氰菊酯乳油 2 000 倍液，或 1.8%阿维菌素乳油 2 000 倍液喷雾防治。

六、花生蚜

花生蚜(*Aphis medicaginis* Koch)又称苜蓿蚜、豆蚜、槐蚜，属半翅目蚜科(图 2-31)。分布于全国各地，其食性较广，除为害花生外，还为害苜蓿、豇豆等作物。以成、若虫群集在花生嫩叶、嫩芽、花柄上吸汁，致使叶片变黄卷缩，生长缓慢或停止，植株矮小，影响花芽形成和荚果发育，重者可造成植株枯死。花生蚜又是花生病毒病的传毒介体。

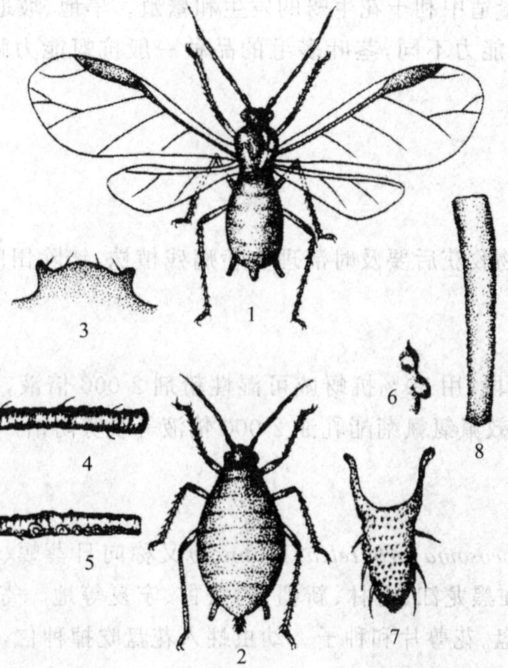

1.有翅成蚜　2.无翅成蚜　3.额　4.无翅蚜触角第3节　5.有翅蚜触角第3节　6.腹部第1节局部　7.尾片　8.腹管

图2-31　花生蚜

（袁峰.农业昆虫学.2001.）

（一）形态特征

有翅胎生雌蚜　体长1.6～1.8 mm，黑绿色，有光泽。触角6节，第1～2节黑褐色，3～6节黄白色，第3节较长，上有3～8个感觉圈，排列成行。翅基、翅痣和翅脉均为橙黄色。各腹节背面有条纹斑，第1节和第7节各有1对腹侧突。腹管黑色，圆筒状，端部稍细，有瓦状花纹。尾片细长，基部缢缩，两侧各有刚毛3根。

无翅胎生雌蚜　体长1.8～2.0 mm，宽卵形，黑色或黑紫色，少数个体为黑绿色，有亮光。触角暗黄色，各节端部黑色，第3节上无感觉圈。

卵　长椭圆形，较肥大，初产淡黄色，后变草绿色至黑色。

（二）发生规律

花生蚜1年发生20～30代。主要以无翅胎生雌蚜和若蚜于避风向阳处的荠菜、苜蓿、地丁等寄主上越冬，也有少量以卵在枯死寄主的残株上越冬。在华南各地能在豆科植物上继续繁殖，无越冬现象。北方于春季气温回升到10℃时开始活动，先在越冬寄主上繁殖产生有翅蚜，迁移到附近的豌豆、刺槐、国槐等植物上为害，花生出苗后，即迁入花生田为害。花生开花结荚期是该蚜虫危害盛期。花生收获前产生有翅蚜，迁飞到夏季豆科植物上越夏，秋播花生出苗后又迁入花生田为害，一直到晚秋产生有翅蚜交尾产卵越冬。花生蚜具有较强的繁殖能力，生活周期短，条件适宜的情况下 5～6 d 就可以繁殖 1 代，每头雌蚜能胎生 85～100 头若蚜。春末夏初气候温暖，雨量适中利于花生蚜的发生和繁殖。旱地、坡地及花生生长茂密地块发生重。不同花生品种抗蚜能力不同，茎叶多毛的品种一般抗蚜能力强。主要天敌有瓢虫、食蚜蝇、草蛉等。

(三)防治措施

1. 农业防治

选种抗虫品种；作物收获后要及时清理前茬病残植株，铲除田间、畦埂、地边杂草，减少越冬寄主。

2. 化学防治

在蚜虫点片发生阶段，用 50%抗蚜威可湿性粉剂 2 000 倍液，或 10%吡虫啉可湿性粉剂 2 500 倍液，或 2.5%高效氟氯氰菊酯乳油 2 000 倍液等喷雾防治。

七、向日葵斑螟

向日葵斑螟(*Homoeosoma nebulella* Hübner)又称向日葵螟、葵螟，属鳞翅目螟蛾科(图 2-32)。我国主要分布在黑龙江、吉林、新疆、内蒙古、宁夏等地。寄主为向日葵和野生菊科植物，主要以幼虫为害花盘、花萼片和种子。幼虫蛀入花盘吃掉种仁，并蛀成许多隧道，还将咬下的碎屑和粪便填充隧道造成污染，遇雨后造成花盘及籽粒发霉腐烂，严重影响向日葵产量和质量。

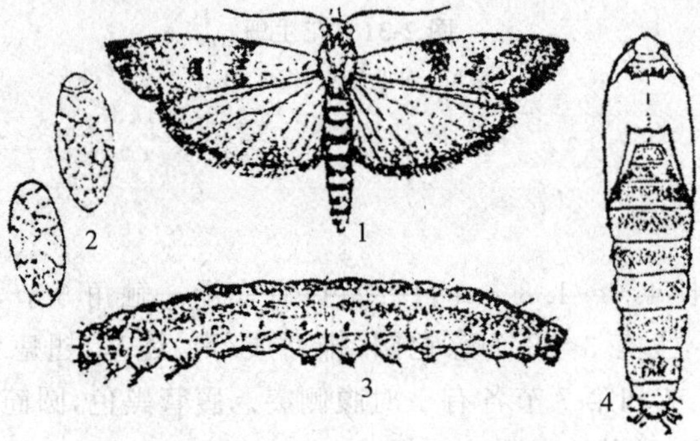

1. 成虫　2. 卵　3. 幼虫　4. 蛹

图 2-32　向日葵斑螟

(仵均祥. 农业昆虫学. 2009.)

(一)形态特征

成虫　体灰褐色，体长 8～12 mm，翅展 20～27 mm。前翅狭长，近中央有 4 个黑色小斑。成虫静止时，前后翅紧贴体两侧，与向日葵种子很相似。

卵　椭圆形，乳白色，长约 0.8 mm，宽约 0.4 mm，表面有不规则浅网状刻点，两端钝圆。

幼虫　体长 14～18 mm，淡灰黄色，背部有 3 条淡棕色纵线，头黄褐色，体被稀疏的浅棕色毛，胸足及气门黑色，腹足趾钩为双序环式，臀足趾钩不成环状。

蛹　长 9～12 mm，黄褐色，腹部 1～10 节背面均有圆刻点，2～7 节最多，腹面仅 5～10 节有圆刻点，腹端有刺钩 8 根。

茧　梭形，丝质，长 12～17 mm，可分为越冬茧和化蛹茧两种。越冬茧椭圆形，中部宽，一头尖，另一头钝圆，茧皮分两层，外层灰色，比较粗糙并黏附土粒，内层鲜黄色，丝质膜状，茧内藏越冬虫 1 头。化蛹茧是越冬后幼虫从越冬茧钻出后再吐丝做成的，为一层比较粗糙的浅灰色丝质茧皮，幼虫在其中化蛹。

(二)发生规律

向日葵斑螟 1 年发生 1～2 代，危害向日葵的主要是第 1 代。以老熟幼虫做茧在土中越冬，翌年 7 月上旬开始咬破越冬茧皮，在 1～2 cm 的表土层做新茧(化蛹茧)，随即转入前蛹期，经 2～3 d 后化蛹。化蛹盛期为 7 月中、下旬，羽化盛期为 7 月末到 8 月初(葵花盛花期)，产卵盛期在 8 月上旬。卵期 3～5 d。第 1 代幼虫经 19～22 d 老熟，从 8 月下旬开始大部分幼虫吐丝脱盘、潜土做茧越冬，少数幼虫在 8 月末 9 月初化蛹，羽化为成虫，在晚开的葵花盘和分枝花盘上可见到第 2 代卵和幼虫，但不能越冬，相继死亡。

成虫昼伏夜出，在花盘上取食花蜜、交配、产卵。卵多散产在葵花花盘上的开花区内，在花药圈内壁最多，其次是花柱和花冠内壁，筒状花和舌状花上着卵少。幼虫共 4 龄，1～2 龄幼虫啃食筒状花，3 龄后沿着葵花籽粒的排列缝隙蛀食籽粒。幼虫为害时，在花盘籽实上吐丝结网粘连虫粪及碎屑，状如丝毡，据此可识别向日葵斑螟危害。

7～8 月份在降水量充足的条件下有利于向日葵斑螟的产卵和孵化，虫情严重。早播的向日葵由于开花期早，一般在 8 月上旬，此时正与向日葵斑螟产卵期高度吻合，受害严重，晚播的向日葵花期推迟，受害轻。

(三)防治措施

向日葵斑螟的防治关键时期为成虫产卵及幼虫 3 龄前。防治中施用化学药剂对蜜蜂的伤害直接影响到葵花授粉的质量，因此，应该采用以生物防治为主，协调配合其他防治方法的综合策略。

1. 农业防治

选用抗虫品种，硬壳品种受害轻，小粒黑色油用种较食用种受害轻。秋季深翻或冬灌，将大量越冬虫茧翻压入土 25 cm 以下或冬灌冻死虫茧。适当轮作，避开虫源；适时播种，将向日葵开花期与向日葵斑螟成虫盛发期错开。

2. 生物防治

在向日葵开花初期释放赤眼蜂，可降低向日葵斑螟卵的孵化率；还可喷洒 Bt 乳油 300 倍液，或喷施 25%灭幼脲 3 号胶悬剂 500～1 000 倍液。

3. 化学防治

防治成虫选在成虫盛发期的每晚 8～9 时，施放烟剂，使烟雾覆盖整个葵花地，常用 20%氰戊菊酯乳油，或 2.5%溴氰菊酯乳油，用量为 300 mL/hm^2。也可用 10%灭多威乳油 1 000 倍液、或 40%毒死蜱乳油 800 倍液喷雾。防治幼虫要抓住幼虫 3 龄前尚未蛀入籽粒里的关键时期，可用4.5%高效氯氰菊酯乳油，或2.5%溴氰菊酯乳油2 000倍液喷雾防治。在喷洒农药前，要通知养蜂户管理好蜜蜂，以防蜜蜂农药中毒。

项目五 薯类害虫防治技术

一、马铃薯瓢虫

为害马铃薯的瓢虫，我国主要有马铃薯瓢虫[*Henosepilachna vigintioctomaculata* (Motschulsky)]又称马铃薯二十八星瓢虫（图2-33）和茄二十八星瓢虫[Henosepilachna Vigintioctopunctata(Fabricius)]，其又称酸浆瓢虫。两种瓢虫属鞘翅目瓢甲科。马铃薯瓢虫在我国主要分布在北方，酸浆瓢虫在长江以南各省普遍发生。两种瓢虫均为多食性害虫，寄主种类很多，主要为害马铃薯、茄子、青椒、枸杞、番茄、烟草等，也可为害豆类、瓜类及十字花科蔬菜等，以马铃薯、茄子受害最重。成虫、幼虫以咀嚼式口器剥食寄主植物的叶片，也可为害果实和嫩茎。被害叶片仅残留上表皮及叶脉，形成许多不规则的透明密集的条痕，状如箩底，后变褐色、枯萎；茄子果实受害处常破裂，后变硬、味苦，品质下降。

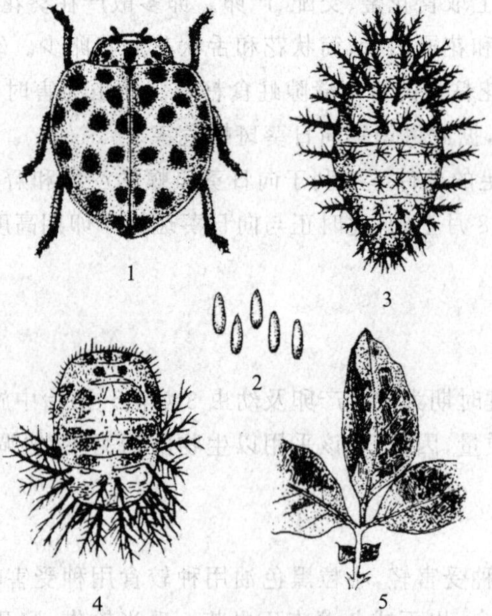

1. 成虫 2. 卵 3. 幼虫 4. 蛹 5. 为害状

图2-33 马铃薯瓢虫

（仿华南农业大学）

（一）形态特征

成虫 体长7～8 mm，半球形，赤褐色。体表密生黄褐色细毛，前胸背板前缘凹入，前缘角突出，中央有一剑状纵行大黑斑，其两侧各有黑色斑点2个。两鞘翅上各有大小不等的黑斑14个，鞘翅基部3个黑斑，其后方的4个黑斑不在一条直线上，两翅合缝处有1对或2对黑斑相连。

卵　长约 1.5 mm，弹头形，初产时鲜黄色，后变成橘黄色，卵块中的卵粒排列较松散。

幼虫　老熟幼虫体长约 9 mm，纺锤形，鲜黄色。头部淡黄色，口器及单眼黑色。体表生有整齐的黑色枝刺，各枝刺上有 6～8 个小刺。

蛹　长约 7 mm，椭圆形，黄白色，全体被有棕色细毛，背面隆起，有较深的黑色斑纹。

(二)发生规律

马铃薯瓢虫在北方 1 年发生 2 代，各地均以成虫群集在背风向阳的石缝内、树皮下、墙缝、篱笆、屋檐等缝隙内越冬。越冬成虫于第二年春 5～6 月开始活动，先在附近的枸杞、龙葵等野生茄科植物上栖息和取食，当马铃薯苗高 17 cm 时，大部分成虫转移到马铃薯上危害。

成虫产卵于叶片背面，常 20～30 粒产在一起，直立成块，单雌产卵平均 300 粒，卵期 5～7 d。幼虫共 4 龄，初孵幼虫群集于叶背取食危害，2 龄后逐渐分散危害。幼虫老熟后，多在植株基部的茎上或叶背以及附近杂草、地面上化蛹。马铃薯瓢虫成虫产卵的最适温度为 22～28℃，30℃以上时即使产卵也不能孵化，35℃以上成虫不能正常产卵，夏季高温季节成虫常隐蔽于阴凉处，停止取食，因此，该虫大多在山区和夏季气温较低的地方大量发生。

成虫早晚静伏，取食和产卵都在白天，以 10～16 时最活跃，午前多在叶背取食，16 时后转向叶面取食。晴天气温高时飞翔力最强，阴雨天很少活动。成虫有假死性，受惊后落地不动并可分泌黄色黏臭液。成虫寿命长，最长可达 320 d，因此，田间常出现世代重叠现象。成虫、幼虫都有残食同种卵的习性。成虫必须取食马铃薯才能顺利完成发育和繁殖。马铃薯瓢虫的捕食性天敌有草蛉、胡蜂、蜘蛛等，成虫期常被白僵菌寄生。

(三)防治措施

1. 农业防治

及时清除田园的杂草和残株，降低越冬虫源基数。利用成虫假死习性，用薄膜承接并敲打植株使之坠落，捕捉成虫。人工摘除叶背上的卵块和植株上的蛹，并集中杀灭。

2. 化学防治

要抓住马铃薯瓢虫幼虫分散前的有利时机喷药防治，可用 20%氰戊菊酯 3 000 倍液，或 50%辛硫磷乳油 1 000 倍液，或 2.5%氯氟氰菊酯乳油 3 000 倍液等。

二、甘薯麦蛾

甘薯麦蛾(*Brachmia macroscopa* Meyrick)又称甘薯小蛾、甘薯卷叶虫等，属鳞翅目麦蛾科(图 3-34)。除西北个别地区外全国各地普遍发生，以南方各省发生较重。甘薯麦蛾主要为害甘薯、蕹菜、月光花和牵牛花等旋花科植物。以幼虫吐丝卷叶，在其中取食叶肉，留下白色表皮，状似薄膜；幼虫尚能食害嫩茎和嫩梢，发生严重时大部分薯叶被卷食，叶肉几乎被食尽，整片薯地呈现“火烧”现象，严重影响甘薯产量和品质。

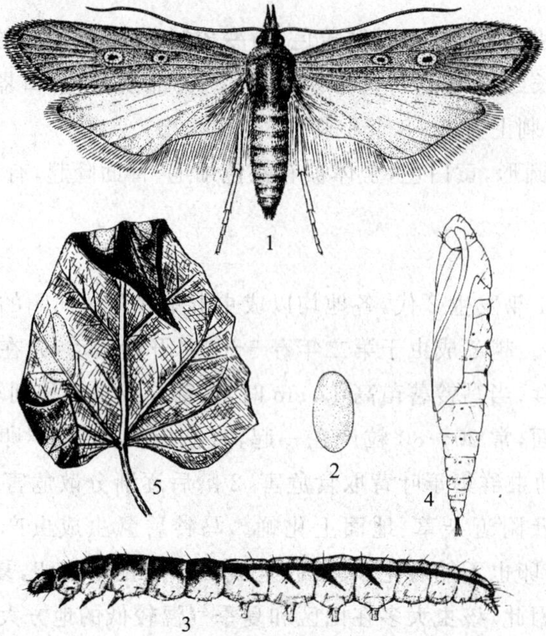

1.成虫　2.卵　3.幼虫　4.蛹　5.为害状

图 2-34　甘薯麦蛾

(仿浙江农业大学)

(一)形态特征

成虫　体长 5～7 mm,翅展 15～16 mm,体黑褐色,头胸部暗褐色。前翅狭长,暗褐色或锈褐色,中室内有 2 个黑色小点,其周围为灰白色,翅外缘有 5 个小黑点。后翅宽,淡灰色,缘毛长。

卵　长约 0.6 mm,椭圆形,表面具细纵横脊纹。初产时灰白色,后变为淡黄色,将近孵化时,一端有一个黑点。

幼虫　老熟幼虫体长 18～20 mm,头稍扁,黑褐色。前胸背板褐色,两侧暗褐色,暗褐色部分呈倒"八"字形。中胸至第 2 腹节背面黑色,以后各节乳白色,亚背线黑色,第 3～6 腹节每节两侧各有 1 条黑色斜纹。

蛹　体长 7～8 mm,纺锤形,头钝,尾尖,黄褐色,全体散布细长毛,臀棘末端有钩刺 8 个,呈圆形排列。

(二)发生规律

甘薯麦蛾在我国从北到南 1 年发生 3～9 代,在北方以蛹在残株落叶下越冬,在南方多以成虫在田间杂草丛中或屋内阴暗处越冬,少数以蛹在残株落叶下越冬。世代重叠。甘薯麦蛾的成虫趋光性强,且行动活泼,喜食花蜜;白天潜伏于薯叶背面或茎蔓基部隐蔽处,夜间进行交尾、产卵。卵通常散产于叶背面的叶脉之间,也有少数卵产于新芽和嫩茎上,单雌产卵一般在 50～100 粒。幼虫共 4 龄,初孵幼虫只在叶面剥食叶肉,不进行卷叶,但吐丝下坠;2 龄幼虫即开始吐丝做小部分卷叶，并在卷叶内取食叶肉；3 龄以后，幼虫的食量大增，卷叶程度增大，其有转移为害的习性，1 头幼虫可转移为害 12 片叶子，影响甘薯植株正常生长和薯块膨大。幼虫老熟后在卷叶或土缝里化蛹。

高温低湿是甘薯麦蛾严重发生的重要因子，在气温 25～28℃，相对湿度 60%～65%的条件下，其发育繁殖最为旺盛；气温上升到 30℃以上，繁殖率显著下降。甘薯植株在生长前期受害会影响营养的供应，延缓甘薯的生长，产量损失大；生长中后期，甘薯块根开始膨大，已累积一定营养物质，此时发生危害对产量影响小。甘薯品种不同，受害程度不同，一般叶片肥厚的品种比叶片薄的品种受害重。甘薯麦蛾的天敌有步甲、长距茧蜂、绒茧蜂、白僵菌等，这些天敌对其发生有一定的抑制作用。

(三)防治措施

1. 农业防治

秋后要及时处理残株落叶，清洁薯地，清除杂草，减少薯地虫源。薯地内初见幼虫卷叶为害时，结合甘薯田间栽培管理，要及时捏杀新卷叶中的幼虫或摘除新卷叶。

2. 化学防治

应在幼虫发生初期施药，当 100 片叶有虫 10 头以上时，应及时喷药防治。可选药剂有 48%毒死蜱乳油 1 000～1 500 倍液，或 2%阿维菌素乳油 1 500 倍液，或 2.5%溴氰菊酯乳油 2 500 倍液等。

三、甘薯天蛾

甘薯天蛾[*Agrius convolvuli* (Linnaeus)]又称甘薯叶天蛾、白薯天蛾、旋花天蛾、虾壳天蛾等，属鳞翅目天蛾科(图 2-35)。分布于我国所有的甘薯栽培地区。主要为害甘薯，也可取食蕹菜、牵牛花、月光花等旋花科植物。以幼虫为害甘薯的叶和嫩茎，食量很大，严重时能把甘薯叶吃光，只剩薯蔓，严重影响产量。

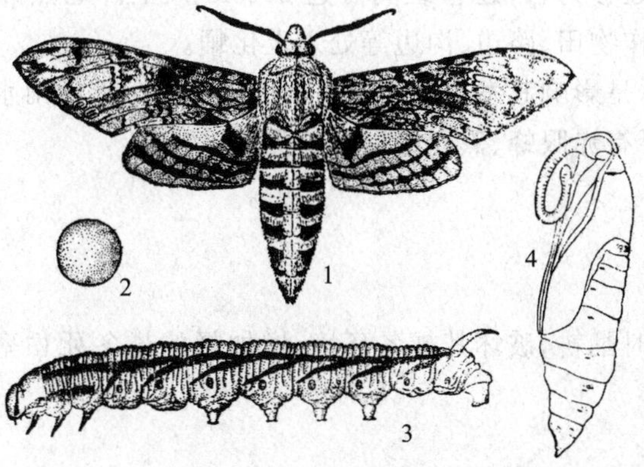

1. 成虫 2. 卵 3. 幼虫 4. 蛹

图 2-35 甘薯天蛾

(袁峰. 农业昆虫学. 2001.)

(一)形态特征

成虫 体长 43～52 mm,翅展 100～120 mm,头暗灰色,胸部背面灰褐色,有 2 个丛鳞毛形成褐色的“八”字形。中胸有形如钟状的灰白色斑纹。腹部背面中央有灰色纵带,各节两侧顺次有白、红、黑相间的横纹。前翅灰褐色,翅上密布锯齿状纹和云状斑纹。后翅淡灰色,有 4 条暗褐色斜带,缘毛白色与暗褐色间杂。

卵 球形,直径约 2 mm,初产时淡黄绿色,孵化前为黄白色。

幼虫 老熟幼虫体长 83～100 mm,头较小,体表密布小颗粒,中、后胸及第 1～8 腹节有许多横向皱纹,形成若干小环,尾角黄褐色,尖端黑色。初孵时淡黄白色,头部乳白色,1～3 龄体黄绿色至绿色,4～5 龄体色多变,主要有 3 种类型:①体绿色,腹部 1～8 节两侧斜纹黄白色;②体褐色,腹部 1～8 节两侧斜纹黑褐色;③基本为绿色,腹部 1～8 节两侧斜纹深褐色。

蛹 褐色,体长 56 mm,喙长而弯曲,呈象鼻状,臀棘三角形,表面有许多颗粒状突起。

(二)发生规律

在华北 1 年发生 2 代,安徽等地 1 年 3～4 代,福建等地 1 年 4～5 代。各地均以蛹在土中越冬。成虫白天潜伏在草堆或薯田附近建筑物的屋檐、墙壁上、作物田、矮树丛等隐蔽处,夜间取食花蜜、交尾和产卵,每日 19～23 时为活动盛期。成虫产卵有较强的选择性,喜欢在叶色浓绿生长茂盛的薯田上产卵,卵多散产在甘薯叶背面的边缘,也可产在叶正面和叶柄上,平均每头雌蛾可产卵 1 000 多粒。成虫趋光性强,也善于飞翔,在环境条件不适宜时,能迁飞远地繁殖危害,干旱时成虫趋向低洼潮湿地块或降雨地区,连续降雨湿度过大时则飞向高地,常形成区域性危害。

幼虫共 5 龄,初孵幼虫先取食卵壳,然后爬到叶的背面取食叶肉和下表皮,从而造成膜状斑块,1～2 龄后吃成小孔,2～4 龄后吃成缺刻,1～4 龄食量小,5 龄幼虫食量最大,可食叶 29～38 片,约占总食量的 90%。当幼虫数量达到 15 头/m^2 以上时,3 d 能把薯叶全部吃光。食物缺乏时,幼虫能成群迁移为害,迁移距离可达 200 m 以上。老熟的幼虫不完全都在薯田入土化蛹,也在周围其他作物田、路边、沟边等处入土化蛹。

夏季和初秋雨量多少是影响其发生轻重的重要因素,5～8 月份雨水偏少,温度高,有利甘薯天蛾的发生。天敌主要有赤眼蜂、黑卵蜂以及鸟类等。

(三)防治措施

1. 农业防治

冬、春季甘薯田要适时翻耕,破坏其越冬环境,增加蛹的越冬死亡率。早期结合甘薯的提蔓除草,捕杀幼虫。

2. 物理防治

成虫羽化盛期,设置黑光灯进行诱杀,减少田间落卵量。

3. 化学防治

当甘薯天蛾幼虫达到 3 龄盛期且平均百叶有虫 2 头时,应立即施药防治。由于幼虫有迁移习性,最好采用统防统治。可用 50%辛硫磷乳油 1 000 倍液,或 80%敌敌畏乳油 2 000 倍液喷雾,或 2.5%溴氰菊酯乳油 2 000 倍液喷雾防治。

四、甘薯叶甲

甘薯叶甲(*Colasposoma dauricum* Mannerheim)又称甘薯金花虫、甘薯蓝黑叶甲、甘薯猿叶虫等,属鞘翅目叶甲科(图 2-36)。有 2 个亚种:丽鞘亚种(*C. dauricum auripenne* Motschulsky)和指名亚种(麦颈叶甲)(*C. dauricum dauricum* Mannerheim),前者分布于南方,后者则遍布全国各地,主要分布于北方。甘薯叶甲主要寄主植物是甘薯,另外还有蕹菜、打碗花、棉花、五爪金龙、小麦等。甘薯叶甲成虫和幼虫均能为害,成虫主要为害甘薯叶片和嫩茎,将其吃成孔洞或缺刻,幼苗嫩叶和嫩茎受害严重时,可使顶端折断导致植株枯死,造成缺苗现象,是甘薯苗期的重要害虫;幼虫主要啃食土中薯块,把薯块表面吃成深浅不一的弯曲伤痕,甚至蛀食薯块内部,造成弯曲隧道,影响薯块膨大,被害部分色黑味苦,不耐贮藏,其造成的伤口有利于黑斑病、软腐病等病菌的侵入。

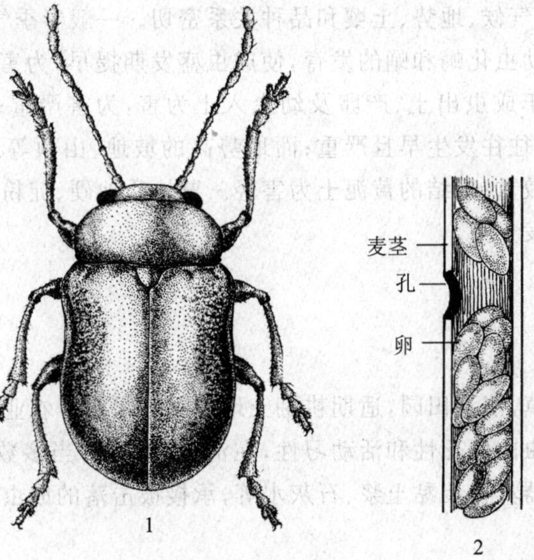

1. 成虫　2. 卵

图 2-36　甘薯叶甲

(袁峰. 农业昆虫学. 2001.)

(一)形态特征

成虫　短椭圆形,体长约 6 mm,体色多变,有绿色、蓝色、青铜色、蓝紫色、蓝黑色、紫铜色等,多为蓝黑色,具金属光泽。头部弯向下方,生有粗密的点刻。触角丝状,11 节,基部 6 节有蓝色金属光泽,端部 5 节略扁平,黑色。前胸背板隆起,呈横长方形,密布刻点。鞘翅上的刻点较前胸背板大而稀疏。丽鞘亚种在肩胛后方有一闪蓝光的三角斑,而指名亚种则无此斑。

卵　长圆形,长约 1 mm,初产时浅黄色,后呈黄绿色。

幼虫　老熟幼虫体长 9～10 mm,黄白色,头部浅黄褐色,体粗短呈圆筒状,通常弯曲成"C"形,多横皱褶纹,并密布细毛。胸足 3 对,短小。

蛹　短椭圆形,长 5～7 mm,初化蛹时白色,后变黄白色。

(二)发生规律

甘薯叶甲一般1年发生1代。多以老熟幼虫在土下15～25 cm处做土室越冬，少数在薯块中越冬，也有成虫在岩缝、石头缝隙及枯枝落叶下越冬。成虫羽化后先在土室里生活几天，然后出土危害，尤以雨后2～3 d出土最多，在8～10时和16～18时为害最重，中午阳光强烈时则隐藏在薯根附近的土缝或薯叶下。北方成虫在小麦开花灌浆期盛发，在湿润的土表及麦穗下部没有叶鞘包裹的茎部、残留的麦茬或枯薯藤等处蛀孔产卵。卵堆产，产后尾部分泌黑绿色胶状物将口封闭。卵期7～11 d。若相对湿度低于50%，幼虫停止活动，故干燥的地块虫害发生轻，当土温低于20℃时，幼虫钻入土层深处越冬，幼虫期约10个月，翌年越冬幼虫在土室内化蛹，蛹期8～17 d。成虫耐饥力强，飞翔力弱，有假死性，遇惊扰便落地或潜入土缝中不食不动。

甘薯叶甲的发生与气候、地势、土壤和品种关系密切。一般春季气温高，土温回升快，降雨量少的年份，利于越冬幼虫化蛹和蛹的发育，使成虫盛发期提早，为害重；6～7月份雨量正常，土壤经常保持湿润，利于成虫出土、产卵及幼虫入土为害，为害严重；反之发生少，为害较轻。地势低、湿度大的地块，往往发生早且严重；而地势高的坡地、山顶等地块，则发生较少。沙土有利于幼虫入土，为害较重；板结的黄泥土为害轻。薯块质地硬、淀粉多的品种发生轻；薯块质地疏松、水分多的品种发生重。

(三)防治措施

1. 农业防治

合理轮作，铲除杂草，清洁田园，适期耕翻土地或秋冬灌水等农业技术措施都可减轻为害。在成虫盛发期，利用成虫的假死性和活动习性，在清晨和黄昏，当多数害虫聚集在茎叶上栖息不大活动时，采用各种器具盛装黏土浆、石灰水等，承接被击落的成虫。

2. 化学防治

在整地施基肥或施夹边肥时，用50%辛硫磷乳油1.5～1.8 L/hm^2，加细土或细沙300～450 kg拌成毒土，顺垄撒施在根际附近，可有效杀死幼虫。在甘薯栽秧前用48%毒死蜱乳油500倍液浸苗后晾干，然后栽种，有较好的保苗效果，可防止甘薯苗期受害。在成虫盛发期，用50%辛硫磷乳油1 500倍液，或50%氯氰菊酯乳油2 000倍液，或48%毒死蜱乳油1 000倍液喷雾，防治成虫，每7 d左右喷洒1次，喷药时从田边向田内围喷，以防成虫逃窜，连续喷2～3次，效果更好。

五、马铃薯麦蛾

马铃薯麦蛾[*Phthorimaea operculella* (Zeller)]又称马铃薯块茎蛾、烟草潜叶蛾，属鳞翅目麦蛾科(图2-37)。我国及世界很多国家都曾经将其列为检疫对象。我国主要分布在西南、西北、中南、华东等地，以云南、贵州、四川等地受害较重。其主要为害茄科植物，其中以马铃薯、烟草、茄子等受害最重，其次是辣椒、番茄，还有枸杞、曼陀罗等。幼虫潜叶为害，沿叶脉蛀食叶肉，余留上下表皮，呈半透明状，严重时嫩茎和叶芽常被害枯死，幼株甚至死亡。在田间或储藏期间幼虫可蛀食马铃薯块茎，呈蜂窝状，严重时吃空整个薯块，外表皱缩并引起腐烂。

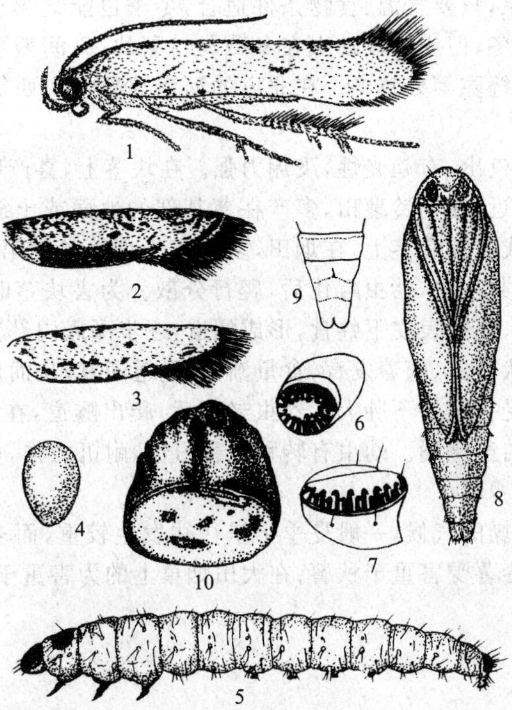

1.成虫　2.雌成虫前翅　3.雄成虫前翅　4.卵　5.幼虫　6.幼虫腹足趾钩
7.幼虫臀足趾钩　8.雄蛹　9.雄蛹腹部末端　10.马铃薯块茎被害状

图 2-37　马铃薯麦蛾

（袁峰.农业昆虫学.2001.）

(一)形态特征

成虫　体长 5～6 mm，翅展 14～16 mm，灰褐色，稍带银灰色光泽。触角丝状。下唇须 3 节，向上弯曲超过头顶，第 1 节短小，第 2 节下方被覆疏松、较宽的鳞片，第 3 节长度接近第 2 节，但尖细。前翅狭长，鳞片黄褐色或灰褐色，翅尖略向下弯，臀角钝圆，前后翅缘毛较长，呈灰褐色。雌虫前翅臀区有显著的黑褐色大斑纹，两翅并拢时形成一长斑纹，雄虫前翅臀区无此黑斑，有 4 个黑褐色鳞片组成的斑点；雌虫后翅前缘基部无毛束，雄蛾后翅前缘基部具有一束长毛；雌蛾腹末有马蹄形短毛丛，雄蛾腹末有黄白色的长毛，毛丛尖端向内弯曲。

卵　椭圆形，长约 0.5 mm，宽 0.4 mm，初产时乳白色，微透明且带白色光泽，孵化前变黑褐色，带紫蓝色光泽。

幼虫　老熟幼虫体长 11～13 mm，头部棕褐色，胸节微红，前胸背板及胸足黑褐色，臀板淡黄色。腹足趾钩双序环形，臀足趾钩双序弧形。空腹幼虫体乳黄色，为害叶片后呈绿色。

蛹　长 6～7 mm，棕色，圆锥形，臀棘短小而尖，向上弯曲，周围有刚毛 8 根。茧灰白色，长约 10 mm。

(二)发生规律

马铃薯麦蛾年发生代数因地区、海拔不同而异，在我国最多可发生 9～11 代。此虫世代重叠严重，无严格的滞育现象，只要气温、食物条件适合，冬季也能继续正常发育。在南方，马铃薯麦蛾的各个虫态均能越冬，但主要以幼虫在冬藏马铃薯块、田间残留薯块、残株落叶、烟茬、茄茬和挂晒过烟叶的墙壁缝隙等处越冬。在北方的河南、陕西、山西等地幼虫不能越冬，只有少数蛹越冬。

马铃薯麦蛾成虫昼伏夜出，有趋光性，飞翔力强。在块茎上，喜产卵于薯块芽眼、表皮裂口及附有泥土的粗糙表皮附近；在马铃薯田，多产在茎基部的地面或土缝内，其次产于叶面及叶背的叶脉处、叶柄腋芽间或腋芽和茎上；在烟田，多散产于烟株基部第 1～4 片叶的中脉附近，有时也产于茎基部。幼虫共 4 龄，幼虫孵化后，爬行分散。为害块茎时，初孵幼虫多从芽眼和破裂表皮处蛀入薯块内部，先在表皮下蛀食，形成隧道，逐步深入内部。为害叶片时，往往从叶脉附近蛀入，形成透明泡状隧道，随着发育，食量渐大，隧道渐宽，从而形成不规则褐色枯斑；有的则蛀入叶柄和茎秆，但受害茎并不肿大。幼虫老熟后，爬出隧道，在土面或土表 1～3 cm 处结茧化蛹，少数在隧道内结茧化蛹。幼虫有转移危害习性，耐饥力强，可随调运材料、工具等远距离传播。

马铃薯麦蛾喜温暖干燥的气候，一般夏季干旱往往发生较重，而多雨高湿发生轻；在储藏期的为害重于田间；仓储春薯受害重于秋薯；在大田烟草上的为害重于马铃薯。常见天敌有茧蜂、绒茧蜂、大腿小蜂等。

（三）防治措施

1. 植物检疫

认真执行检疫制度，禁止保护区从疫区调运薯块、烟草、茄子等寄主的种苗和未烤烟叶。加强马铃薯流通环节的管理，注意对各种运薯工具、包装材料的检验和熏蒸灭虫。

2. 农业防治

因地制宜改进栽培制度，避免与马铃薯、烟草等茄科作物间作或连作。马铃薯生长后期及时培土，在田间不要让薯块露出表土，避免成虫在其上产卵；结合田间管理，适时中耕灭蛹，人工捏杀叶片中的幼虫，清除田间的有虫叶片。收获的好薯不要在田间堆放过夜，防止幼虫转移及成虫产卵。收获后及时清除和处理田间的烟株和残留薯块，以减少越冬虫源。

3. 化学防治

薯块入仓前做好空仓消毒，对有虫的种薯用溴甲烷熏蒸，也可用 90%晶体敌百虫 1 000 倍液浸泡薯块数秒，晾干后再贮存。田间可用 20%氰戊菊酯乳油 2 000 倍液喷雾防治。

项目六　地下害虫防治技术

地下害虫是指危害期间生活在土壤中，主要为害植物的地下部分（如种子、地下茎、根等）和近地面部分的一类害虫，是农业害虫中的一个特殊生态类群。地下害虫种类多、适应性强、分布广、为害重，是许多国家和地区农、林、牧业生产上的重要害虫，从而引起各国的普遍重视。我国已知地下害虫有 320 多种，主要包括蛴螬、地老虎、蝼蛄、金针虫、根蛆、拟地甲等，其中尤以蛴螬、金针虫、地老虎、蝼蛄 4 类最为重要。

地下害虫长期生活于土壤中，受环境条件的影响和制约，在长期适应进化的过程中，形成了一些不同于其他害虫的为害特点。

寄主范围广　各种作物、蔬菜、果树、林木、牧草等的幼苗和播下的种子都可受害。

生活周期长　多数种类的生活周期较长，主要地下害虫如金龟甲、金针虫、拟地甲和蝼蛄等，一般少则一年一代，多数种类 2～3 年发生一代。

为害时间长　地下害虫从春季到秋季，从播种到收获，为害期贯穿整个作物生长季节，加之其在土壤中潜伏为害，不易被及时发现，因而增加了防治上的困难。

与土壤关系密切　土壤为地下害虫提供了栖居、保护、食物、温度、空气等必不可少的生活条件和环境条件，土壤的理化性状对地下害虫的分布和生命活动有直接的影响，是地下害虫种群数量消长的决定性因素之一。

一、蛴螬

蛴螬是鞘翅目、金龟甲幼虫的总称，俗称白土蚕、壮地虫、地漏子等，是地下害虫中种类最多、分布最广、危害最大的一个类群，我国常见的有 30 多种，其中重要的种类有大黑鳃金龟[*Holotrichia oblita* (Faldermann)]、暗黑鳃金龟[*H. parallela* Motschulsky]、铜绿丽金龟[*Anomala corpulenta* Motschulsky](图 2-38)等。

蛴螬食性很杂，主要为害麦类、玉米、高粱、豆类、薯类、花生、棉花、甜菜等农作物和蔬菜、果树、林木的种子、幼苗及根茎等。蛴螬始终在地下为害，咬断幼苗根茎，断口整齐，使幼苗枯死，造成缺苗断垄甚至毁种；其蛀食薯类、甜菜的块根、块茎，影响产量和品质，而且容易引起病菌侵染，造成腐烂。成虫主要取食叶片，尤喜食大豆、花生及各种果树、林木叶片，有些种类还为害果树的嫩芽、花和果实，也是重要的果树害虫。

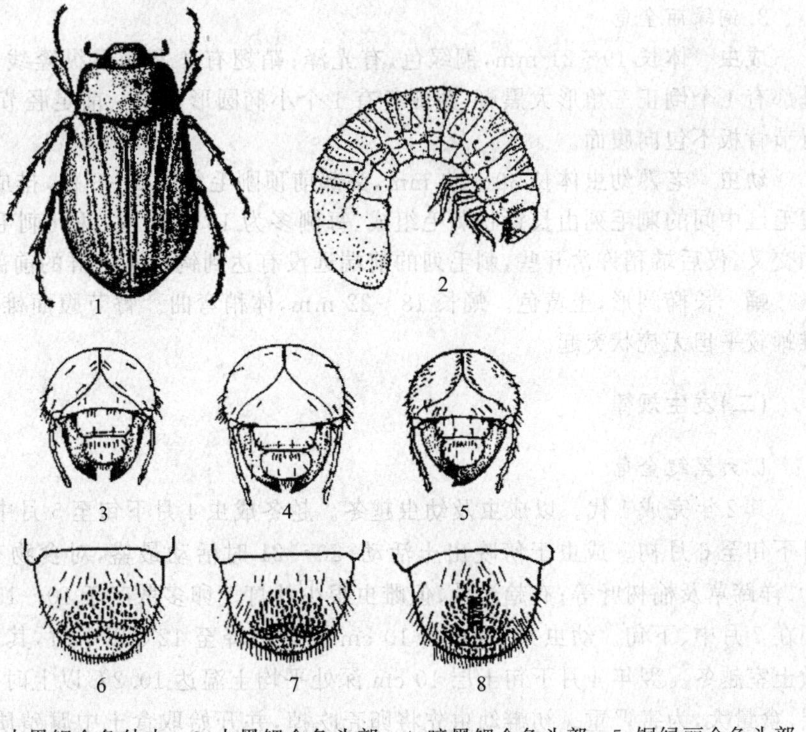

1. 大黑鳃金龟成虫　2. 大黑鳃金龟幼虫　3. 大黑鳃金龟头部　4. 暗黑鳃金龟头部　5. 铜绿丽金龟头部
6. 大黑鳃金龟幼虫臀节　7. 暗黑鳃金龟幼虫臀节　8. 铜绿丽金龟幼虫臀节

图 2-38　蛴螬

(张学哲. 作物病虫害防治. 2005.)

(一)形态特征

1.大黑鳃金龟

成虫 体长16～22 mm,宽8～11 mm,黑褐色,有光泽;触角10节,鳃片部3节呈黄褐色或赤褐色。鞘翅长椭圆形,有4条纵隆线,翅面及腹部无短绒毛,前足胫节外侧有3个尖锐齿突,臀节背板包向腹面。

卵 初产时,呈长椭圆形,白色稍带黄绿色光泽,平均长2.5 mm、宽1.5 mm;发育到后期呈圆球形,洁白而有光泽,平均长2.7 mm、宽2.2 mm。

幼虫 老熟幼虫体长35～45 mm,头宽4.9～5.3 mm。全体多皱褶,静止时体呈马蹄形。头部黄褐色,胸腹部乳白色,头部前顶刚毛每侧各3根,排成1纵列,其中2根彼此紧挨,位于额顶水平线以上的冠缝两侧,另一根则位于近额缝的中部。肛门孔三裂状。肛腹片后部覆毛区散生钩状刚毛,无刺毛列。

蛹 蛹为离蛹,长21～24 mm。化蛹后初期为白色,以后逐渐变至红褐色。头部小,向下稍弯。腹部末端具1对尾刺。

2.暗黑鳃金龟

成虫 体长17～22 mm,窄长卵形,暗黑色,无光泽;鞘翅纵隆线不明显,两侧缘几乎平行,靠后边稍膨大,翅面及腹部有短小绒毛,前足胫节外侧有3个较钝齿突,背、腹板相会于腹末。

幼虫 老熟幼虫体长35～45 mm,头部前顶刚毛冠缝两侧各1根;肛腹板覆毛区无刺毛列;钩状毛排列散乱,但较均匀,仅占全节的1/2。

3.铜绿丽金龟

成虫 体长19～21 mm,铜绿色,有光泽;鞘翅有4条明显纵隆线,臀板三角形,黄褐色,基部有1个倒正三角形大黑斑,两侧各有1个小椭圆形黑斑。前足胫节外侧有2个齿状突起,臀节背板不包向腹面。

幼虫 老熟幼虫体长30～33 mm,头部前顶刚毛每侧6～8根,排成1纵列。肛腹片后部覆毛区中间的刺毛列由长针状刺毛组成,每侧多为15～18根,两列刺毛尖端大部分彼此相遇和交叉,仅后端稍许岔开些,刺毛列的前端远没有达到钩状刚毛群的前部边缘。

蛹 长椭圆形,土黄色。蛹长18～22 mm,体稍弯曲。臀节腹面雄蛹有四裂的疣状突起,雌蛹较平坦无疣状突起。

(二)发生规律

1.大黑鳃金龟

其2年完成1代。以成虫及幼虫越冬。越冬成虫4月下旬至5月中旬开始出土,盛期在5月下旬至6月初。成虫于傍晚出土活动,20～21时活动最盛,对食物有选择性,喜食大豆子叶、洋蹄草及榆树叶等;有趋光性,但雌虫很少扑灯。卵多散产于10～15 cm深的土中,孵化盛期在7月中、下旬。幼虫共3龄,当10 cm深土温降至12℃以下时,其下迁至50～150 cm处做土室越冬。翌年4月下旬土层10 cm深处平均土温达10.2℃以上时,幼虫全部上迁至耕作层,食量大,为害严重。初孵幼虫先将卵壳吃掉,并开始取食土中腐殖质,以后取食各种作物、苗木、杂草的地下部分,3龄幼虫食量最大。幼虫具假死性,常沿垄向移动。

2.暗黑鳃金龟

其在东北三省2年发生1代,其余地区1年1代,多以3龄幼虫在20 cm左右深的土层中越冬，少数以成虫越冬。翌年4月底至5月初为化蛹始期，5月中、下旬为化蛹盛期，5月下旬或6月初始见成虫，7月中、下旬至8月上旬为产卵期，7月中旬至9月为幼虫为害期。主要为害花生、大豆、甘薯和秋播麦苗。9月中旬前后，老熟幼虫开始下移越冬。

其成虫黄昏时出土，有隔日出土习性。成虫趋光性强，有假死和群集习性。每日20～21时活动最盛。成虫的活动高峰也是交尾盛期。雌虫交尾后5～7 d产卵。卵多产在土壤3～17 cm处。卵经8～10 d孵化为幼虫。成虫喜食榆、杨、槐、柳、桑、梨、苹果等乔木树叶，也偶尔取食玉米和大豆叶。幼虫有自相残杀习性。

3. 铜绿丽金龟

其1年发生1代，以3龄幼虫在土中越冬。次年5月开始化蛹，6～7月为成虫出土危害期，7月中旬逐渐减少，8月下旬终止。成虫白天隐伏于灌木丛、草皮中或表土中，傍晚飞出交尾产卵、取食危害。5、6月份雨量充沛，成虫出土较早，盛发期提前。成虫有假死性和趋光性。卵散产，多产于5～6 cm深的土壤中。1、2龄幼虫多出现在7、8月，食量较小，9月份后大部分发育成3龄，食量猛增，越冬后又继续为害到5月。幼虫一般在清晨和黄昏由土壤深处爬到表层，咬食苗木近地面的基部、主根和侧根。

铜绿丽金龟成虫产卵和幼虫对土壤湿度要求较高，幼虫孵化的适宜温度为25℃，土壤含水量为8%～15%；适宜幼虫活动为害的土层10 cm深处土温为23.3℃，土壤含水量为15%～20%。在淮北，以果林和水稻混种地区发生的数量较多。

4. 其他常见金龟甲

其他常见金龟甲的发生规律见表2-6。

表2-6　其他常见金龟甲的发生规律

种类	分布特点	生活史	主要习性
棕色鳃金龟（*Holotrichia titanis*）鞘翅目，鳃金龟科	主要分布在东北、华北和西北地区，为干旱瘠薄、灌溉条件差的耕作区的主要地下害虫	2年1代，成、幼虫均可越冬。4月上旬至5月上旬为越冬成虫出土盛期，5月中旬为产卵盛期，幼虫于第2年7～8月化蛹、羽化并进入越冬	成虫黄昏时开始出土，觅偶交配；雄虫少量取食；天黑以后潜入土中
黑皱鳃金龟（*Trematodes tenebrioides*）鞘翅目，鳃金龟科	主要分布在东北、华北和西北地区，长江流域部分地区也有分布	2年1代，成、幼虫均可越冬。4月下旬至6月中旬为成虫发生盛期。成虫出土活动持续时间150 d以上	成虫白天活动，以12～14时日均气温22℃时活动最盛，喜食植物刚萌发的幼芽，喜产卵于大豆、小麦、玉米、高粱、马铃薯等作物田中
云斑鳃金龟（*Polyphylla laticollis*）鞘翅目，鳃金龟科	主要分布在东北、华北和西北地区，长江流域各地也有少量分布	3～4年1代，以幼虫越冬。越冬老熟幼虫6月化蛹，6月中旬出现成虫，延续至8月中旬	成虫交配产卵前，昼伏夜出，趋光性强；雌雄比为14.78∶85.22。交配产卵后为白天取食，夜间迁飞。喜食玉米、杨树、榆树叶片及细柳树枝的表皮，尤其喜食黑松的针叶

续表 2-6

种类	分布特点	生活史	主要习性
黄褐丽金龟(*Anomala exoleta*)鞘翅目,丽金龟科	主要分布在东北、华北和西北部分地区,沙壤土地带、黄河故道发生严重	1年1代,以幼虫越冬。成虫盛发于5月下旬至6月中旬(北京)或7月下旬至8月上旬(包头以北)	成虫昼伏夜出,傍晚开始出土交配、取食,至23时停止取食,4时左右继续取食至天亮。趋光性弱,喜食杏树花、叶及杨、榆、大豆、花生等的叶
毛黄鳃金龟(*Holotrichia trichophora*)鞘翅目,鳃金龟科	主要分布于东北南部、黄河流域和长江流域中、下游地区	1年1代,以成虫、少数蛹和老熟幼虫越冬。越冬成虫3月下旬始见,4月为活动盛期,5月中旬始见新1代幼虫,6月开始为害并持续至10月上旬化蛹、羽化	成虫昼伏夜出,多不取食,趋光性弱,喜在沙壤和轻壤地、保水性较差的丘陵及部分土质疏松、通透性强、排水性好的平川水浇地栖息繁殖
中华弧丽金龟(*Popilla quadriguttata*)鞘翅目,丽金龟科	分布于全国绝大多数地区	1年1代,以3龄幼虫越冬。越冬幼虫4月中旬活动,5月下旬进入为害盛期,成虫盛发于6月中旬至7月中旬	成虫白天活动,发生盛期常群聚取食、交配,并有成群迁移危害的特点。喜食板栗树、山葡萄的叶片,咬食叶肉,留下叶脉
黑绒鳃金龟(*Serica orientalis*)鞘翅目,鳃金龟科	主要分布于东北、华北和西北地区,尤以山区发生严重	1年1代,以成虫越冬。越冬成虫于4月末至6月上旬为活动盛期	成虫昼伏夜出,飞翔力强,有"雨后出土"习性和趋光性,可食149种植物,尤喜食榆、杨、柳的叶片,是防护林、果树、苗圃的主要害虫。幼虫以腐殖质和幼根为食,对大田作物为害不大
苹毛丽金龟(*Proagopertha lucidula*)鞘翅目,丽金龟科	主要分布于东北、华北、西北和西南部分地区,多发生在果园附近的荒草地或植被较密、土壤湿度较大的疏松土壤中	1年1代,以成虫越冬。越冬成虫于春季平均气温9~10℃时出土,4月底至5月初盛发,集中于开花略迟的果树上为害花芽	成虫白天活动,以10时以后气温上升时活动最盛,低空飞翔;喜食杏、桃、苹果、榆树等的花、芽;具假死性
白星花金龟(*Potosia brevitarsis*)鞘翅目,花金龟科	全国各地均有分布,以华北和西北地区发生较多	1年1代,以老熟幼虫在土中越冬。成虫发生于6月初到10月中旬	成虫白天活动,喜食成熟的果实,如桃、李、梨、沙果及玉米的雄穗;幼虫行动时以背着地,腹朝上伸缩而行,多群居于腐殖质丰富的松土或腐熟的堆肥中
小青花金龟(*Oxycetonia jucunda*)鞘翅目,花金龟科	主要分布于西南地区、东南部沿海各地及黄河流域中、下游地区	1年1代,多数以幼虫越冬。早春化蛹、羽化,成虫于4月下旬至6月出现	成虫白天在花丛中取食花瓣、花蕊,幼虫以腐殖质为食

(三)防治措施

虫口密度达到 3～5 头/m^2,作物受害率达 10%～15%时,要及时开展药剂防治。未达到上述防治指标时要加强管理,采用诱杀、生物防治等控制虫情发展和危害。

1. 防治成虫

在成虫发生盛期,设置频振式杀虫灯诱杀成虫,人工振落捕杀成虫,或用 90%敌百虫晶体或 80%敌敌畏乳油 1 000 倍液、或 20%甲氰菊酯乳油、或 50%辛硫磷乳油 1 500 倍液任一种,于 18 时后喷雾防治。

2. 防治幼虫

播种前可选用 5%辛硫磷颗粒剂 30 kg/hm^2 拌细土 300～750 kg,均匀撒于地面,随即耕翻耙耘;育苗时可选用 50%辛硫磷乳油拌种,按 1 份药加 50 份水稀释,然后与 500 份种子混匀,闷 3～4 h,待种子干后播种;作物苗生长期发现蛴螬为害,可用 25%辛硫磷乳油或 90%敌百虫晶体 1 000 倍液灌根;加强管理,不使用未腐熟的有机肥,中耕除草,秋季翻耕和冬季灌水,或于 5 月上、中旬生长期间适时浇灌大水,均可减轻为害。

3. 保护利用天敌

利用各种益鸟、刺猬、青蛙、蟾蜍、步甲及寄生蜂、寄生蝇和乳状芽孢杆菌等控制虫口数量。

二、地老虎

地老虎属鳞翅目,夜蛾科,俗称黑土蚕、切根虫、夜盗虫。种类很多,危害农作物比较严重的有小地老虎(*Agrotis ypsilon*)、黄地老虎[*Aguotis segetum* Schiffermüller).]和大地老虎(*Aguotis tokionis* Butler)等 20 余种(图 2-39)。其中小地老虎属于世界性的害虫,分布很广,国内各地均有发生。黄地老虎主要分布在黄河以北地区,常与小地老虎混合发生。大地老虎仅在长江沿岸局部地区危害严重,北方各地发生较少。地老虎的食性较杂,可为害粮食作物、棉花、蔬菜、烟草、中药材及果树、林木的幼苗。低龄幼虫昼夜活动,取食子叶、嫩叶和嫩茎,3 龄后昼伏夜出,可咬断近地面的嫩茎,造成缺苗断垄甚至毁种。

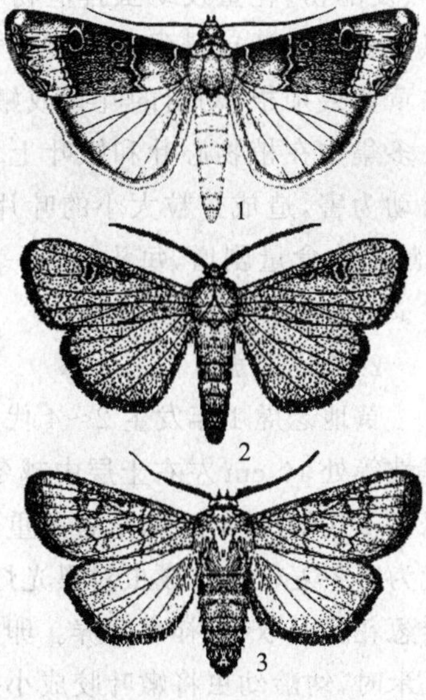

1. 小地老虎　2. 黄地老虎
3. 大地老虎
图 2-39　地老虎
(仿西北农学院《农业昆虫学》)

(一)形态特征

1. 小地老虎

成虫　体长 16～23 mm,翅展 42～54 mm,暗褐色,触角雌蛾丝状;雄蛾双栉齿状,栉齿逐渐变短,触角的后半端则呈丝状。前翅黑褐色;翅中部有明显环形斑和肾状纹;在肾状纹外有一尖端向外的剑状纹,外缘内侧有 2 个尖端向内的剑状纹。

幼虫　老龄幼虫体长 37～50 mm,黄褐色至黑褐色,体表布满大小不等的黑色颗粒;头部后唇基等边三角形,颅中沟很短,额区直达颅顶,顶呈单峰。腹部 1～8 节背面各有 4 个毛片,后2个比前2个大1倍以上。臀板黄褐色，有两条深褐色纵带。

2. 黄地老虎

成虫 体长14～19 mm，翅展32～43 mm。触角雌蛾丝状，雄蛾双栉齿状，栉齿达触角的2/3，端部1/3为丝状。前翅黄褐色，散布小黑点，横线多不明显，但肾状纹、环状纹及楔状纹很明显，均有黑褐色边，斑中央暗褐色；后翅灰白色，外缘淡褐色。

幼虫 老龄幼虫体长33～43 mm，头宽2.8～3 mm。黄褐色，表皮多皱纹，但无明显颗粒。头部后唇基的底边略大于余边，无颅中沟或很短，额区直达颅顶，呈双峰。腹部背面毛片4个，前后2个大小相似。腹末臀板中央有1黄色纵纹，将臀板划分为2块黄褐色大斑。

3. 大地老虎

成虫 体长20～25 mm，暗褐色，颜色较小地老虎浅。前翅灰褐色；肾状纹和环形斑明显，但肾状纹外无黑色剑状纹；前缘靠基部2/3处呈黑色。

幼虫 老熟幼虫体长41～60 mm，体表多皱纹，颗粒不明显，臀板深褐色。

(二)发生规律

1. 小地老虎

小地老虎在我国1年发生1～7代，多数地区以第1代为害严重。成虫有迁飞性，在北方不能越冬，其虫源是从南方迁飞而来，在南方可以幼虫、蛹和成虫越冬。成虫喜趋甜酸味的液体、发酵物、花蜜及蚜虫排泄物等，并以此补充营养，对黑光灯趋性强，白天隐蔽，夜间活动，以黄昏以后活动最强，并交配产卵。卵散产或堆产，多数产在土块及地面缝隙内，少数产在枯草茎或须根、幼苗的叶背或嫩茎上。小地老虎1～2龄幼虫白天和夜间均在地面上活动，大多集中在植物心叶和嫩叶上，啃食叶肉，残留表皮。3龄后白天躲在表土层下，夜间出土活动为害，造成豆粒大小的叶片洞孔或造成叶缘缺刻。4龄以后为害时咬断幼苗嫩茎。5～6龄幼虫食量剧增，每头幼虫一夜可咬断幼苗3～5株。幼虫有假死性，一遇惊吓，则缩成环状。在3龄以后有自残性。

2. 黄地老虎

黄地老虎1年发生2～4代。主要以幼虫，少数以蛹在麦田、绿肥田、菜田以及田埂、沟渠、堤坡等处10 cm左右土层中越冬，在黑龙江省1年发生2代，以老熟幼虫在土缝里越冬。春季以第1代幼虫发生多，危害严重。主要为害棉花、玉米、高粱、烟草、大豆、蔬菜等春播作物。末代为害冬麦较重。成虫对黑光灯有一定趋性，但对一般的白炽灯趋性很弱。趋化性弱，但喜在洋葱花蕊上取食，补充营养。卵散产在干草、根须、土块及麻类、杂草的叶片背面。为害高粱、玉米时，幼龄幼虫将嫩叶咬成小孔，龄期稍大的幼虫，多在苗茎基部地表处咬断或蛀一小孔，造成枯心苗。幼虫共6龄，自残习性不明显。

3. 大地老虎

大地老虎1年发生1代，以3～6龄幼虫在表土或草丛中越冬。来年3～4月份气温8～10℃时越冬幼虫开始活动危害，5月下旬至6月间，气温20.5℃时，老熟幼虫在土壤中滞育越夏。9月中旬以后化蛹、羽化并产卵。成虫趋光性不强，对糖醋液有较强趋性，喜食花蜜，不能高飞。卵一般散产于土表或产在生长幼嫩的杂草茎叶上。幼虫4龄前不入土，常在草丛间啃食叶片，4龄后白天潜伏在表土下，夜间出土活动危害。

(三)防治技术

1.农业防治

在春播前进行春耕、细耙整地,可消灭部分卵和早春的杂草寄主;秋翻秋耙,晒田 2～3 d,可杀死大量幼虫和蛹,也能破坏越冬场所,减少越冬基数。在作物幼苗期或幼虫 1～2 龄时结合松土,铲除地头、地边的杂草,并将其带到田外及时处理或沤肥,可消灭大量卵和幼虫。

2.物理防治

(1)诱杀成虫　利用黑光灯、糖醋液(酒、水、糖、醋按 1∶2∶3∶4,加少量敌百虫,傍晚将盆置于田间 1 m 高处)、杨树枝把或性诱剂等在成虫发生期诱杀,能诱到大量小地老虎成虫。黑光灯还能诱到黄地老虎成虫,糖醋液可诱到大地老虎成虫。

(2)捕杀幼虫　对高龄幼虫,可在清晨扒开被害株的周围或畦边、田埂阳坡表土,进行捕杀,也可用新鲜泡桐叶诱集捕杀。

3.生物防治

地老虎的天敌种类很多,包括捕食和寄生性昆虫、蜘蛛、细菌、真菌、病原线虫、病毒、微孢子虫等,应加以保护和利用。

4.化学防治

地老虎在 3 龄幼虫以前,昼夜在地面上活动,食量小,对药剂敏感,是防治的关键时期,因此应做好预测预报,进行适时防治。

(1)毒土、毒砂　可选用 75%辛硫磷、50%敌敌畏、或 20%除虫菊酯等乳油分别以 1∶300、1∶1 000、1∶2 000 的比例拌成毒土或毒砂,按 300～375 kg/hm^2 进行撒施,对低龄幼虫和高龄幼虫均有效。

(2)药剂防治　幼虫 3 龄前选用 48%毒死蜱乳油 1 500 倍液、50%辛硫磷乳油 1 000 倍液、或 2.5%溴氰菊酯 3 000 倍液进行地面喷洒,或 90%敌百虫晶体 800～1 000 倍液、5%氯虫苯甲酰胺悬浮剂 510～600 mL/hm^2、80%敌敌畏乳油 1 000～1 500 倍液在作物幼苗(高粱禁用)或杂草上喷雾。

(3)毒饵诱杀　将谷子、麦麸、豆饼或谷糠炒香,可用 90%敌百虫晶体,按饵料重的 1%药量和 10%水稀释后拌入制成毒饵,傍晚顺垄撒于地面,用量为 60～75 kg/hm^2;或将药剂稀释 10 倍,均匀喷洒在切碎的鲜草或小白菜上制成毒饵,分成小堆在傍晚放置于田间,用量 225～300 kg/hm^2。

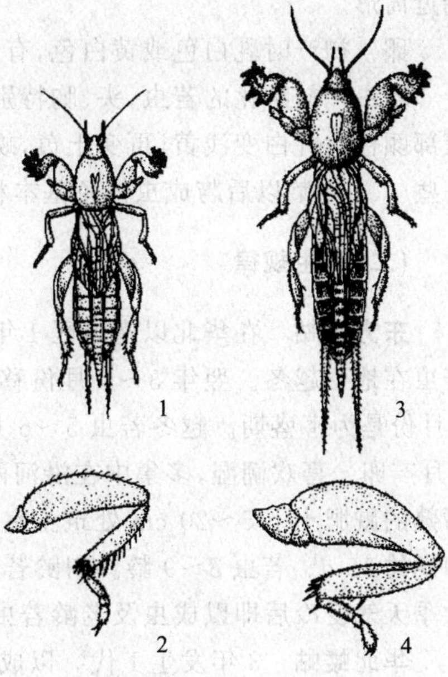

1.东方蝼蛄　2.东方蝼蛄后足
3.华北蝼蛄　4.华北蝼蛄后足

图 2-40　蝼蛄

(洪晓月.农业昆虫学.2007.)

三、蝼蛄

蝼蛄属直翅目,蝼蛄科。为害严重的有东方蝼蛄(*Gryllotalpa orientalis* Burmeister)和华北蝼蛄(*Gryllotalpa unispina* Saussure)(图 2-40)。东方蝼蛄在全国都有分布,是农田的优势种群;华北蝼蛄主要分布在北方各地区，尤以华北、西北地区干旱瘠薄的山坡地和塬区为害严重。蝼蛄的食性很杂，包括各种粮食作物、薯类、棉、麻、甜菜、烟草、各种蔬菜以及果树、林木的种子和幼苗。蝼蛄以成虫和若虫在土中咬食各种作物种子，特别是刚发芽的种子；也咬食幼根和嫩茎，造成缺苗断垄。咬食幼根和嫩茎时，扒成乱麻状或丝状，使幼苗生长不良甚至死亡。特别是蝼蛄在土壤表层善爬行，造成耕作层隧道纵横，使种子架空，幼苗吊根，导致种子不能发芽，幼苗失水而死，损失非常严重。

(一)形态特征

1. 东方蝼蛄

成虫 体长 30～35 mm，呈黄褐色，近纺锤形。全身密生细毛。小圆锥形，触角丝状。前胸背板从背面看呈卵圆形，中央具 1 个凹陷明显的暗红色长心脏形坑斑，长 4～5 mm。前翅能覆盖腹部的 1/2，后翅超过腹部末端。后足胫节背面内侧有刺 3～4 个。

卵 椭圆形，初产时乳白色，以后变灰黄色或黄褐色，孵化前呈暗褐色或暗紫色。

若虫 初孵化的若虫，头、胸特别细，腹部很肥大，行动迟缓；全身乳白色，腹部漆红或棕色，孵化半天以后，从腹部到头、胸、足开始逐渐变成浅灰褐色。2 龄或 3 龄以后，若虫体色接近成虫。初龄若虫体长 4 mm 左右；末龄若虫体长 24～28 mm。若虫共 9 龄。

2. 华北蝼蛄

成虫 体躯较东方蝼蛄为粗壮肥大，体长 39～50 mm，呈黑褐色，近圆筒形，腹部颜色则显得更浅些，全身密布细毛。前胸背板特别发达呈盾形，中央具 1 个凹陷不明显的暗红色心脏形坑斑。前翅鳞片状，覆盖住腹部不到 1/3。后足胫节背面内侧有刺 1～2 个或消失。腹部末端近筒形。

卵 初产时乳白色或黄白色，有光泽。以后变黄褐，孵化前呈暗灰色。

若虫 初孵化的若虫，头、胸特别细，腹部很肥大，行动迟缓。全身乳白色，孵化半小时后，腹部颜色由乳白变浅黄，再变土黄，蜕一次皮后，变为浅黄褐色，以后每蜕一次皮，颜色就加深一些。5～6 龄以后与成虫体色基本相似。末龄若虫体长 36～40 mm。若虫共分 13 龄。

(二)发生规律

东方蝼蛄 在华北以南地区 1 年发生 1 代，在东北地区 2 年完成 1 代。以成虫或中老龄若虫在地下越冬。翌年 3～4 月份移至地表活动取食。昼伏夜出，以 21～23 时为取食高峰。5 月份是为害盛期。越冬若虫 5～6 月羽化为成虫，5 月下旬至 7 月交尾产卵。越冬成虫 4～5 月产卵。喜欢潮湿，多集中在沿河两岸、池塘和沟渠附近产卵。产卵前先在腐殖质较多或未腐熟的厩肥土下 5～20 cm 处筑土室产卵，每室产卵 25～40 粒。每头雌虫可产卵 60～80 粒。卵期约 15 d。若虫 8～9 龄。初龄若虫群集于卵室，稍大后分散取食，约经 4 个月羽化为成虫。秋季天气变冷后即以成虫及老龄若虫潜至 60～120 cm 土壤深处越冬。

华北蝼蛄 3 年发生 1 代。以成虫和 8 龄以上的各龄若虫在土中越冬，有时深达 150 cm。来年 3～4 月间，开始上升为害。越冬成虫于 6～7 月间交配产卵，卵期 20～25 d。初孵若虫最初较集中，以后分散活动，至秋季达 8～9 龄时即入土越冬。第 2 年春季，越冬若虫上升为害，到秋季达 12～13 龄时，又入土越冬。第 3 年春再上升为害，到 8 月上、中旬开始羽化为成虫，入秋即以成虫越冬。具趋光性，但因体大，飞翔力差，因此在灯下的诱杀率不如东方蝼蛄高。

两种蝼蛄对具有香、甜味的物质都具有趋性，嗜食煮至半熟的谷子、棉籽、炒香的豆饼、麦麸等。对马粪、有机肥等未腐熟的有机物也有一定的趋性。喜欢湿润的土壤，盐碱地虫口密度大，壤土次之，黏土最少。

(三)防治措施

田间蝼蛄达 0.5 头/m^2 以上，作物被害率在 10％左右时，应采取措施进行防治。

1. 农业防治

有条件的地区，可实行水旱轮作。加强田间管理，结合中耕，挖虫灭卵。施用腐熟有机肥料。

2. 物理防治

利用该虫趋光性，在成虫盛发期，选择晴朗、无风、闷热的夜晚利用频振式杀虫灯或黑光灯诱杀成虫。

3. 化学防治

(1)毒饵诱杀 利用其趋化性，在成虫盛发期，选择晴朗、无风、闷热的夜晚，用炒香的米糠或花生麸 30 份，加 1 份敌百虫，洒上清水摇匀，做成黄豆大的毒饵撒在地上诱杀。

(2)药剂拌种 用 50％辛硫磷乳油 100 倍液拌种。保苗效果长达 20 d。

(3)土壤处理 在蝼蛄为害严重的地区，可结合播种，用 5％辛硫磷颗粒剂拌干细土，混匀后撒于苗床上、播种沟或移栽穴内后覆土，可兼治多种地下害虫。

四、金针虫

金针虫是鞘翅目、叩头甲科幼虫的总称。种类很多，农田常见的主要有沟金针虫(*Pleonomus canaliculatus* Faldermann)、细胸金针虫(*Agriotes fusicollis* Miwa)、褐纹金针虫(*Melanotus caudex* Lewis)和宽背金针虫(*Selatosomus latus* Fabricius)(图 2-41)等。金针虫长期生活于土壤中，食性很杂，可为害麦类、玉米、高粱、谷子、薯类、豆类、棉花、甜菜、甘蔗等农作物和蔬菜以及果树、林木幼苗等。咬食种子的胚乳使之不能发芽；咬食幼苗根系或地下茎导致生长不良甚至枯死。被害部很少被咬断，伤口不整齐呈麻丝状，还能蛀食薯类的块根、块茎，导致病原菌的侵入，诱发腐烂。

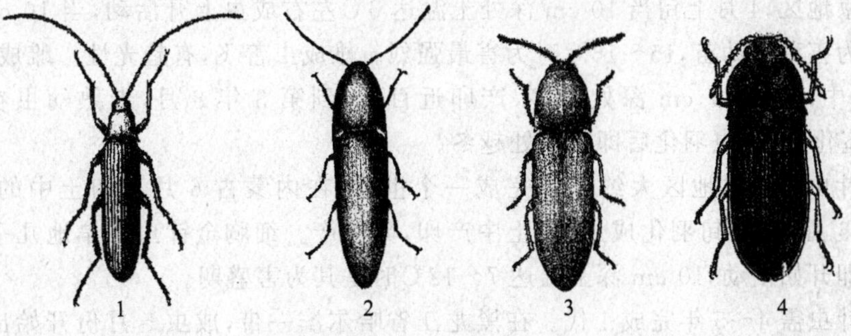

1. 沟金针虫 2. 细胸金针虫 3. 褐纹金针虫 4. 宽背金针虫

图 2-41 金针虫

(仿华南农学院. 农业昆虫学. 1981.)

(一)形态特征

1. 沟金针虫

成虫 雌虫体长14～18 mm，宽3～5 mm，体较扁；触角11节，黑色、锯齿形，长约为前胸的2倍；前胸发达，背面为半球形隆起，密布刻点，中央有微细纵沟；鞘翅上的纵沟不明显，密生小点刻，后翅退化。雄虫体长14～18 mm，宽约3.5 mm，体较细长；密被黄色细毛；触角12节，丝状、长达鞘翅末端，鞘翅长约是前胸的5倍，其上纵沟明显，有后翅。

幼虫 老熟幼虫体长20～30 mm，金黄色，体宽而扁平。体节宽大于长，从头部至第9腹节渐宽；由胸背至第10腹节，背面中央有1条细纵沟。尾节背面有略近圆形的凹陷，并密布较粗刻点；两侧缘隆起，具3对锯齿状突起，尾端分叉，并稍向上弯曲，各叉内侧均有1小齿。

2. 细胸金针虫

成虫 体长8～9 mm，宽约2.5 mm。体细长暗褐色，略具光泽，密被灰色茸毛。触角红褐色，第2节球形。前胸背板略呈长形，长大于宽。鞘翅长约为胸部的2倍，上有9条纵列刻点，足赤褐色。

幼虫 老熟幼虫体长约23 mm，宽约1.3 mm，细长圆筒形，淡黄色有光泽。腹部尾节圆锥形，末端不分叉，背面近前缘两侧各有1褐色圆斑，并有4条褐色纵纹。

3. 宽背金针虫

成虫 体粗短宽厚，雌虫长10.5～13.1 mm，雄虫长9.2～12 mm，宽约4 mm，全体黑色，前胸和鞘翅有时带青铜色或蓝色，触角暗褐色，足棕褐色。头上有粗大点刻，触角短。前胸背板横宽，侧缘具有翻卷的边饰，向前呈圆形变窄，有密而大的刻点。鞘翅宽，适度突出，端部有宽的卷边。

幼虫 老熟幼虫体长20～22 mm，体宽扁，棕褐色。腹部背片不显著突出，有光泽，具隐约可见背纵线。腹部扁平，第9节端部变窄，其背片扁平，稍鼓出，具圆角，其两侧有明显的龙骨状缘，每侧有3个齿状结节，面上有2条向后渐靠近的纵沟。

(二)发生规律

沟金针虫在北京地区3年以上完成1代、河南2年以上完成1代。以成虫及幼虫在土中越冬。在北京地区，4月上旬当10 cm深处土温达6℃左右成虫上升活动，当10 cm深土温达10～20℃时为害种子幼苗，15～16℃时为害最强烈。雄成虫善飞，有趋光性。雌成虫无飞翔能力，卵产于土中，以3～7 cm深处居多，产卵近百粒，到第3年8月，老熟幼虫在土中13～20 cm做土室化蛹，成虫羽化后即在原处越冬。

细胸金针虫在东北地区大约3年完成一个世代，在内蒙古6月上旬土中的蛹多在7～10 cm深处，6月中、下旬羽化成虫，在土中产卵，卵散产。细胸金针虫在旱地几乎不发生，早春土壤解冻即开始活动，10 cm深土温达7～12℃时是其为害盛期。

宽背金针虫需4～5年完成1代。在黑龙江省哈尔滨一带，成虫5月份开始出现，一直可延续到6～7月份，成虫出现后不久即交配、产卵。越冬幼虫于4月末到5月初开始上升活动，5月下旬到6月初田间可见幼虫，春小麦收割后翻地时常见很多幼虫化蛹。成虫白天活跃，常能飞翔，有趋糖蜜习性。

(三)防治措施

田间虫口密度达 5 头/m^2 时，用药防治。播种或移植前，用氯唑磷颗粒剂或辛硫磷颗粒剂拌细土，均匀撒于地面，深耙 20 cm。用种子重量 1%的 50%辛硫磷乳油拌种。虫害发生较重时还可用 50%辛硫磷乳油 1 000～1 500 倍液等灌根。其他防治技术参考蛴螬类防治。

五、根蛆

根蛆是种蝇幼虫的通称，是一类杂食性地下害虫，是农业生产，特别是蔬菜生产中常发性害虫，我国各地均有发生。国内常见的有 4 种：灰地种蝇(*Delia platura* Meigen)(图 2-42)、萝卜蝇(*Delia floralis* Fallen)、葱蝇(*Delia antiqua* Meigen)、小萝卜蝇(*Delia pilipgga* Villeneuva)，均属双翅目，花蝇科。其中以灰地种蝇发生广，为害重，其他种类常在局部地区猖獗成灾。灰地种蝇是一种多食性害虫，寄主植物包括豆类、瓜类、棉花、十字花科蔬菜、玉米等的幼苗和种子。萝卜蝇和小萝卜蝇是寡食性害虫，主要为害十字花科蔬菜，尤其是萝卜、白菜受害严重。葱蝇主要为害葱、洋葱、大蒜等。由于根蛆的为害，北方种植白菜、萝卜、葱、大蒜等常造成严重损失，黄河及长江流域棉区，棉花播种季节常招致灰地种蝇危害。

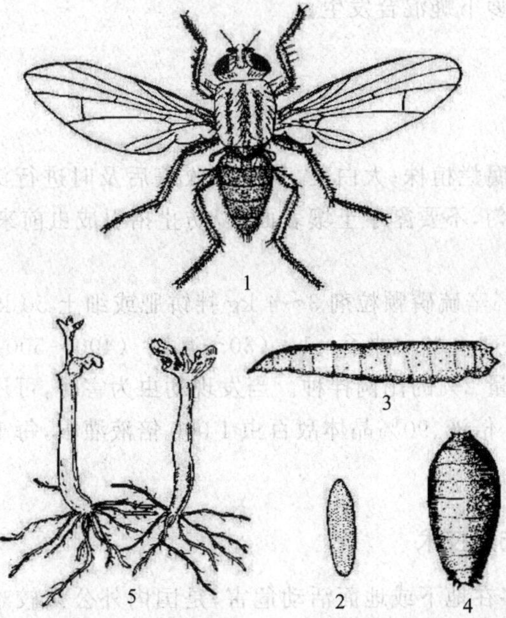

1. 雌成虫　2. 卵　3. 蛹　4. 菜豆被害状

图 2-42　灰地种蝇

(仿浙江农业大学《农业昆虫学》)

(一)形态特征

灰地种蝇

成虫　体长 4～6 mm，灰黄色。雄虫两复眼在单眼三角区的前方几乎相接；触角芒超过触角全长。前翅基背毛极短小，后足胫节的内下方有稠密、末端稍弯曲而等长的短毛。雌虫复眼间的距离为头宽的 1/3，中足胫节的外上方有 1 根刚毛。

卵 长椭圆形，长约 1.6 mm，透明而带白色。

幼虫 老熟幼虫体长 8～10 mm，乳白色略带黄色。头极小，复眼末端有 7 对不分叉的肉质突起，第一对与第二对突起等高，第五对与第六对几乎等长，第七对很小。

蛹 长 4～5 mm，宽约 1.8 mm，圆筒形，黄褐色，两端略带黑色。前端稍扁平，后端圆形，并有 7 对突起。

(二)发生规律

灰地种蝇在黑龙江省 1 年发生 2～3 代，北京每年可发生 3 代，以蛹在土中越冬。成虫喜在晴朗的白天活动，喜食花蜜、蜜露和腐烂的有机质。卵多产于土中或近地面的有机肥料上。幼虫孵化后即为害棉花、大豆等的种子或幼苗。化蛹深度一般为 7.5㎝；气温超过 35℃，卵大量死亡，幼虫不能存活，蛹不能羽化。

葱蝇在东北地区 1 年发生 2～3 代。成虫对未腐熟的牲畜粪、腐败的有机物等有趋性，中午活动最盛。集中在葱田产卵，幼虫孵化后钻入鳞茎为害，老熟幼虫在土中化蛹。

萝卜蝇每年仅发生 1 代，以蛹越冬、越夏。成虫多在早晚活动，每个雌成虫最多产卵 40 粒。幼虫孵化后即钻入白菜、萝卜根内取食。幼虫老熟后在土下 1～2㎝深处化蛹。

小萝卜蝇在秋季常与萝卜蝇混合发生。

(三)防治技术

1. 农业防治

清除田间被害作物和腐烂植株；大白菜、萝卜等收获后及时进行深耕；施用充分腐熟的有机肥料，注意深施，撒施均匀，不要露于土壤表面，以防止招引成虫前来产卵。

2. 化学防治

在播种前整地时用 5％辛硫磷颗粒剂 3～4 kg 拌饼肥或细土 50 kg，结合播种撒施于播种沟内。用 50％辛硫磷按药剂：水：种子＝1：(30～40)：(400～500)拌种处理，或用 35％丁硫克百威种衣剂按种子质量 2％的比例拌种。当发现幼虫为害时，可用 48％毒死蜱乳油 1 000 倍液、50％辛硫磷乳油 800 倍液、90％晶体敌百虫 1 000 倍液灌根，每 10 d 灌 1 次，视虫情连灌 2～3 次。

六、地下害虫的综合防治技术

地下害虫隐蔽性强，多在地下或地面活动危害，是国内外公认较难防治的一类害虫，防治上应贯彻“预防为主，综合防治”的植保方针，根据虫情，因时因地制宜，协调使用各项措施，做到播前播后连续治，成虫、幼虫结合治，地下、地表共同治，从而将地下害虫控制在经济允许水平以下，最大限度减少危害。

(一)防治指标

地下害虫的防治指标，因种类、地区不同，各地报道差异较大，综合各地报道，提出地下害虫的防治指标如下。

地老虎幼虫 5 000(稀植作物)～10 000(密植作物)头/hm^2，或苗被害率 3％(定苗后)～6％(定苗前)；蝼蛄 1 200 头/hm^2；蛴螬 30 000 头/hm^2；金针虫 45 000 头/hm^2。在自然条件下，蝼蛄、蛴螬、金针虫、地老虎等地下害虫常混合发生，防治指标应以20 000～30 000头/hm^2为宜。

(二)综合防治措施

1.农业防治

(1)轮作倒茬　地下害虫最喜食禾谷类和块茎、块根类大田作物，对油菜、麻类等直根系作物一般不取食，因此，合理轮作或间套作，可以减轻其危害。

(2)深耕细耙　秋季深耕细耙，经机械杀伤和深埋、天敌取食等作用，有效减少土壤中各种地下害虫的越冬虫口基数。

(3)合理施肥　施用充分腐熟的有机肥，否则易招引地下害虫取食产卵。碳酸氢铵、氨水等化学肥料应深施土中，既能提高肥效，又能因腐蚀、熏蒸起到一定的杀伤地下害虫的作用。

(4)适时灌水　适时进行春灌和秋灌，因表土层湿度太大，不适宜地下害虫活动，迫使其下潜或死亡，可以减轻危害。

(5)清除杂草　早春铲除地边、路旁、沟坎的杂草寄主，带出田外处理或沤肥，可消灭地老虎的卵和幼虫，减少多种地下害虫的繁衍。

2.物理防治

根据多种地下害虫成虫具有趋光性的特点，利用黑绿单管双光灯或黑光灯、高压电网黑光灯等可诱杀大量地老虎成虫、多种金龟子、叩头甲、东方蝼蛄及蟋蟀等害虫，可有效减少田间虫口密度。

3.生物防治

地下害虫的天敌种类很多，但目前应用于生产实践的种类尚不多，常见的生物杀虫剂有乳状菌、卵孢白僵菌及昆虫病原线虫等。

4.化学防治

(1)种子包衣　种子包衣方法简便，用药量低，对环境安全，是保护种子和幼苗免遭地下害虫危害的理想方法。如35%多克福种衣剂，分别按大豆、玉米种子重量的1.0%～1.5%、2.0%～3.0%拌种，不仅能有效防治豆根蛇潜蝇、地老虎、蛴螬、金针虫等苗期地下害虫，还可兼治病害。

(2)土壤处理　结合播前整地，进行土壤药剂处理。可用50%辛硫磷乳油4.5 kg/hm^2，兑水750 kg均匀喷洒地面，然后整地播种；还可用5%辛硫磷颗粒剂37.5 kg/hm^2拌300～375 kg细砂或煤渣撒施。

(3)毒饵诱杀　毒杀是防治蝼蛄和地老虎的理想方法之一。毒饵的配制方法参见地老虎防治措施。

(4)糖醋液诱杀　地老虎、根蛆成虫均对糖醋液有较强趋性，可用其进行诱杀。诱液配方为1份红糖、1份醋、2.5份水，加入少量敌百虫拌匀，放入盆内，置于田间即可。

(5)药液灌根　对出苗或定苗后幼虫发生量大的地块或苗床，可采用药液灌根的方法防治幼虫。常用药剂有50%辛硫磷乳油、40%乐果乳油等，用水稀释1 000倍液，灌根。一般穴播作物，每株灌药液250 mL左右。

(6)喷雾法　在金龟甲成虫发生季节、地老虎幼虫3龄前可喷洒药剂进行防治。可选用80%敌百虫可溶性粉剂或50%辛硫磷乳油800～1 000倍液，也可选用40%乐果乳油1 500倍液、2 000倍液对寄主喷雾。敌敌畏、敌百虫在高粱、玉米作物上禁用。

项目七　储粮害虫防治技术

一、储粮害虫概况

仓储害虫又称仓库害虫或储藏物害虫，储粮害虫是其中的重要一类，主要是指在仓库内为害储藏粮食、油料、豆类、饲料及加工成品和副产品的一类害虫。储粮害虫因为长期生活在一种特殊的生态环境中，它们的发生特点也与一般害虫不同，具有分布广、检疫性害虫种类多、抗逆性强、繁殖力强、无滞育性等特点。

(一)储粮害虫的主要种类及分类

储粮害虫种类较多，全世界已知有600余种，我国已知有128种。根据其分类地位、食性、为害特点等可分为不同类型。

1.按分类地位分类

(1)甲虫类　如玉米象、谷蠹、绿豆象、锯谷盗、大谷盗、赤拟谷盗、长扁谷盗等。

(2)蛾类　如麦蛾、印度谷螟、粉斑螟等。

(3)螨类　如腐蚀酪螨、粗足粉螨等。

2.按取食粮粒的完整程度和发生时间的次序分类

(1)初期性储粮害虫　为害整粒原粮并且在仓中发生最早的储粮害虫。常见的初期性储粮害虫有绿豆象、麦蛾、玉米象、大谷盗、谷蠹等。

(2)后期性储粮害虫　只能为害初期害虫吃剩的碎粮及粉屑、机械损伤的籽粒和加工粮，并且在仓内发生在初期性害虫之后的储粮害虫。常见的后期性储粮害虫有锯谷盗、扁谷盗、长头谷盗等。

(3)中间性储粮害虫　既为害整粒原粮，也为害损伤的粮粒、碎屑、粮食中的杂物、虫尸等。如黑菌虫、黄粉虫、螨类、皮蠹、蛛甲等。

3.按食物性质分类

(1)植食性　以植物性的器官及其制品为食，是储粮害虫的主要类群。如豆象科、象甲科、拟步甲科、锯谷盗科、长蠹科、粉蠹科、窃蠹科、小蠹科、麦蛾科、螟蛾科、谷蛾科等。

(2)菌食性　以蘑菇类、冬虫夏草、灵芝、茯苓、银耳等为食。如毛蕈甲、木蕈菌甲、四点谷蛾、欧洲谷蛾等。

(3)腐食性　以腐败、霉烂的动、植物及其制品或排泄物为食。如黑菌虫、黑粉虫、酪蝇等。

(4)杂食性　以动、植物或菌类及其制品，甚至腐败食物为食。如皮蠹科的大部分种类既为肉食性、又为植食性，有些还可取食花蜜等物品。谷盗科的大谷盗不仅取食粮食，而且可以自相残杀和捕食其他种类的仓虫。

4.按食物范围分类

(1)单食性　少数种类为单食性，仅取食一种植物产品。如蚕豆象仅取食蚕豆种子，豌豆象取食豌豆和野豌豆种子。

(2)寡食性　如绿豆象、四纹豆象等害虫为寡食性，仅取食豆科植物的种子及莲子。

(3)多食性　多数种类为多食性，可取食多种动物或植物产品。如玉米象成虫可为害37个科的96种食物，幼虫为害可达11个科30种。

5.按取食方式分类

(1)蛀食类　如玉米象、豆象、谷蠹、麦蛾等的幼虫,在粮粒内蛀食,使粮粒仅剩空壳。

(2)剥食类　如印度谷螟、一点谷螟等的幼虫,喜食粮粒的胚部,再剥食外皮,较少食害粮粒内部。

(3)侵食类　一般甲虫均自外面向内侵食粮粒,使被害粮粒呈不规则缺刻状。

(4)缀食类　一般蛾类幼虫均喜吐丝将粮粒连缀成块,匿伏其中为害。

(5)屑食类　取食粮食碎屑、面粉的害虫,即后期性害虫。

6.按在粮堆中为害的位置分类

(1)蛾类幼虫为害一般自粮食上层及外表而达下层及内部。这是因为蛾类成虫体形大、柔软、善飞,一般具正趋光性,适于在粮食上层及外表行动产卵,羽化后又易飞出。

(2)甲虫类为害一般自粮食下层而达上层。这是因为甲虫类体硬、型小,善于行走,一般具负趋光性,粮食下层较黑暗易于隐匿。

(3)螨类为害一般自粮食外表而达内部。这是因为螨类体软而轻小,喜欢向外爬。

7.按繁殖与为害场所分类

(1)不能在仓内繁殖,必须依靠自然界的食物在田间繁殖,但幼虫可随寄主带入仓内完成发育。如豌豆象。

(2)兼在田间和仓内繁殖为害。如绿豆象、米象、麦蛾等。

(3)仅能在仓内繁殖为害。如大部分储粮害虫。

(二)储粮害虫的传播途径

储粮害虫可经自然传播和人为传播进行扩散。其中以人为传播为主要途径。

1.自然传播

储粮害虫依其生物学的本能传播为害,又可分为主动传播和被动传播,前者如麦蛾等可借助其迁飞活动进行传播,后者如螨类可沾附在鸟类、鼠类、昆虫等身上传播蔓延。

2.人为传播

人为传播分为以下几种情况:①仓库或加工厂本来潜藏仓虫,未注意防治而繁殖传播。②含有害虫的粮食筛下物,废品或尘芥物,未及时清除而造成繁殖传播。③感染仓虫的农产品及其加工品,在调运时造成传播蔓延。④感染仓虫的储运用具,如运输工具、包装器材以及围席、垫木、筛子、苫布、扦样器、扫帚等仓储用具,在往来运输及使用时造成传播蔓延。

(三)影响储粮害虫种群动态的主要因素

储粮害虫的生活环境比较特殊。储粮害虫侵入仓库之后,食物来源丰富,天敌较外界少,小气候比外界稳定,储粮干燥。储粮害虫在长期的生活过程中适应了这种特殊的生活环境,形成了不同的生活习性。影响储粮害虫发生的生态因子是多方面的,总的概括为生物因子、气象因子、营养因子和人为因子。其中以气象因子中的温度、湿度以及营养因子和人为因子所产生的影响最大。

1.生物因子

储粮害虫有许多寄生性和捕食性的天敌,如寄生蜂、步甲、食虫蝽象、肉食螨、拟蝎类等。这些天敌在一定程度上可抑制储粮害虫的发生。然而,各种天敌的粪便和尸体与储粮害虫一样,也能污染粮食和食品,在维护粮食品质上,仍有一定影响。因此天敌对储粮害虫的作用有限，一般不提倡在储粮和食品上实施以虫治虫的生物防治措施。

2.气象因子

(1)温度　储粮害虫繁殖的有效温度一般为15～35℃。最适温度一般为25～30℃，其因储粮害虫种类而异，如米象为29～32℃，谷蛾为32～35℃。储粮害虫的最高发育温度为40～45℃，比一般昆虫略低。一般储粮害虫的不活动温度为0～15℃或35～40℃。在致死高温或低温范围内，储粮害虫死亡时间和数量因温度的高低、持续时间的长短、害虫种类的不同、害虫的不同发育阶段而异。大多数储粮害虫都被认为来源于亚热带，一般不能休眠、不具滞育习性，它们对低温缺乏抵抗能力。所以，在北方冬季，储粮害虫的死亡率很高。

(2)湿度　储粮害虫一般均喜潮湿，如空气湿度较高或储粮含水量较大，同时温度适宜，均能促进储粮害虫繁殖。一般储粮害虫适宜在粮食含水量13%以上及空气湿度70%以上的条件下生活。在谷物含水量为8%的情况下，不易发生虫害。相比较而言，储粮害虫还是较耐干燥的，如谷斑皮蠹可在含水量2%的食物中生活。

(3)光　光对储粮害虫的生命活动有直接影响，光线的强弱有时也能影响储粮害虫的发育，如拟谷盗蛹期在黑暗中发育时间为7～12 d，但在亮光下仅需6～9 d。绝大多数的储粮害虫喜爱在黑暗环境中生活。

3.营养因子

一般储粮害虫对食物的选择均有一定范围，除了单食性储粮害虫具有各自较单一的食物种类外，寡食性及多食性储粮害虫各有其最适宜的食物，如绿豆象最喜食绿豆，麦蛾最喜食小麦及稻谷，螨类最喜食粉类及油籽类等。了解储粮害虫的食性与生长发育、繁殖和存活的关系，可利用不利的营养因子来控制害虫种群数量及其危害。

4.人为因子

其是指人们在储粮的管理、调运过程中对储粮害虫的影响。人为因子可扩大或限制甚至消灭某些储粮害虫的传播危害。如国外输入的粮谷未经严格检疫而传入的害虫，仓库清洁和消毒不彻底而遗留虫源等。因此，加强植物检疫和仓库的管理，有利于防治储粮害虫的危害。

(四)储粮害虫为害的经济意义

储粮害虫为害粮食所造成的损失是非常普遍和严重的，它不但能造成粮食数量上的损失，而且损害粮食的品质，引起粮食发热和霉变、变色、变味，遗留虫尸及排泄物、分泌物污染粮食，损伤粮粒，降低种子的发芽率及粮食的营养价值。此外，在对外贸易中加杂有仓虫为害的商品会影响贸易信誉和国际声誉。

(五)储粮害虫的调查方法

通常粮食储藏方式有包装堆垛和散装两种。虫情调查时可根据不同储藏方式、害虫的生活习性采取相应的抽样检查方法。

1.现场检查

适用于各种储藏方式。观察仓库和储粮场所及周围环境仓虫的发生情况，对隐蔽性害虫如玉米象、豆象和螨类同时要抽取样品带回检验室内检查。

2.抽查

适用于包装储藏。根据情况需要采取拆包检查、倒包检查(整件倒出检查包装内外仓虫情况)。对粮垛中、下层不能搬运的粮包可进行抽样筛检。

3. 选点抽样

适用于散装粮。根据粮食种类和堆存方式不同可采用对角线、棋盘式或随机方式取样。

二、玉米象

玉米象[*Sitophilus zeamais* (Motschulsky)]俗称米蛘、铁嘴，属鞘翅目象甲科(图 2-43)。分布遍及全世界，我国各地均有发生。成虫主要取食禾谷类种子及其加工品，其中以小麦、玉米、糙米及高粱受害最重，还取食花生仁、豆类、干果等。幼虫只能在粮粒内为害，是一种重要的初期性害虫。

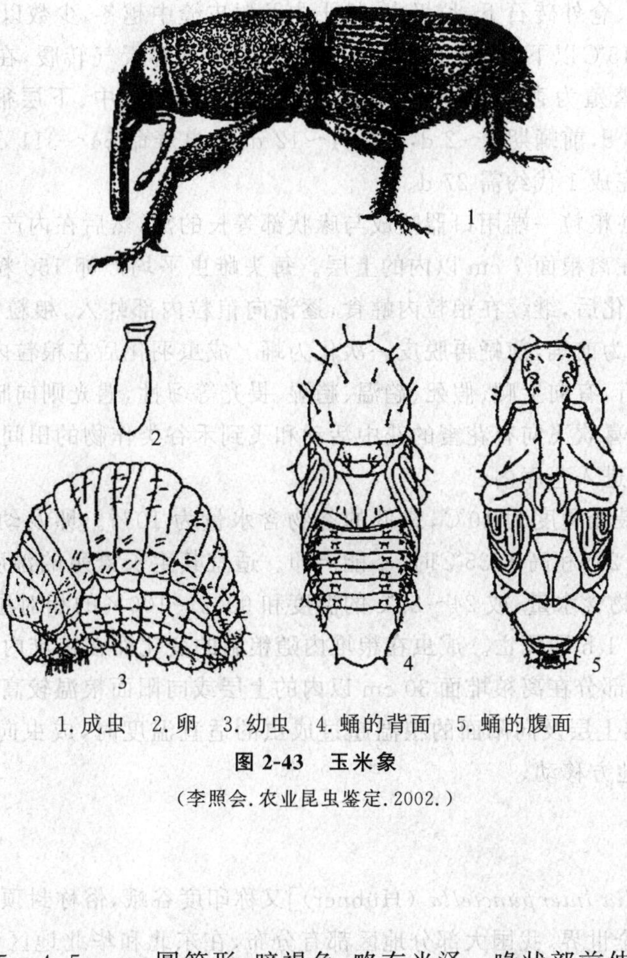

1. 成虫　2. 卵　3. 幼虫　4. 蛹的背面　5. 蛹的腹面

图 2-43　玉米象

(李照会. 农业昆虫鉴定. 2002.)

(一)形态特征

成虫　体长 2.5～4.5 mm，圆筒形，暗褐色，略有光泽。喙状部前伸，基部较宽，除端部外，密被细刻点。触角膝状，末端膨大，位于喙基部之前。前胸背板前缘比后缘窄，有许多圆形小刻点。翅两侧缘近于平行，每个鞘翅上有数条纵凹纹，凹纹间纵列小圆点，两翅基部及末端各有 1 个赤褐色的近圆形大斑；后翅发达。

卵　长椭圆形，长 0.65～0.70 mm，宽 0.28～0.29 mm，乳白色，半透明，下端稍圆大，上端逐渐狭小，上端着生帽状圆形小隆起。

幼虫　体长 2.5～3.0 mm，乳白色，全体肥大粗短，背面隆起，腹面平坦，呈半球形，体多横皱。头小，淡褐色，呈楔形。口器黑褐色，胸足退化。

前蛹 体长约 4 mm，狭长椭圆形，乳白色，胴部第 1～3 节粗大，第 4 节以下则逐渐狭小。无足。

蛹 体长 3.5～4.0 mm，椭圆形。初化蛹时乳白色，后变为褐色，头部圆形，喙状部伸至中足基节，前胸背板上有小突起 8 对，其上各生 1 根褐色刚毛，腹部 10 节，腹末有肉刺 1 对。

(二)发生规律

玉米象在我国 1 年发生 1～7 代，在东北地区 1 年发生 1～2 代。主要以成虫在仓内黑暗潮湿的缝隙、垫席下、仓外砖石下、垃圾中、松土内及树皮缝中越冬，少数以幼虫在粮粒内越冬。当秋季气温下降到 15℃以下时，成虫即进入越冬。次年早春天气转暖，在仓库外越冬的成虫飞回仓库的粮堆内繁殖为害，成虫多分布在粮堆的上层为害，中、下层很少。一般卵期 3～16 d，幼虫期 13～28 d，前蛹期 1～2 d，蛹期 4～12 d，成虫寿命 54～311 d。在气温为 27℃和 80％的相对湿度下完成 1 代约需 27 d。

雌虫产卵时先在粮粒一端用口器咬成与喙状部等长的窝，然后在内产卵 1 粒，并分泌黏液封闭。卵多集中产在离粮面 7 cm 以内的上层。每头雌虫平均产卵 150 粒，最多可达 570 粒。幼虫共 4 龄，幼虫孵化后，继续在粮粒内蛀食，逐渐向粮粒内部蛀入，粮粒常被蛀成空壳，幼虫老熟后，在粮粒内化为前蛹，前蛹再脱皮一次化为蛹。成虫羽化后在粮粒内停留大约 5 d，钻出粮粒。成虫善于爬行，有向上爬、假死、趋温、趋湿、畏光等习性，遇光则向暗处聚集。成虫也能飞到田间取食作物，喜欢飞向有花蜜的花中活动和飞到禾谷类作物的田间，产卵于成熟的穗粒上，收获时又随粮食进入仓库内。

玉米象产卵的最低温度为 10℃，最低的谷物含水量为 10％。卵及幼虫发育起点温度为 11℃，当温度低于 7.2℃和高于 35℃时，不能产卵。适宜其生长繁殖的温度为 24～30℃，湿度为 15％～20％的谷物含水量，或 24～29℃的温度和 90％～100％的相对湿度。成虫暴露在－5℃下 4 d 或 50℃下 1 h 即死亡。成虫在粮堆内随粮温的变化而在粮堆内移动，当气温上升到 15℃时，越冬成虫大部分在离粮堆面 30 cm 以内的上层或向阳面粮温较高的部位活动；环境温度达 30℃以上，粮堆上层及向阳面的粮温超过成虫的适宜温度时，成虫向粮堆下层以及阴面或其他通风凉爽的地方移动。

三、印度谷螟

印度谷螟[*Plodia interpunctella* (Hübner)]又称印度谷蛾，俗称封顶虫，属鳞翅目螟蛾科(图 2-44)。分布于全世界，我国大部分地区都有分布，在东北和华北地区为害严重，幼虫几乎取食所有的植物性仓库储藏物，包括玉米、大米、小麦、豆类、油菜籽、花生、谷物、干果、米和麦的制成品、奶粉、糖果、香料、药材及昆虫标本等，其中以禾谷类、豆类储藏物及油菜籽受害最重。幼虫咬食粮食胚部及表皮，并吐丝结网封闭粮面，日久被连缀的粮食变成块状，并排出许多带臭味的粪便，污染粮食，严重影响储藏粮食的品质和数量。

(一)形态特征

成虫 雌蛾体长 5～9 mm，翅展 14～16 mm；雄蛾体长 5～6 mm，翅展 14 mm。头部灰褐色，腹部灰白色。两复眼间有一向前方突出的黑褐色鳞片锥体。下唇须发达，伸向前方。前

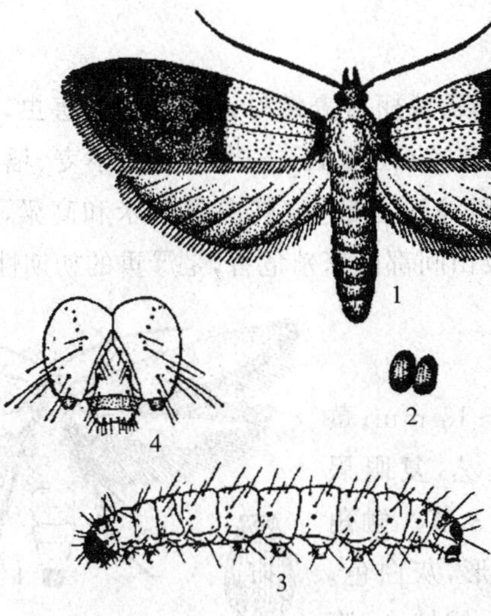

1. 成虫　2. 卵　3. 幼虫　4. 幼虫头部　5. 蛹腹面　6. 蛹背面

图 2-44　印度谷螟

(李照会. 农业昆虫鉴定. 2002.)

翅狭长形，内半部约 2/5 为黄白色，外半部约 3/5 为棕褐色，并带铜色光泽。后翅灰白色，半透明，近似三角形。

卵　长约 0.3 mm，椭圆形，乳白色，一端尖形，一端凹陷，表面粗糙，有突起物。

幼虫　老熟幼虫体长 10～13 mm，淡黄白色，腹部背面淡粉红色。头黄褐色或红褐色，前胸背板和臀板淡黄褐色。体呈圆筒形，中间稍膨大。腹足趾钩双序全环。头部每边单眼数量不同，有的 5 个，有的 6 个。

蛹　长约 6 mm，细长形，橙黄色，背部稍带淡褐色，复眼黑色，腹部常弯向背面，腹末着生尾钩 8 对。

(二)发生规律

印度谷螟 1 年发生 3～8 代，北方的仓库或住房内每年发生 3～4 代，以幼虫在包装物、屋柱及板壁等缝隙中越冬，少数在粮粒间越冬。幼虫喜吐丝结网群集在一起越冬。有世代重叠现象，同时可见卵、幼虫、蛹和成虫。成虫产卵在粮堆或油菜籽的表面，散产或集中产，每头雌成虫平均产卵 152 粒。初孵幼虫先蛀食粮粒的胚部，再剥食粮粒的种皮。幼虫常在粮面上吐丝结网，封住粮面，或吐丝连缀粮粒成小团，潜伏其中取食。幼虫老熟后，多离开粮堆爬向墙壁、屋柱、天花板、包装物等缝隙处，或者在背风角落里吐丝结茧越冬或化蛹，少数在粮堆中吐丝连缀粮粒的小团中越冬或化蛹。

印度谷螟生长发育的适宜温度为 24～30℃。卵期 2～11 d，幼虫期 22～35 d，蛹期 7～14 d，成虫寿命 8～14 d。幼虫暴露在 48.8℃的条件下，6 h 死亡；各虫期在低温下的死亡时间为：－12.2～－9.4℃为 5 d，－9.4～－6.7℃为 8 d，－6.7～－3.9℃为 28 d，－3.9～－1.1℃为 90 d。

四、麦蛾

麦蛾[*Sitotroga cerealella* (Olivier)]属鳞翅目麦蛾科。是世界性害虫，分布于全世界，我国大部分地区都有分布，长江以南发生最普遍(图 2-45)。幼虫多在小麦、稻谷、玉米、高粱、豇豆以及禾本科杂草种子内取食，以小麦、稻谷受害最重，其次是玉米和高粱，能将粮粒蛀空，使储粮损失达 56%～75%。麦蛾在仓库内及田间都能繁殖危害，是严重的初期性储粮害虫。

(一)形态特征

成虫 体长 4.5～6.5 mm，翅展 12～15 mm；黄褐色或淡黄褐色，略有光泽。头顶无毛丛，复眼黑色。下唇须发达，向上弯曲并超过头顶，3 节。触角长丝状。前翅竹叶形，灰褐色，后翅菜刀形，灰白色。前后翅缘毛特长，相当翅的宽度。雄蛾比雌蛾小，腹部较细，腹部两侧灰黑色，腹末钝形；雌蛾体较大，腹部较粗，腹末尖形。

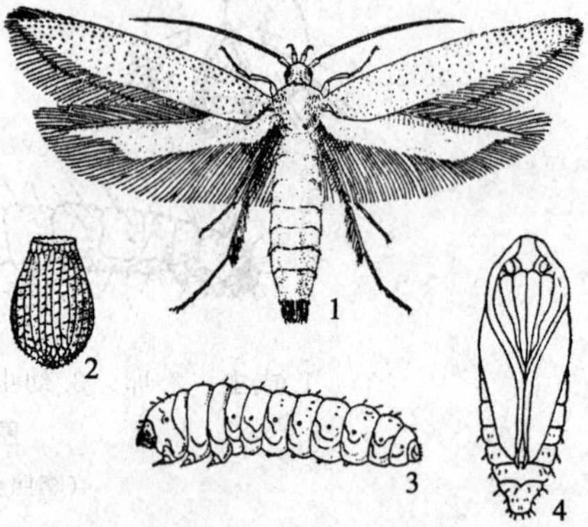

1. 成虫 2. 卵 3. 幼虫 4. 蛹

图 2-45 麦蛾

(仿浙江农业大学《农业昆虫学》)

卵 扁平、椭圆形，长 0.5～0.6 mm。初产时乳白色，后变淡红色。一端较细，呈平切状，另一端钝圆。表面有纵横凸凹纹数条。

幼虫 体长 5～8 mm，初孵时淡红色，2 龄后变为淡黄白色，老熟是乳白色。体光滑，略有皱纹，无斑点，刚毛白色细小。头部小，淡黄褐色，口器黑褐色。胸部较粗，腹部各节依次向后逐渐变细。胸足短小，腹足退化成小突起，末端有褐色微小的趾钩 1～3 个。

蛹 长 4～6 mm，细长，黄褐色。翅狭长形，可伸达至第 6 腹节，各腹节两侧各有 1 细小瘤状突起，腹部末节圆而小，疏生灰白色微毛，其背面中央有 1 深褐色短而直的角刺，其左右两侧又各有 1 个褐色角状突起。

(二)发生规律

麦蛾在气候炎热地区或仓库内的适宜条件下每年最多可发生 10～12 代，寒冷地区每年仅发生 2～3 代。以老熟幼虫在粮粒内越冬，极少数以蛹及初龄幼虫在粮粒内越冬。越冬幼虫于次年化蛹，羽化后一部分成虫仍在仓库内粮堆表层产卵，大部分飞到田间在小麦穗上产卵。成虫羽化后多在小麦种子的腹沟或稻谷的护颖内产卵，在仓库内，卵多产在粮堆表层，主要集中在表层 20 cm 以内，每头雌成虫平均产卵 86 粒。幼虫 4 龄，可转粒为害。幼虫孵化后，多从籽粒的胚部或损伤处蛀入，籽粒被蛀空。幼虫老熟时，在对着胚乳的一端蛀 1 个圆形的羽化孔，孔口有薄膜和外界隔开，然后在籽粒内结白色薄茧化蛹。羽化后，成虫从羽化孔钻出。成虫的飞翔力弱。

麦蛾发育适宜温度为 21～35℃，成虫在 45℃和 43℃下的死亡时间分别为 35 min 和 42 min，卵、幼虫和蛹在 44℃条件下 6 h 即全部死亡，幼虫在－17℃条件下 25 h 死亡。当谷物含水量低于 8%，或相对湿度低于 25%时，幼虫不能生存。谷物品种对麦蛾抗性有差异，粗蛋白含量高的品种抗性高。常规稻比杂交稻抗性强。谷物裂颖率高的品种，能诱引初孵幼虫定位，并有利于幼虫蛀入，谷物外壳的机械破损有利于幼虫的蛀入。

五、豆象

豆象俗称豆牛，全世界已知有30多种，在我国已知有9种，常见的豆象有蚕豆象(*Bruchus rufimanus* Boheman)、豌豆象[*Bruchus pisorum* (Linnaeus)]和绿豆象[*Callosobruchus chinensis* (Linnaeus)]，豆象属鞘翅目豆象科。绿豆象在全国各地均有发生，以幼虫取食豆类、莲子等，其中以绿豆、赤豆、豇豆被害最重，豆粒被蛀成孔洞，孔径近2 mm，使豆粒易受潮，水分增加，易变霉；蚕豆象(图2-46)发生在长江中、下游及西南、华南各地，曾是国内检疫对象，只为害蚕豆，幼虫在蚕豆种子内取食，蚕豆粒被蛀后，表面留有小黑点，表皮变赤褐色，带有苦味，并影响发芽；豌豆象(图2-47)在国内大部分地区均有发生，以幼虫取食豌豆，豆粒受害后被蛀成空壳，表面多皱纹，呈淡红色。

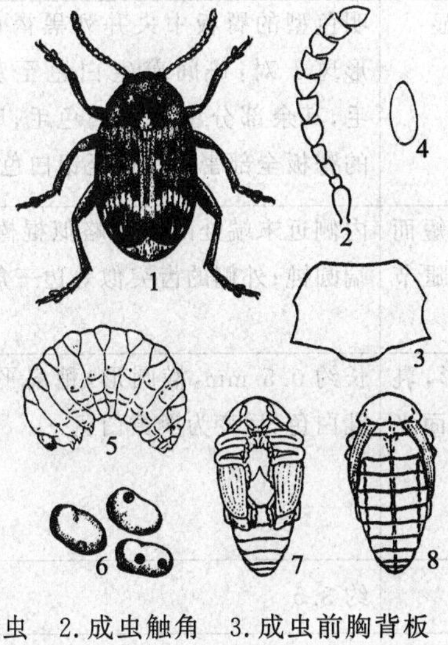

1.成虫　2.成虫触角　3.成虫前胸背板　4.卵
5.幼虫　6.蚕豆被害状　7.蛹的腹面
8.蛹的背面

图2-46　蚕豆象

(袁峰.农业昆虫学.2001.)

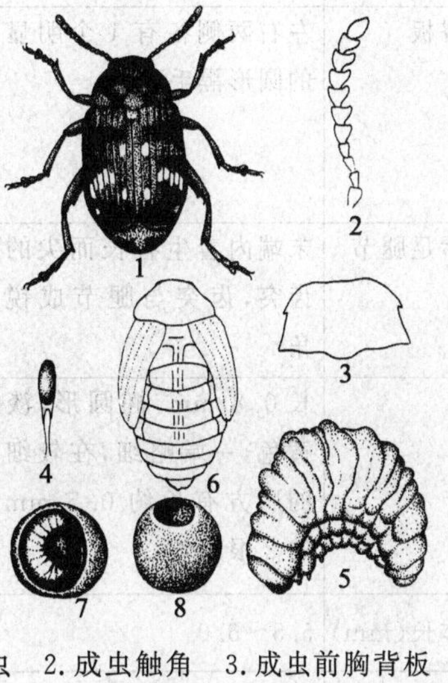

1.成虫　2.成虫触角　3.成虫前胸背板　4.卵
5.幼虫　6.蛹背面　7.在豆粒内为害的幼虫
8.豆粒上的羽化孔

图2-47　豌豆象

(袁峰.农业昆虫学.2001.)

(一)形态特征

蚕豆象、豌豆象和绿豆象的形态特征见表2-7。

表 2-7 三种豆象的形态特征

虫态		豌豆象	蚕豆象	绿豆象
成虫	体长(mm)	4.5～5	4.5～5	2.6～3
	体形	椭圆形	椭圆形	近卵形,短粗
	体色	黑褐色,全体密被绒毛	黑褐色,全体密被绒毛	明色型为赤褐色;暗色型为黑褐色,并夹有赤褐色。全体密生各色绒毛
	前胸背板	两侧缘中央前方各着生1齿,齿尖向后,后缘中央有椭圆形白色毛斑	两侧缘中央着生1个钝齿,齿尖向外并与体纵轴垂直	前窄后宽呈梯形,后缘中央有2个并列的椭圆形白毛斑
	鞘翅	鞘翅末端1/3处有斜直线形的白色毛斑1列	鞘翅末端1/3处有排成“八”字形的白色毛斑1列	翅端和翅基为黑色至黑褐色,二者间常密布金黄色细毛,近翅基还杂有黄白色毛,后半部有排成横列的2条白色斑纹
	臀板	左右两侧各有1个明显的圆形黑毛斑	无黑斑或黑斑不明显	明色型的臀板中央并列黑褐色椭圆形斑1对,斑间着生白色至灰白色毛,其余部分密生黄褐色毛;暗色型的臀板全部密生白色至银白色毛
	后足腿节	末端内着生有长而尖的齿突,齿突与腿节成锐角	末端内着生有1个短而钝的齿突,齿突与腿节几乎垂直	内侧近末端处的齿突略似棍棒形,尖端圆钝;外侧的齿突似等边三角形
卵		长0.8 mm,椭圆形,淡黄色,一端略细,在较细的后方有长约0.5 mm的2根长丝	长0.4 mm,椭圆形,乳白色,一端略尖,表面光滑,半透明	长约0.5 mm,椭圆形,稍扁平,初为乳白色,后变为淡黄白色
幼虫	体长(mm)	5.5～6.0	5.5～6.0	约3.5
	体色	黄白色,头带棕褐色,口器褐色	乳白色,头淡黄白色	乳白色,头略带黄色,口器淡赤褐色
	体形	体粗肥,并弯曲如弓	体粗肥,并弯曲如弓	肥胖,两端弯向腹面,末节稍尖,头小,大部分缩入前胸内
	胸腹部	背部隆起,无背线;各体节多横皱纹	腹背面有3条明显的红褐色背线	胸足退化成肉突状
蛹		长5.5～6.0 mm,椭圆形,淡黄色,前胸背板及鞘翅光滑无皱纹,前胸两侧齿突明显	长5～5.5 mm,椭圆形,淡黄色;前胸与翅上密生细皱纹;前胸两侧各具1不明显的齿突	长3～3.5 mm,椭圆形,淡黄色;头向下弯;前胸背前端显著尖窄,中央有1纵沟直达后胸背;腹末肥厚,显著向腹面斜削

(二)发生规律

绿豆象1年发生4～5代，在仓库或适宜环境内，每年最多可发生11代。以幼虫在豆粒内越冬，越冬幼虫于次年春天在豆粒中化蛹和羽化，刚羽化的成虫仍在豆粒内滞留约1 d后咬通羽化孔上的豆皮爬出豆粒；交尾后在仓库内的豆粒上产卵，幼虫孵化后再钻蛀豆粒取食、化蛹和羽化(图2-48)。一般在仓库内繁殖2～3代后，正直田间绿豆等寄主植物大量结荚期，成虫从仓库内飞到田间，在新鲜豆荚上产卵，繁殖数代后，又随同收获的豆粒进入仓库为害，部分成虫直接飞回仓库繁殖，直到进入越冬状态。成虫活泼，在豆粒表面乱爬，善飞翔，有假死性、群居性和趋光性，在田间取食豆叶、花粉及花瓣补充营养。绿豆象的适宜发生条件为温度29.5～32.5℃及相对湿度68%～95%，其中温度在31℃左右及相对湿度为68%～79%的条件下发育最快，当温度低于10℃或高于37℃时，绿豆象停止发育。

蚕豆象1年发生1代，以成虫在蚕豆粒内、仓库角落、包装物缝隙、田间及晒场内的作物残体、杂草或砖石下越冬。蚕豆开花、结荚时，蚕豆象大量飞往田间活动、取食、交尾和产卵。卵散产于豆荚的表面，荚上多毛的品种着卵量少。幼虫分4龄。幼虫孵化后从卵壳下钻入荚内，再钻蛀到豆粒内取食，每个蚕豆粒一般有1～3头幼虫，多的6头，最多可达11头，只有3～4头能完成发育。蚕豆收获后，幼虫随蚕豆粒带入仓库继续为害。幼虫老熟后，先在豆粒上咬圆形羽化孔，豆皮仍留在孔口上，然后在豆粒内化蛹。成虫取食蚕豆花粉和花瓣后才能发育成熟产卵。成虫飞翔力较强，行动迅速，有假死性，耐饥力较强，即使4～5个月不食，也能存活。

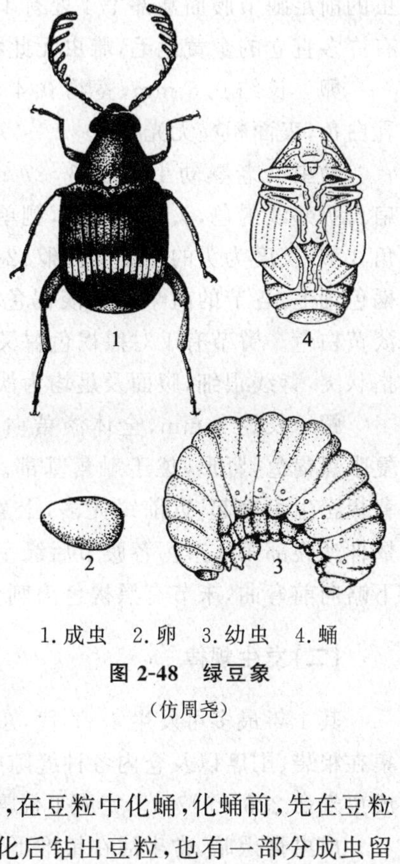

1.成虫　2.卵　3.幼虫　4.蛹

图2-48　绿豆象

(仿周尧)

豌豆象1年发生1代。以成虫在豆粒内、仓库角落、屋顶、包装物缝隙以及仓外的石块下、树翘皮缝内越冬。成虫飞翔能力强，春天先飞到麦田、油菜田活动，豌豆开花时，再飞到豌豆田取食花粉、交尾、产卵。常喜欢选择在落花7d后的嫩荚上产卵，卵散产于幼嫩豆荚表面。幼虫孵化后，从卵壳下蛀入荚内，再蛀入豌豆粒中，在一个豆粒内的多头幼虫，只有1头能完成发育。豌豆成熟时，幼虫尚未老熟，随豌豆收获带入仓内继续取食和发育。幼虫分4龄，在豆粒中化蛹，化蛹前，先在豆粒上咬1个圆形的羽化孔，种皮仍保留在孔口呈斑状；成虫羽化后钻出豆粒，也有一部分成虫留在豆粒内越冬。豌豆象最适发育温度为27～28℃，成虫在10℃时停止发育，在18℃才开始取食、交配和产卵。

六、赤拟谷盗

赤拟谷盗[*Tribolium castaneum* (Herbst)]属鞘翅目拟步甲科(图2-49)。分布遍及全世界，我国除西藏无记载外各地均有发生。其食性杂，为害面粉、麸皮、米糠、豆饼、干果、禾谷类及油料种子、辣椒粉、中药材、烟叶、生姜、干鱼、干肉、皮革、蚕茧、昆虫标本等。成虫不仅喜欢为害粉质粮食，也能为害原粮，是一种重要的中期性仓储害虫。常与杂拟谷盗混合发生。成虫体上有臭腺能分泌臭液，如果发生数量很多，被害谷物即发腥臭味，其分泌物还含有苯醌致癌物质，被其污染的粮食不可食用。

(一)形态特征

成虫 体长 3～4 mm，体扁平、长椭圆形，全体褐色，有光泽。头部扁阔，密布小刻点，前缘两侧扁而突出。复眼大，长椭圆形，黑色，着生于突出部后方。两复眼间的距离等于或稍大于复眼的直径。触角棍棒状，11 节，末端 3 节显著膨大。小盾片略呈长方形。鞘翅上有 10 条纵线纹，纹间列生小刻点。雄虫的前足腿节腹面基部 1/4 处有 1 个卵形的浅窝，内有许多直立的金黄色毛，雌虫无此特征。

卵 长约 0.6 mm，宽约 0.4 mm，略呈椭圆形，乳白色，表面粗糙无光泽。

幼虫 老熟幼虫体长 6～7 mm，长圆筒形，稍扁。头部淡褐色，头顶略隆起，侧单眼 2 对，黑色。触角 3 节，长度为头的 1/2。胴部 12 节有光泽，散生黄褐色细毛，各节的前半部为淡褐色，后半部及节间为淡黄白色。臀节有 1 对黑褐色臀叉，腹面有 1 对肉质指状突，背线很细，腹面及足均为淡黄白色。

蛹 长约 4 mm，全体淡黄白色。头部扁圆形。复眼黑褐色，肾形，位于触角基部。口器褐色。前胸背板密生小突起，近前缘尤多，上着生褐色细毛。鞘翅伸达腹部第 4 节。各腹节后缘呈淡黑褐色，第 1～7 节背面两侧着生侧突 1 个，自第 5 节以下略向前弯曲，末节有黑褐色肉刺 1 对。

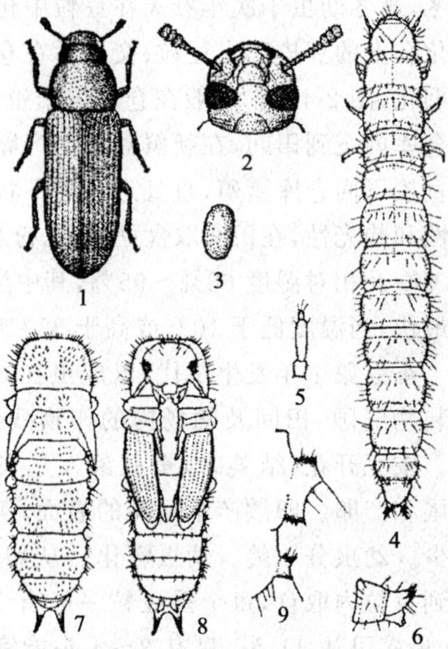

1.成虫 2.成虫头部腹面 3.卵 4.幼虫
5.幼虫触角 6.幼虫腹末侧面
7.蛹的背面 8.蛹的腹面
9.蛹的腹部第 6、7 节右侧突背面

图 2-49 赤拟谷盗

（袁峰.农业昆虫学.2001.）

(二)发生规律

其 1 年最多可发生 4～5 代，东北地区 1 年发生 1～2 代，华北地区 2～3 代。多以成虫群集在粮袋、围席以及仓内各种缝隙中越冬。一般卵期 3～9 d，幼虫期 25～80 d，蛹期 4～14 d，成虫寿命 226～547 d。完成 1 代需 32～108 d。每雌日产卵 2～13 粒，产卵期平均 5 个半月。

成虫喜黑暗，常生活在粮堆下层的碎屑下或缝隙内。成虫飞翔力不强，有假死性、群集性，卵散产于粮粒表面、粮粒缝隙、碎屑或粉屑中。卵外常附有黏液，致使粉末及碎屑附着在卵上，使卵不易被发现。幼虫孵化后在粉末和碎屑中取食，幼虫老熟后即在粉末和碎屑中化蛹，幼虫 5～8 龄，环境不适时可至 12 龄。

赤拟谷盗是一种喜温暖的害虫，不耐低温，发育适宜温度为 27～30℃，温度低于 18℃，高于 40℃，相对湿度低于 10%不适宜其发育。各虫态在 4.5℃下致死时间为：成虫 7 h，幼虫 10 h，卵 14 h，蛹 20 h。在 0℃下各虫态经过一周均死亡。有虫粮食如储藏在 0.5～5℃下，经过 1 个月，各虫态均死亡。

七、大谷盗

大谷盗[*Tenebroides mauritanicus* (Linnaeus)]俗称米蛀虫、乌壳虫等，属鞘翅目谷盗科(图 2-50)。分布遍及世界各地，我国各地均有发生。成、幼虫为害干果、豆类、中药材、烟草、完整的禾谷类种子及其制成品，还可咬食和穿凿筛绢、麻袋、木箱等物品。该虫常缀着米粒，在里面蛀食米的胚部，并能蛀入包装物及木板。幼虫喜欢蛀入木板潜伏、化蛹，严重破坏木板仓。成虫还捕食其他仓虫，特别是玉米象、米象、谷象等，因此大谷盗的发生，标志着其他害虫已经发生，所以有人把大谷盗作为指示性昆虫。

(一)形态特征

成虫　体长 6.5～10 mm，扁平，长椭圆形。背深赤褐色或漆黑色，有光泽。头大外露，三角形，几乎与前胸背板等长。触角棒状，11 节，第 7～10 节略呈锯齿状。前胸背板宽大于长，前角突出，前缘内凹，密布小刻点，中胸盾片特长，前胸与鞘翅连接处呈细颈状。鞘翅长是宽的 2 倍，两侧近平行，末端圆，覆盖腹部，有明显刻点 7 纵列。

卵　长 1.5～2 mm，一端较尖，乳白色，无光泽。

幼虫　老熟幼虫体长 19～20 mm，长而略扁，灰白色，有光泽。头黑色扁平，上颚强大外露。前胸背板、臀板及尾尖深褐色，中、后胸背板淡褐色至黄褐色，各有黑褐色斑点 1 对，两侧有长刚毛。腹末有 1 对黑褐色尾突。

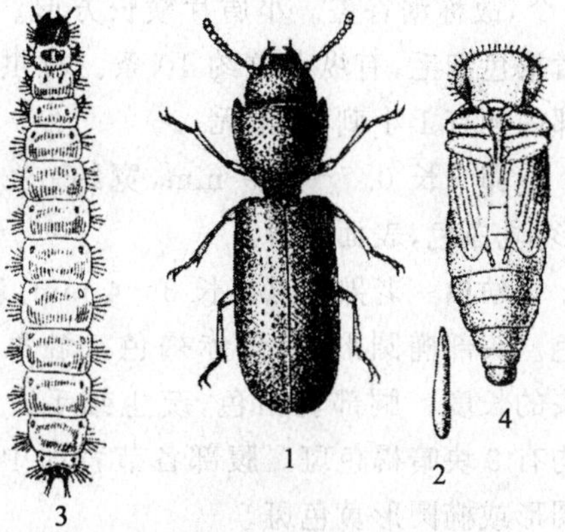

1. 成虫　2. 卵　3. 幼虫　4. 蛹腹面

图 2-50　大谷盗

(李照会. 农业昆虫鉴定. 2002.)

蛹　长 8～9 mm，近纺锤形，扁平，黄褐色。头部及前胸背板散生黄褐色长毛。鞘翅细长，伸达腹部第 5 节，腹末狭小近方形，末端有褐色小肉刺 1 对。

(二)发生规律

大谷盗 1 年发生 1～2 代。以成虫在木板中或蛀屑内越冬，少数以幼虫越冬。次年春暖，越冬成虫交尾、产卵，同时越冬幼虫化蛹。卵散产或成块产于粮粒间隙、粉屑或各种缝隙内。每雌产卵 500～1 500 粒。幼虫喜食粮粒胚部，幼虫老熟后蛀入木板内，或在粮粒间或在包装物的折缝内做蛹室化蛹。

大谷盗最适发育温度为 27～28℃，此温度下由卵发育到成虫只需 65 d(卵期 7 d，幼虫期 48 d，蛹期 10 d)。有世代重叠现象。成虫寿命为 1～2 年。耐饥性强，在 4.4～10℃下成虫可耐饥 184 d，幼虫可耐饥 2 年。该虫喜黑暗，成虫、幼虫生性凶残，均有自残现象。

八、锯谷盗

锯谷盗[*Oryzaephilus surinamensis*(Linnaeus)]属鞘翅目锯谷盗科(图 2-51)。分布在世界各地，我国发生广泛，除西藏无报道外，其他各地均有分布。此虫大多发生于碎屑杂质多的粮食中，几乎为害所有的储粮及其加工制品，喜食破碎的稻谷、大米、小麦、玉米、高粱、大麦、燕麦、豆粒、油菜籽等,也为害面粉、干果、坚果、中药材、糖果、干肉、椰干等,是我国重要的后期性害虫种类。

(一)形态特征

成虫 体长 2.5～3.5 mm,长扁形,暗赤褐色至黑褐色,疏生白色茸毛,无光泽。头部三角形,基部收缩。复眼黑色,圆形且突出。前胸背板近方形或长方形,中央隆起,上有纵隆脊 3 条,两侧缘各有锯齿 6 个,故称锯谷盗。小盾片横长方形。鞘翅表面密生黄褐色细毛,有纵点纹约 10 条。雄虫后足腿节近端部内侧有 1 小刺,雌虫无。

卵 长 0.7～0.9 mm,宽约 0.25 mm,长椭圆形,乳白色,表面光滑。

幼虫 老熟幼虫体长 3～4 mm,扁平细长,淡褐色。头部椭圆形,口器赤褐色。触角的长度约等于头的长度。胴部乳白色,疏生细毛。胸部各节背面均有 2 块暗褐色斑。腹部各节背面中央各有 1 个半圆形或椭圆形黄色斑。

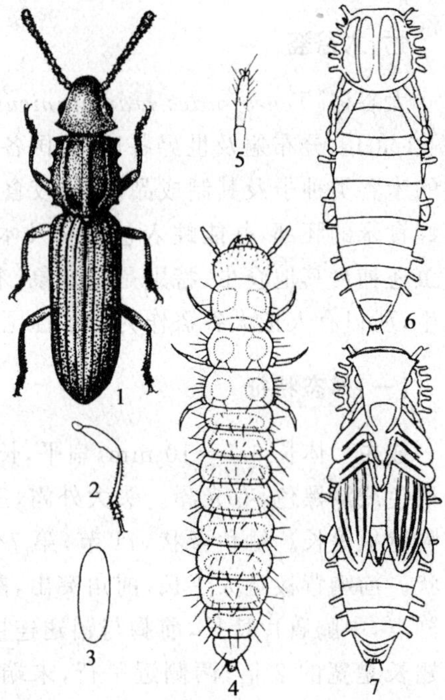

1. 雌成虫 2. 雄成虫的后足 3. 卵 4. 幼虫 5. 幼虫触角 6. 蛹的背面 7. 蛹的腹面

图 2-51 锯谷盗

(仿浙江农业大学)

蛹 长 2.5～3 mm,全体乳白色,无毛。头后缘后两侧突出,复眼黑褐色。前胸背板近方形,两侧缘各有锯齿状突起 6 条。鞘翅伸达腹面第 4 节,腹部两侧各有指状突 6 条,腹末有 1 个半圆形突,末端有褐色小肉刺 1 对,肉刺基部有 1 根小毛。

(二)发生规律

其 1 年发生 2～5 代,北方 2～3 代,重庆 5 代。以成虫群集在仓库缝隙中、仓板下,仓外枯树皮下、竹竿内以及砖石下、杂物中、木片中越冬。越冬成虫于春季气温回升后爬回仓内粮堆中交尾产卵。卵多散产或堆产于粮食碎屑内或粮粒上,每雌产卵一般 35～100 粒。幼虫老熟后即在碎屑中化蛹。幼虫 4 龄,行动活泼,有假死性,只能为害粮食碎屑或粮食胚部,不为害完整粮粒。成虫爬行很快,喜向上爬和群集在粮堆高处,平时多聚集粮堆的上层和表层。

此虫有效发育温度为 17.5～40℃,适宜发育温度为 30～35℃,最适发育温度为 34℃,适宜发育湿度为 80%～90%。卵期 3～7 d,幼虫期 12～75 d,蛹期 6～12 d,雌成虫寿命一般 6～10 个月。此虫不耐低温,在－1.1℃下,仅有少数成虫和幼虫能生存 3 周。在－6.7℃时经 1 周各虫态均都死亡。成虫在 47℃时约 1 h 即死亡。在一定含水量条件下,为害程度随破碎粮粒的增大而增大,储粮含水量增大,为害也增大。此虫是后期性害虫,在半碎的粮食中发育最快,在粮食碎屑中发育次之,在完整的粮食中发育最慢。此虫抗药性很强。

九、储粮害虫的综合防治

储粮害虫的综合防治是在重视植物检疫的前提下,加强仓储管理,搞好储粮的环境卫生,应用并协调各种技术措施与方法,将储粮害虫的种群压低在经济允许水平之下,因此,必须认真贯彻“预防为主，综合防治”的植保方针。

（一）植物检疫

为了杜绝对外、对内检疫对象及其他储粮害虫随粮食的调运而传播扩散，必须严把检验检疫关。要加强对种子及其他繁殖材料、储粮及其他产品的严格检疫，禁止和限制检疫性储粮害虫的传播与蔓延。

（二）科学管理

1. 清洁工作

加强仓库、加工厂、器材库及一切临时存放粮食场所的清洁工作，对于孔洞及缝隙，应用剔、刮、掏、挖的办法，彻底清除一切垃圾、灰尘、碎屑、蛛网、糠屑、地脚粮等杂物。

2. 消毒工作

（1）空仓消毒　常用80％敌敌畏乳油按100～200 mL/m^3进行消毒，在仓内牵上绳子，每隔1 m挂1条长50 cm、宽6 cm的用药剂浸湿的纱布条，并密闭门窗熏蒸48 h。

（2）加工厂消毒　结合机械检修，在彻底清扫以后，用药剂进行熏蒸消毒。

（3）器材消毒　用80％敌敌畏乳油等药剂进行药剂消毒。或对感染储粮害虫的包装器材和仓库用具进行蒸汽消毒，经10～20 min可杀死各种仓虫。还可用日晒敲打与冷冻敲打。

（4）环境消毒　对仓库、加工厂周围环境进行定期消毒，尤其在秋季气温降低到13℃或春天气温上升到10℃以上时，对仓库、加工厂周围喷洒宽约30 cm的防虫药带，以消灭越冬害虫。

3. 隔离工作

严格做到有虫粮与无虫粮、原粮与成品粮、成品粮与糠麸、商品粮与储备粮（种子粮）、含水量不同的粮食分开储藏。及时处理有虫粮，有虫粮未处理前做好隔离工作，防止害虫蔓延。

（三）机械防治

机械防治就是利用各种机械设备来清除粮粒外的害虫及用某些特殊材料阻止储粮害虫侵染的防治方法。

1. 风车除虫

可将比粮粒轻的害虫和尘杂物清除，对藏在粮粒内部的幼虫和蛹的防除效果差。

2. 筛子除虫

用不同孔径的规格筛将粮食中的害虫除去，但此法不能除去潜伏在粮粒内部的害虫。

3. 抗虫粮袋

抗虫粮袋是用聚乙烯、玻璃纸、铝箔、纤维质及粘胶剂为材料做成的多层粮袋。用其包装粮食，可防止外部害虫入侵感染。

（四）物理防治

1. 高温杀虫

一般储粮害虫适宜的温度为18～35℃，若温度升高到48～52℃，经过一定时间储粮害虫就会死亡。

（1）日光曝晒　在夏季晴朗高温的天气进行曝晒。晒粮厚度不宜超过5 cm，粮面耙成波浪形，经常翻动。大米、花生仁、豆类、面粉不宜曝晒。

(2)烘干杀虫　利用烘干机、烘干塔等机械设备处理高水分有虫粮。加工粮和种子不宜采用此法。

(3)蒸汽杀虫　又称蒸汽消毒。常用双轨式蒸汽灶将感染仓虫的包装器材和用具，在80～90℃蒸汽中处理15～20 min，可杀死各种仓虫。

(4)沸水杀虫　仅适用处理少量感染豆象的豌豆和蚕豆种子。

此外，面粉厂及其他食品加工厂，可用红外线加热器加温到60～70℃，12 h，以防治机器内部的害虫。

2. 低温杀虫

储粮害虫不耐低温，如果温度降到8℃以下，害虫即进入冷眠，若这种温度持续时间较长，害虫即死亡。具体方法有机械通风、机械制冷、地下仓库及北方冬季仓外薄摊冷冻等。

3. 缺氧储粮

缺氧储粮又称气调储粮。是在密闭条件下，造成粮堆缺氧状态，从而达到防治仓虫的目的。缺氧方法有真空充氮、充 CO_2、密封自行缺氧、微生物辅助缺氧、树叶辅助缺氧及使用中性大气发生器缺氧等。

4. 仓内黑光灯诱蛾

利用黑光灯诱杀仓内大量蛾类储粮害虫的成虫。

5. 辐射杀虫

使用α粒子、β粒子、χ射线、γ射线及加速电子等产生的电离子辐射，可杀死仓虫或使其不育。

(五)化学防治

1. 实仓消毒

按仓内总容积计算，可选用80%敌敌畏乳油100 mL/m^3 加水稀释50倍，喷雾于仓内空间及粮堆表面的麻袋上，密闭72 h，可对蛾类成、幼虫起到很好的防治效果。

2. 使用谷物保护剂

原粮之中拌入定量的谷物保护剂，可防止发生虫害。可选用防虫磷(纯度97%以上的马拉硫磷)、凯安保(溴氰菊酯＋二胡椒丁基醚)、除虫菊粉等。

3. 利用熏蒸剂防治仓虫

常用熏蒸剂有磷化铝、溴甲烷及氯化苦。我国应用最多的是磷化铝。磷化铝(3 g/片)的用量是在密封良好的仓库，散装粮0.003～0.005片/kg，空仓0.2～0.4片/m^3；一般密封仓库，散装粮0.005～0.007片/kg，空仓0.3～0.5片/m^3。密闭5 d或更长。

使用熏蒸剂应注意以下几个问题：①适宜的密闭条件，否则会降低药效，还能对人畜造成危险。②熏蒸温度，宜在夏季高温季节进行，低温条件下必须适当增加用药量。③粮食含水量如果过高，会增加粮食对气体的吸附力，熏蒸后毒气不易散发，对种子易产生药害和降低发芽力。④注意安全，操作时要穿戴防护服及手套。⑤散毒要彻底，一般2周后才能食用。

(六)生物防治

在仓库中使用较为广泛的病原微生物是苏云金杆菌，其次是病毒。此外，利用性外激素、保幼激素类似物、抗蜕皮激素等防治储粮害虫在国内外也有成功的报道。

技能二　农作物主要害虫识别与防治

一、目的

了解水稻、小麦、禾谷类杂粮、油料作物、薯类、地下害虫和储粮害虫等经常发生的害虫种类、发生规律及防治现状，掌握害虫的识别及防治技术。明确杀虫剂科学合理使用要求，掌握科学防治用药的技术。

二、材料及用具

水稻田、小麦田、玉米田、高粱田、大豆田、马铃薯田、记录本、笔、天平、砝码、镊子、体视显微镜、载玻片、培养皿、挑针、量筒、搅拌棒、桶、杀虫剂、喷雾器、防护服、口罩等。

三、方法与步骤

1. 仔细观察稻小潜叶蝇、水稻负泥虫、二化螟、玉米螟、黏虫、麦蚜、大豆食心虫、草地螟、大豆蚜、马铃薯瓢虫、蛴螬、地老虎、蝼蛄、玉米象、印度谷螟等害虫的标本、图片及视频资料，能正确描述这些害虫的识别要点。

2. 在教师指导下，完成稻小潜叶蝇、水稻负泥虫、玉米螟、黏虫、大豆食心虫、草地螟、大豆蚜、马铃薯瓢虫、蛴螬、地老虎、玉米象等害虫的显微观察。

3. 结合生产实习课，选择当地种植的水稻田、玉米田、大豆田、小麦田或马铃薯田，调查为害严重的害虫的发生、为害及防治情况，撰写调查报告，有针对性制定出综合防治方案并予以实施。

4. 结合生产实习课，采集害虫各个虫态的标本。尽量设法保持害虫标本的完整，害虫的翅、足、触角及蛾的鳞片等极易破损，故应避免直接用手捕捉、采集和整理。采到标本后，要及时做好采集记录，记录内容包括编号、采集日期、采集地点、采集人等，也要记录当时的环境、寄主以及害虫生活习性等，还要注意当地的气象记录，如气温、降水量、风力等。

四、要求

1. 能准确识别水稻、玉米、大豆、小麦、马铃薯等作物上常见的害虫。

2. 结合生产实习课，调查当地稻小潜叶蝇、水稻负泥虫、玉米螟、黏虫、大豆食心虫、草地螟、大豆蚜、马铃薯瓢虫、蛴螬、地老虎、玉米象等害虫的发生、为害及防治情况，撰写调查报告，并分析几种害虫发生与环境的关系。

3. 根据所选作物田中几种害虫的发生情况，有针对性制定出综合防治方案，结合生产实习课予以实施。

4. 在防治方案拟定及防治方案实施过程中，要注意科学合理、安全使用杀虫剂，防止作物中农药残留超标，危害人们的身体健康。施药人员注意做好安全防护，防止急、慢性中毒，确保人身安全。

模块巩固二

1. 亚洲玉米螟幼虫在玉米不同生育时期的为害状有何不同？
2. 简答亚洲玉米螟的防治措施有哪些？
3. 群居型和散居型东亚飞蝗具有哪些差别？
4. 根据玉米和高粱不同生育时期，制定害虫综合防治措施。
5. 大豆食心虫的农业防治措施有哪些？其理论依据是什么？
6. 如何对草地螟防治进行适期预测？
7. 简述薯类作物害虫的综合治理措施。
8. 储粮害虫按分类地位可分为哪3类？各有何为害特点？
9. 三化螟和二化螟的为害状有何异同？
10. 稻纵卷叶螟和稻苞虫的为害状有何异同？
11. 认定褐飞虱为迁飞性害虫的依据是什么？

二维码 2-1
模块巩固二参考答案

模块三

蔬菜害虫防治技术

【知识目标】

通过本模块学习，使学生了解当地发生的蔬菜害虫的种类，掌握主要蔬菜害虫的识别要点、发生规律和防治方法。

【能力目标】

掌握根据形态特征和被害症状诊断当地经常发生的蔬菜害虫种类的能力，具备根据当地发生的蔬菜害虫种类和发生规律，制定害虫综合防治方案的能力，能够独立完成蔬菜害虫综合防治方案的制定工作和指导蔬菜害虫的防治工作。

项目一　十字花科蔬菜害虫

一、菜粉蝶

菜粉蝶[*Pieris rapae*(Linnaeus)]也称白粉蝶或菜白蝶，幼虫俗称菜青虫，属鳞翅目粉蝶科(图3-1)。主要以幼虫为害十字花科蔬菜的叶片，还可为害菊科、旋花科、百合科、茄科、藜科、苋科等科的植物，尤其偏嗜含芥子油糖苷、叶表光滑无毛的甘蓝和花椰菜等。初孵幼虫啃食叶片，残留表皮，3龄以后将叶片咬成孔洞和缺刻，仅剩叶脉和叶柄，幼虫排出粪便污染叶面和菜心，引起腐烂，被害的蔬菜伤口，易诱发软腐病，降低了蔬菜产量和质量。苗期受害严重时整株死亡，成株受害影响蔬菜生长和包心。

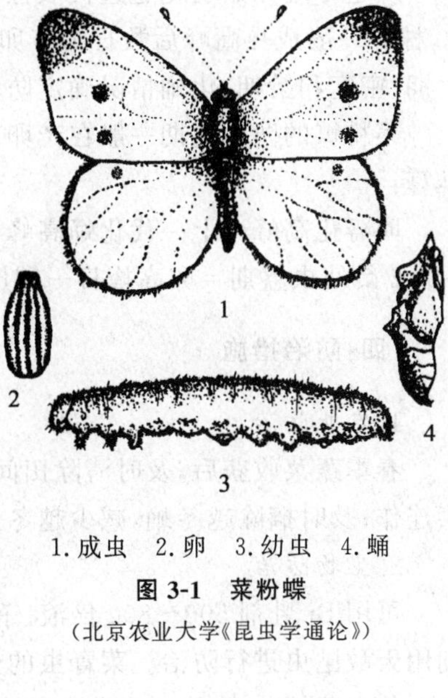

1.成虫　2.卵　3.幼虫　4.蛹

图3-1　菜粉蝶

(北京农业大学《昆虫学通论》)

(一)形态特征

成虫　体灰黑色，长12～20 mm，翅展45～55 mm，

翅白色，翅基、前翅前缘灰黑色，前翅顶角有三角形黑斑。雌虫前翅中外方有2个黑色圆斑，雄虫前翅仅有1个黑色圆斑。后翅前缘有1个黑斑。展翅后，前后翅3个黑斑在一条直线上。

卵 瓶形，高约1 mm，淡黄色，表面有许多纵横脊纹。

幼虫 体青绿色，背线淡黄色，体表密布细小的黑色毛瘤，每节有5条横列皱纹，身体两侧沿气门线各有一列黄斑，气门线黄色。

蛹 纺锤形，中部有棱角状突起，体长18～21 mm，体色随化蛹时的附着物而异。

（二）发生规律

菜粉蝶在我国由北向南一年发生3～9代，华北地区1年发生4～5代，上海、江苏5～7代，浙江、湖北、湖南8～9代，再往南世代又有所减少，广西7～8代。各地均以蛹在秋菜田附近的房屋墙壁、篱笆、风障、树干上越冬，也有的在砖石、土缝、杂草或残株落叶间越冬，有滞育性。越冬蛹羽化时间，华北地区4～5月，东北地区5～6月。由于越冬场所不同，羽化期可长达1个月之久，世代重叠现象严重，防治困难。

成虫夜间栖息在生长茂密的植物上，白天露水干后活动，以晴朗无风的中午最活跃，常在蜜源植物和产卵寄主之间来回飞翔。喜欢在十字花科蔬菜上产卵，卵多散产于叶背。每一雌成虫可产卵10～100粒，最多可达500多粒。卵期3～8 d。幼虫共5龄，初孵幼虫先吃卵壳再在叶背啃食叶肉，残留透明的上表皮，2龄以后分散为害，将叶片蛀食成缺刻或网状，并能蛀入叶片中为害，3龄以后蚕食叶片，严重时可将叶片全部吃光，仅剩粗大叶脉和叶柄。4～5龄进入暴食期，食量占幼虫期总食量的80%以上。老熟幼虫多在叶片上化蛹，化蛹时以腹部末端粘在附着物上，并吐丝系缚身体。菜青虫发育最适温度为20～25℃，相对湿度76%左右，与十字花科蔬菜栽培的适宜条件一致，所以各地常有春秋两个危害高峰。

（三）预测预报

从越冬蛹开始羽化起选代表性田块，5点取样，每5 d调查一次，大棵菜查25株，小棵菜查50株。一般成虫高峰后数日为产卵高峰日，再根据卵的历期推算孵化高峰日。通过查幼虫发生期、密度和龄期、化蛹情况确定防治适期。

菜粉蝶的防治适期一般在产卵高峰后1周左右或2龄幼虫高峰期，可用菜粉蝶历期资料推算：

卵孵化高峰＝上一代化蛹高峰日＋蛹历期＋产卵前期＋卵历期

2龄幼虫盛期＝卵高峰日＋卵历期＋1龄幼虫历期＋2龄幼虫期的1/2

（四）防治措施

1. 农业防治

春季蔬菜收获后，及时清除田间残株败叶，集中烧毁，翻耕土地，避免小范围内十字花科蔬菜连作；及时摘除越冬蛹，减少越冬虫源基数。

2. 生物防治

可用Bt乳剂500～800倍液、杀螟杆菌或青虫菌800～1 000倍液喷雾防治。还可保护和利用天敌昆虫进行防治。菜青虫的天敌很多，寄生在蛹上的有金小蜂、广大腿小蜂；寄生在幼虫上的有黄绒茧蜂；寄生在卵上的有广赤眼蜂；还有胡蜂及寄生性的细菌、真菌、病毒。

3. 药剂防治

幼虫 3 龄前及时用药剂防治。可选用 4.5%高效氯氰菊酯乳油 300～600 L/hm^2、2.5%溴氰菊酯乳油 2 000～3 000 倍液、1.8%阿维菌素乳油 300～600 L/hm^2 等进行喷雾防治。

二、菜蚜

菜蚜俗称蜜虫、腻虫，属半翅目蚜科。包括桃蚜[*Myzus persicae*(Sulzer)]、萝卜蚜[*Lipaphis erysimi*(Kaltenbach)]和甘蓝蚜[*Brevicoryne brassicae*(Linnaeus)]3 种蚜虫(表 3-1)。萝卜蚜和甘蓝蚜为寡食性害虫，以成蚜或若蚜群集叶背刺吸寄主汁液，被害植株叶片卷曲变形，影响植株生长，还可传播病毒病、诱发煤污病。

(一)形态特征

表 3-1　三种菜蚜的形态区别

虫态	项目	桃蚜	萝卜蚜	甘蓝蚜
有翅胎生雌蚜	体长	约 2 mm	约 1.6 mm	约 2 mm
	体色	头胸部黑色，腹部黄绿色、绿色或赤褐色	头胸部黑色，腹部黄绿至暗绿色，被有稀少的白色蜡粉	头胸部黑色，腹部浅黄绿色，全身被有白色蜡粉
	触角第三节感觉圈	9～17 个，排成一列	16～26 个，排列不规则	37～50 个，排列不规则
	额瘤	明显，向内侧倾斜	不明显	无
	腹管	细长，绿色，圆柱形，中后部稍膨大，末端缢缩，末端黑色	较短，暗绿色，圆筒形，近末端收缩成瓶颈状	腹管短于尾片，中部稍膨大，末端收缩成花瓶状，浅黑色
	尾片	圆锥形，两侧各有 3 根毛	圆锥形，两侧各有 2～3 根长毛	宽短，圆锥形，两侧各有 2 根毛
无翅胎生雌蚜	体长	约 2 mm	约 1.8 mm	约 2.5 mm
	体色	绿色、黄绿色、黄色、红褐色并带有光泽	黄绿色，被有一薄层白色蜡粉	暗绿色、被有稀少的白色蜡粉
	触角第三节感觉圈	无	无	同有翅胎生雌蚜
	额瘤	同有翅胎生雌蚜	不明显	无
	腹管尾片	同有翅胎生雌蚜	同有翅胎生雌蚜	同有翅胎生雌蚜

(二)发生规律

1. 桃蚜

桃蚜每年在冬寄主和夏寄主之间往返迁飞、繁殖、危害，属乔迁式蚜虫(图 3-2)。以卵在蔷薇科果树的腋芽、枝条、裂缝等处越冬，从北到南每年发生 15～46 代不等。

2. 萝卜蚜

终年生活在同一种或近缘的寄主植物上，属留守式蚜虫(图 3-3)。北方地区，在秋季白菜

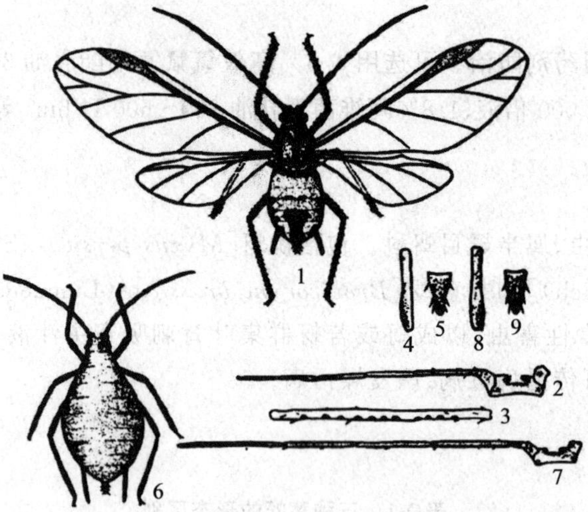

1.有翅成蚜　2.有翅蚜触角　3.有翅蚜触角第3节　4.有翅蚜腹管　5.有翅蚜尾片
6.无翅成蚜　7.无翅蚜触角　8.无翅蚜腹管　9.无翅蚜尾片

图 3-2　桃蚜

（袁峰.农业昆虫学.2001.）

上产卵越冬，也可以成蚜、若蚜在菜窖内越冬或在温室内继续繁殖。在南方以无翅胎生雌蚜在蔬菜心叶等处连续繁殖、危害。从北到南一年发生十几代至几十代。

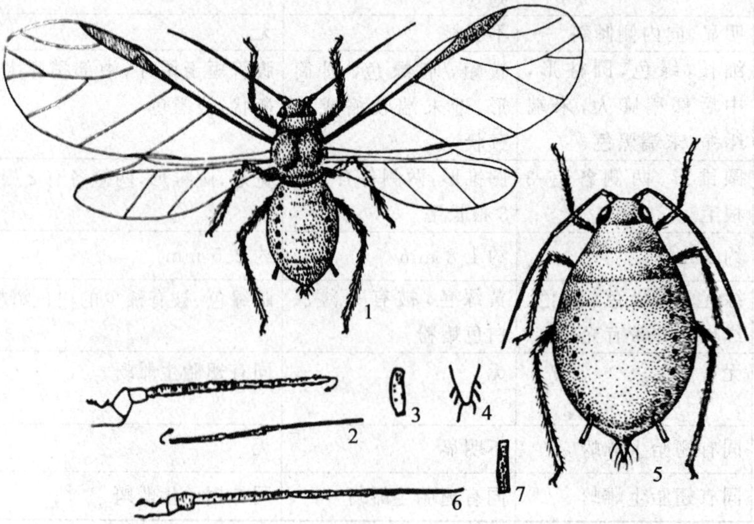

1.有翅成蚜　2.有翅蚜触角　3.有翅蚜腹管　4.有翅蚜尾片　5.无翅成蚜
6.无翅蚜触角　7.无翅蚜腹管

图 3-3　萝卜蚜

（袁峰.农业昆虫学.2001.）

3.甘蓝蚜

其终年都在十字花科蔬菜上繁殖、为害，属留守式蚜虫（图3-4）。北方地区以卵越冬，少数以成蚜、若蚜在菜窖内越冬。在温暖地区可连续孤雌胎生,不产越冬卵。北方地区一年可发生10余代。

甘蓝蚜对黄色有强趋性,绿色次之,对银灰色有负趋性。一般温暖干旱条件适宜甘蓝蚜发生,温度高于30℃或低于6℃,相对湿度高于80%或低于50%,可抑制甘蓝蚜的繁殖和发育。暴雨和大风均可减轻甘蓝蚜的危害。天敌对甘蓝蚜的繁殖和危害有一定的抑制作用。

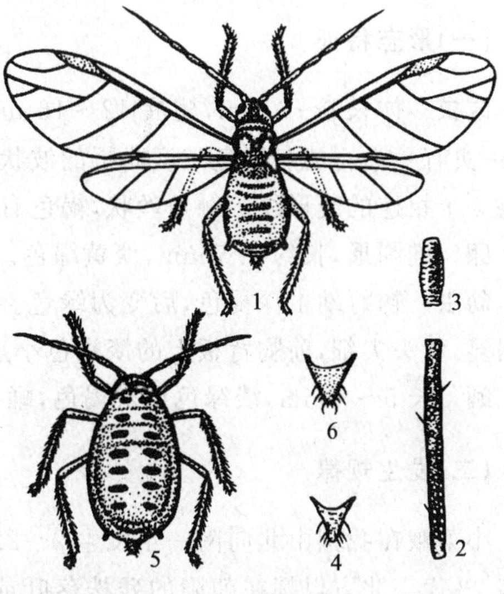

1.有翅成蚜　2.有翅蚜触角第3节　3.有翅蚜腹管
4.有翅蚜尾片　5.无翅成蚜　6.无翅蚜尾片

图3-4　甘蓝蚜

(袁峰.农业昆虫学.2001.)

(三)预测预报

因蚜虫对黄色有强趋性,可将黄皿或黄板置于田间,距地面约0.5 m高处,每隔1 d记载一次,统计有翅蚜出现的高峰初见期,初见期后2～7 d,即为田间有翅蚜出现的高峰期,也是药剂防治的适期。

(四)防治措施

1.物理防治

(1)黄板或黄皿诱蚜　在田间挂黄板涂粘虫胶诱集有翅蚜,或距地面20 cm架黄色盆,内装0.1%肥皂水或洗衣粉水诱杀有翅蚜虫。

(2)银灰色驱蚜　在菜地内间隔铺设银灰色膜或挂银灰色膜条驱避蚜虫。

2.生物防治

保护和利用天敌,蚜虫的天敌很多,如瓢虫、食蚜蝇等。

3.药剂防治

在蚜虫点片发生阶段及时用药剂喷雾防治。由于菜蚜世代多,繁殖速度快、蔓延迅速,多聚集在蔬菜心叶或叶背皱缩隐蔽处,喷药要求细致周到,尽可能选择兼有触杀、内吸、熏蒸三重作用的药剂,保护地内宜选用烟雾剂或常温烟雾施药技术。可选用50%抗蚜威可湿性粉剂2 000～3 000倍液等。保护地可用22%敌敌畏烟剂薰烟,用药量为7.5 kg/hm^2。

三、小菜蛾

小菜蛾[*Plutella xylostella* (Linnaeus)],又称小青虫、两头尖、吊丝虫等,为世界性迁飞害虫,属鳞翅目菜蛾科(图3-5)。主要为害甘蓝、紫甘蓝、青花菜、薹菜、芥菜、花椰菜、白菜、油菜、萝卜等十字花科植物。初龄幼虫仅取食叶肉,留下表皮,在菜叶上形

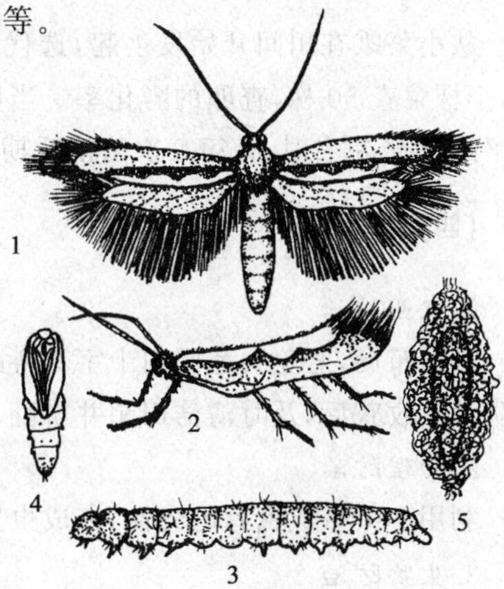

1.成虫　2.成虫(侧面)
3.幼虫　4.蛹　5.茧

图3-5　小菜蛾

(费显伟.园艺植物病虫害防治.2005.)

成多个透明的小斑,俗称“开天窗”,3～4 龄幼虫可将菜叶蛀成孔洞和缺刻,严重时全叶被吃成网状。在苗期常集中在心叶为害,影响包心。在留种株上,为害嫩茎、幼荚和籽粒。

(一)形态特征

成虫 体长 6～7 mm,翅展 12～16 mm,灰褐色,翅细长,翅有很长的缘毛,前翅缘毛翘起,中央有一纵行的灰黑色三度曲折的波状纹,翅后缘黄白色。静止时两翅合拢,黄白色部分合成 3 个相连的菱形纹。触角丝状,褐色有白纹,静止时向前伸。

卵 椭圆形,长约 0.5 mm,淡黄绿色。

幼虫 初孵幼虫深褐色,后变为绿色。老熟幼虫体长 10～12 mm,长纺锤形,黄绿色,体节明显,两头尖细,前胸背板上的淡褐色小点排成两个“U”字形纹,臀足后伸超过腹部末端。

蛹 长 5～8 mm,淡绿色至灰褐色,蛹外包着白色网状薄丝茧。

(二)发生规律

小菜蛾在我国由北向南一年发生 2～22 代,在黑龙江每年发生 3～4 代,广东 18～20 代,海南 22 代。北方以蛹在朝阳的残株落叶或杂草间越冬,长江以南可终年繁殖。成虫有趋光性,飞翔力弱,栖息于叶背,可随风远距离迁飞,卵多散产于叶背主脉两侧或叶柄上,单雌产卵 200～300 粒。有世代重叠现象。初孵幼虫潜食叶肉,形成细小隧道;2 龄幼虫取食叶肉,残留一层透明的表皮;3 龄后蛀成缺刻和孔洞,严重时呈网状。幼虫被惊动时,往往会吐丝下垂。老熟幼虫在叶片、土缝、杂草等处结薄茧化蛹。小菜蛾发育适温为 20～30℃,春秋两季发生较为严重。温度高于 30℃或低于 8℃,相对湿度高于 90%时,发生较轻。十字花科蔬菜种植面积大,复种指数高,发生较重。

(三)预测预报

从小菜蛾在田间开始发生起,选代表性田块,每 5 d 调查一次,5 点取样法,大棵菜查 25 株,小棵菜查 50 株,查卵的孵化率。当卵的孵化率达 20%左右时,为第 1 次防治适期,卵的孵化率达 50%左右时,为第 2 次防治适期。

(四)防治措施

1.农业防治

合理布局,避免大范围内十字花科蔬菜周年连作,以免虫源周而复始,对苗田加强管理,及时防治。收获后,及时清洁田园并耕翻,压低虫源基数,减轻危害。

2.物理防治

利用小菜蛾成虫有趋光性,在成虫发生期,可放置黑光灯诱杀小菜蛾,以减少虫源。

3.生物防治

在田间挂性诱剂诱杀成虫,采用细菌杀虫剂,如 Bt 乳剂 600 倍液可使小菜蛾幼虫感病致死。采用阿维菌素和苏云金杆菌复配的农药(苏阿维和苏丹等品种),具有强烈的胃毒作用,兼有触杀作用,对抗性小菜蛾有较高的活性,药效能持续 10～15 d。生物防治用 10^{10}/g 活孢子青虫菌、苏云金杆菌 500～1 000 倍液喷雾防治。

4. 药剂防治

在小菜蛾发生始期可用25%甲维·灭幼脲悬浮剂150～225 mL/hm^2、或5%氯虫苯甲酰胺悬浮剂600～825 mL/hm^2每隔10 d喷一次，连用2～3次。在卵孵化盛期或2龄幼虫期及时喷雾防治，可选用1.8%阿维菌素乳油2 000～3 000倍液、20%除虫脲悬浮剂2 000倍液等。

四、夜蛾类

危害十字花科蔬菜的夜蛾种类很多，主要有甘蓝夜蛾[*Mamestra brassicae*(Linnaeus)]、斜纹夜蛾[*Prodenia litura*(Fabricius)]、银纹夜蛾[*Argyrogramma agnata*(Staudinger)]、甜菜夜蛾[*Laphygma exigua* Hübner]等4种，均属鳞翅目夜蛾科，常混合发生。夜蛾均为多食性，以幼虫为害叶片，将叶片食成缺刻和孔洞，严重时食成网状甚至光秆，有的还能蛀入菜心或果实内危害。

(一)形态特征

4种夜蛾的形态特征详见表3-2。

表3-2　4种夜蛾的形态特征

虫态	甘蓝夜蛾	斜纹夜蛾	银纹夜蛾	甜菜夜蛾
成虫	体长15～25 mm；翅展40～50 mm；灰褐色；前翅暗褐色，有灰黑色环状纹和灰白色肾状纹各1个，沿外缘有7～8个三角形黑斑，前缘近顶角处有3个小白点，基线、内横线为波浪形黑色双线，外横线黑色锯齿状；后翅灰白色，无斑纹，外缘线灰色	体长14～20 mm；翅展35～40 mm；深褐色；前翅灰褐色，环状纹不明显，肾状纹前部白色，后部黑色。在环状纹与肾状纹之间，有3条由前缘伸向后缘外方的白色斜线；后翅白色，外缘暗褐色	体长14～17 mm；翅展约32 mm；灰褐色；前翅深褐色，有两条银色横纹，中央有一"U"字形银边褐色斑纹和1个近三角形的银白色斑；后翅暗褐色，有金属光泽	体长10～14 mm；翅展25～33 mm；灰褐色；前翅内横线双线黑色，亚外缘线灰白色；肾形纹粉黄色、中央褐色、黑边，环形纹粉黄色、黑边；后翅白色，翅缘黑褐色
幼虫	老熟幼虫体长28～37 mm；体色随龄期不同而异，初孵幼虫黑绿色，后有淡绿至黑褐色多种；各体节背面有一倒八字形黑斑，气门线和气门下线形成一条白色宽带，直达臀足	老熟幼虫体长35～47 mm；头黑褐色，胸腹部颜色因寄主和虫口密度不同而异，有灰褐、土黄、暗绿等色；体表散生小白点，中胸至第9腹节背面各有一对三角形黑斑。背线、亚背线及气门下线均为黄色及橙黄色，气门黑色	老熟幼虫体长25～32 mm；头绿色，体淡黄绿色；体前端细，后端粗。背线、亚背线白色，气门线黑色。第1、2对腹足退化，行走时体背拱曲	老熟幼虫体长约22 mm；体色变化较大，有绿色、暗绿色、黄褐色、褐色等；气门下线为黄白色，直达腹部末端，各节气门的后上方有1小白点

（二）发生规律

1. 甘蓝夜蛾

甘蓝夜蛾1年1～4代，由北向南递增；以蛹在土中越冬，有明显滞育现象；成虫有较强的趋光性和趋化性，需补充营养，食物缺乏可成群迁移，卵多产于叶背，卵粒堆积成块。初孵幼虫群集为害，4龄后夜间为害，大发生时可成群迁移；在土中吐丝结成带土的粗茧，在茧内化蛹。发育适温为18～25℃，北方有春秋2个发生高峰期（图3-6）。

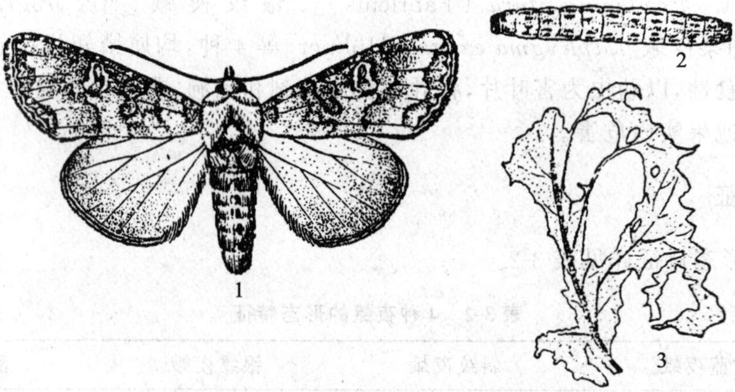

1. 雌成虫　2. 幼虫　3. 为害状

图3-6　甘蓝夜蛾

（洪晓月，丁锦华. 农业昆虫学. 2016.）

2. 斜纹夜蛾

斜纹夜蛾1年多代，在热带和亚热带可终年繁殖；无滞育现象；成虫有较强的趋光性和趋化性，对糖、醋、酒味很敏感，需补充营养，卵多产在叶背的叶脉分杈处，卵粒堆积成块。初孵幼虫群集为害，2龄后分散，4龄后有背光习性，白天隐藏，傍晚为害，可成群迁移，有假死性；在土中做土室化蛹。发育适温为29～30℃，喜温，抗寒力弱（图3-7）。

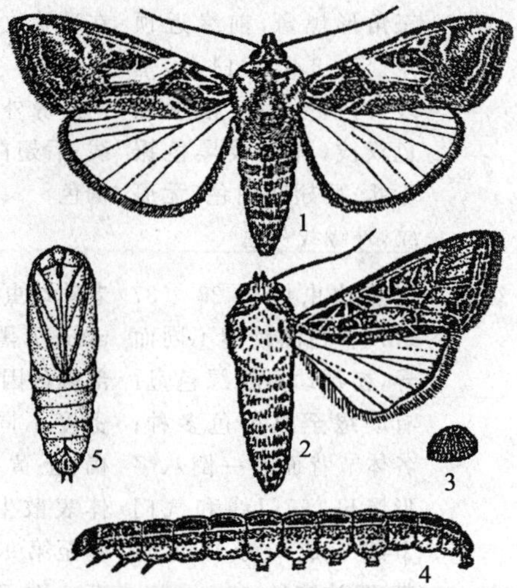

1. 雄成虫　2. 雌成虫　3. 卵　4. 幼虫　5. 蛹

图3-7　斜纹夜蛾

（华南农学院《农业昆虫学》）

3. 银纹夜蛾

其1年多代，由北向南递增；以蛹越冬；成虫趋光性强，趋化性弱，卵多产于叶背，散产。初孵幼虫在叶背取食叶肉剩下表皮，3龄后食量渐大，可将叶片蛀成缺刻，有假死性；在枯叶上吐丝结白色薄茧化蛹。发育适温为25～27℃，高温时发生重（图3-8）。

4. 甜菜夜蛾

其1年多代，热带和亚热带可终年繁殖；山东、陕西、江苏等地以蛹在土室内越冬，其他地区各虫态均可越冬；成虫趋光性强，趋化性弱，卵多产于叶背，卵粒成块。初孵幼虫群集为害，3龄后分散，4龄后昼伏夜出，大发生时可成群迁移，

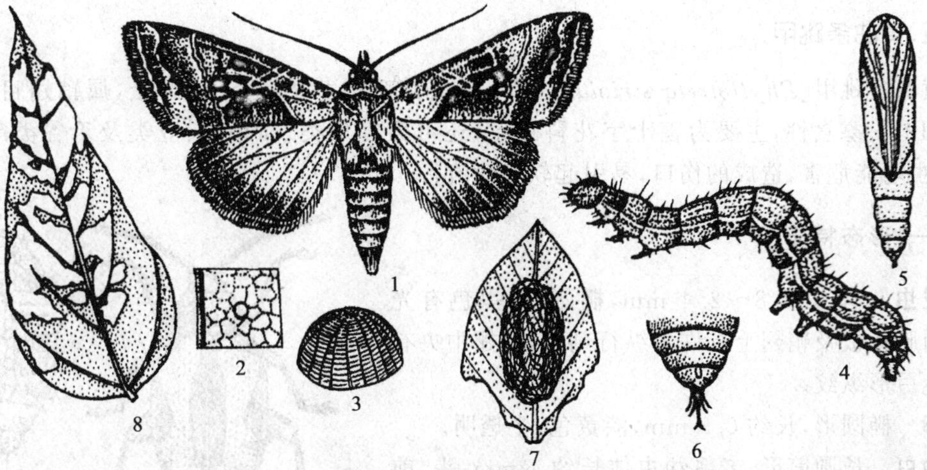

1.成虫　2.卵　3.卵放大　4.幼虫　5.蛹　6.蛹端末放大　7.茧　8.叶片为害状

图 3-8　银纹夜蛾

(河南农学院.河南农业昆虫图册.1975.)

有互相残杀习性和假死性；在土中吐丝做土室化蛹。发育适温为 20～23℃，抗寒力弱(图 3-9)。

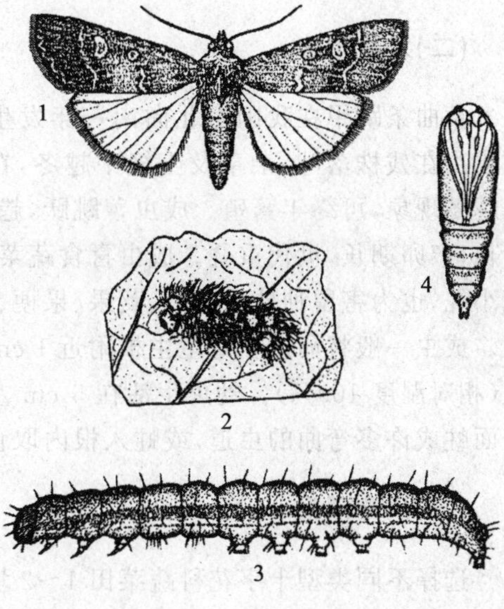

1.成虫　2.卵块　3.幼虫　4.蛹

图 3-9　甜菜夜蛾

(仿沈阳农学院《农业昆虫学》)

(三)防治措施

1.农业防治

耕翻土地，消灭部分越冬蛹，减少越冬虫口基数；利用成虫产卵成块，初孵幼虫群集为害的特点，结合田间管理进行人工摘卵和消灭集中为害的幼虫。

2.物理防治

利用成虫的趋光性、趋化性进行诱杀。可用黑光灯、杨树枝把、柳树枝把、糖醋液等诱杀成虫。

3.生物防治

保护和利用天敌，天敌主要有小茧蜂、广大腿蜂、寄生蝇、步行虫、松毛虫、草蛉以及多角体病毒、鸟类等。

4.化学防治

抓住幼虫 3 龄前群集为害和点片发生阶段，结合田间管理，进行定点防治，不必全田喷药。另外，4 龄以后的幼虫白天不出外活动，因此，喷药宜在傍晚前后进行。可选用 10%甲维·茚虫威悬浮剂 30～45 g/hm^2、10%吡虫啉乳油 1 500 倍液、48%乐斯本乳油 1 000 倍液，每隔 10 d 喷一次，连用 2～3 次。

五、黄曲条跳甲

黄曲条跳甲[*Phyllotreta striolata*(Fabricius)]又称黄条跳蚤、土跳蚤,属鞘翅目叶甲科(图 3-10)。寡食性,主要为害十字花科蔬菜,还可为害瓜类、茄果类、豆类及禾谷类等作物。成、幼虫均能危害,造成的伤口,易引起软腐病流行。

(一)形态特征

成虫 体长 1.8～2.4 mm,椭圆形,黑色有光泽。前胸背板及鞘翅上有许多纵行刻点,鞘翅中央有一黄色弓形纵纹。

卵 椭圆形,长约 0.3 mm,淡黄色,半透明。

幼虫 长圆筒形,老熟幼虫体长约 4 mm,头、前胸背板及臀板淡褐色,胸、腹部乳白色,各体节均有突起的毛瘤。

蛹 长圆筒形,长约 2 mm,乳白色,腹部末端有 1 对叉状突起。

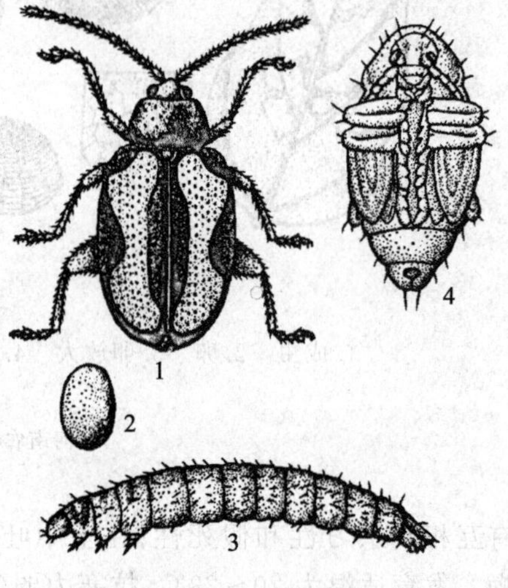

1.成虫 2.卵 3.幼虫 4.蛹

图 3-10 黄曲条跳甲

(仿浙江农业大学)

(二)发生规律

黄曲条跳甲在我国由北向南一年发生 2～8 代,以成虫在残株落叶、杂草及土缝中越冬,在华南地区无越冬现象,可终年繁殖。成虫善跳跃,趋光性强,寿命长,产卵期长,世代重叠。成虫喜食蔬菜幼嫩部位,主要取食叶肉,仅留一层表皮或将叶片咬成小孔,也为害留种株的花蕾、荚果、果梗、嫩梢。成虫食量与温度关系密切,一般 32～34℃最大。成虫一般将卵产在寄主主根附近 1 cm 深表土中,或产在近土表面的茎上。卵孵化需要高湿(相对湿度 100%)。幼虫生活在 5 cm 左右深的土中,沿须根向主根剥食根的表皮,把根的表面蛀成许多弯曲的虫道,或蛀入根内取食,老熟幼虫多在 3～7 cm 深的土层中做土室化蛹。

(三)预测预报

选择不同类型十字花科蔬菜田 1～2 块,5 点取样,每 5 d 调查 1 次,苗期每点查 0.33 m^2,定植后每点查 5～10 株,记载受害株数及害虫数。苗期当菜苗被害率达 10%～20%,平均百株有虫 1～2 头时;定植后被害株达 15%～25%,平均每株有虫 1 头时,要及时药剂防治。

(四)防治措施

1.合理轮作

与非十字花科蔬菜轮作,可减轻危害。

2.栽培防虫

前茬收获后及时翻耕晒土,可消灭土壤中的幼虫及部分蛹。清除田内外杂草及残株落叶,减少越冬场所中虫口数量。选用无虫苗移栽。

3. 诱杀成虫

黑光灯诱杀成虫。

4. 药剂浸根、灌根

移苗时用90%敌百虫晶体1 000倍液浸根灭虫。发现幼虫为害根部，可选用90%敌百虫晶体1 000倍液、50%辛硫磷乳油1 500～2 000倍液灌根。

5. 喷药防治

幼苗出土后，若发现成虫，立即喷药防治。可选用20%甲氰菊酯乳油3 000～4 000倍液、50%敌敌畏乳油1 500～2 000倍液、10%氯氰菊酯乳油2 000～4 000倍液等。

六、十字花科蔬菜其他害虫

十字花科蔬菜还有许多其他害虫，其种类、危害方式及防治要点见表3-3。

表3-3　十字花科蔬菜其他害虫及防治要点

害虫种类	危害特点	生活史与习性	防治要点
菜螟（*Hellula undalis* Fabricius）	幼虫吐丝结网取食幼苗的心叶及生长点，使植株停止生长或萎蔫死亡，造成缺苗断垄。3龄后从心叶向下钻蛀根部，能传播软腐病菌引起腐烂	1年多代，以老熟幼虫在地面丝囊内越冬，少数以蛹越冬。成虫昼伏夜出，趋光性弱，飞翔力弱，卵多产在幼苗的心叶上。幼虫有转株为害习性。老熟幼虫吐丝结茧化蛹	调节播种期，幼苗3～5叶期与菜螟幼虫孵化盛期错开；清除杂草，拔除虫苗；勤浇水，促进菜苗生长，抑制菜螟发生；幼虫孵化盛期喷药防治，喷药重点是心叶
黄翅菜叶蜂（芜菁叶蜂）［*Athalia rosae japanensis*（Rhower）］	初孵幼虫白天在叶背将叶肉啃食成筛网状，较大龄幼虫将叶片食成缺刻和孔洞甚至食成网状	1年多代，以老熟幼虫在土中结茧越冬。春秋两季为害重。世代重叠，成虫有假死性，卵多产于叶缘和叶基部的组织内	秋冬深耕，破坏越冬茧，压低越冬基数；可选用2.5%溴氰菊酯乳油2 000～3 000倍液、5%定虫隆乳油1 000～2 000倍液喷雾防治
菜蝽［*Eurydema dominulus*（Scopoli）］	成虫和若虫吸食植株的汁液。茎叶出现黄色斑点，花薹萎缩，结实少而不饱满，严重时叶片枯黄，花薹枯萎，不能结实	1年多代，以成虫在枯枝落叶上、石块下、土缝中越冬。世代重叠，有趋光性。成虫多栖息在叶柄、果梗及花穗上，卵多块产于寄主叶背或花梗上	人工摘掉卵块；清除菜田及附近的枯叶落叶，集中烧毁，消灭部分越冬成虫；可用80%敌敌畏乳油、2.5%溴氰菊酯乳油等喷雾防治

项目二　茄科蔬菜害虫

一、茄二十八星瓢虫

茄二十八星瓢虫［*Henosepilachna vigintiocto punctata*（Fabricius）］又称酸浆瓢虫，属鞘翅目瓢甲科（图3-11）。以成虫、幼虫在叶背啃食叶肉，被害叶片仅残留上表皮，形成许多平行的透明细凹纹，也能为害蔬菜嫩茎、果实、花瓣和萼片，严重时只剩残茎。为害茄子和瓜类的果实时，啃食果皮，受害部位变硬并有苦味，不能食用。

(一)形态特征

成虫 体半球形,长约 6 mm,黄褐色。前胸背板有 6 个小黑斑(有时中间 4 个小黑斑连成一个横而长的大黑斑)。每个鞘翅上各有 14 个近圆形的黑斑,基部 3 个黑斑后方的 4 个黑斑几乎在一条直线上,两鞘翅合缝处黑斑不相连。

卵 弹头形,长约 1.2 mm,黄白至褐色,排列较密集。

幼虫 纺锤形,老熟幼虫长约 7 mm,初孵幼虫淡黄色,后变白色,体背有白色枝刺,枝刺基部有黑褐色环纹。

蛹 椭圆形,黄白色,长约 5.5 mm,背面有黑色斑纹。

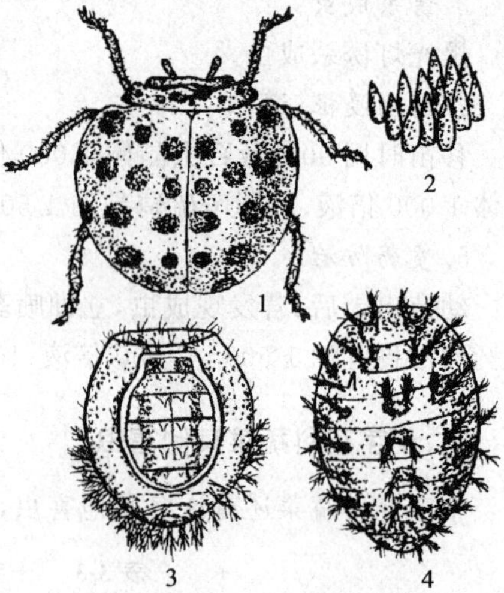

1.成虫 2.卵 3.幼虫 4.蛹

图 3-11 茄二十八星瓢虫

(费显伟.园艺植物病虫害防治.2005.)

(二)发生规律

茄二十八星瓢虫一年发生多代。以成虫在杂草堆中、土缝内、树皮裂缝中、墙壁间隙等处越冬,散居为主,偶有群集现象。翌年先取食野生茄科植物,然后迁移到茄科作物上,茄子受害最重。成虫偏嗜马铃薯和茄子叶片,其次是甜椒和番茄叶片及果实。成虫有假死性,畏强光,喜栖息在叶背。卵块产在叶背。初孵幼虫群集为害,2～3 龄分散为害。幼虫畏强光,多栖息在叶背或其他隐蔽处,老熟幼虫在叶、茎或杂草上化蛹。茄二十八星瓢虫生长适温为 25～30℃,相对湿度为 75%～85%。当气温降到 18℃以下时,成虫便进入越冬期。

(三)防治措施

1.捕杀成虫

成虫有假死性,可人工捕杀成虫。

2.摘除卵块

成虫产卵期及时摘除卵块,减轻危害。

3.加强栽培管理

作物收获后及时清洁田园,清除田边地头的杂草,可消灭越冬成虫。

4.喷药防治

幼虫孵化盛期和成虫盛发期及时喷药防治。可选用 2.5%高效氟氯氰菊酯乳油 3 000～4 000 倍液等。

二、棉铃虫

棉铃虫(*Heliothis armigera* Hübner)属鳞翅目夜蛾科(图 3-12)。我国棉区和蔬菜种植区均有发生,棉铃虫是多食性害虫,可为害棉花、小麦、玉米、烟草、芝麻、向日葵、番茄、茄子等 200 多种植物,蔬菜中番茄受害最重。

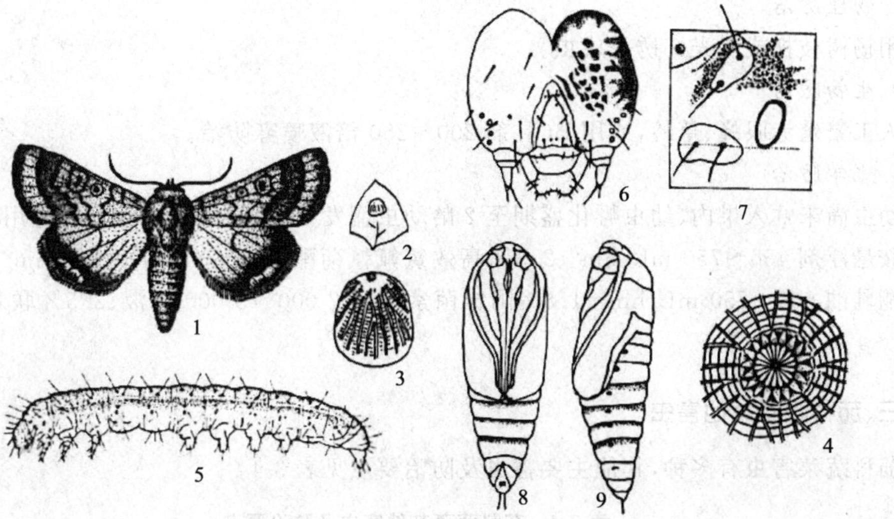

1.成虫　2.卵　3.卵扩大　4.卵顶部花冠放大　5.幼虫　6.幼虫头部正面
7.幼虫前胸侧面　8.蛹腹面　9.蛹侧面

图 3-12　棉铃虫

（袁峰.农业昆虫学.2001.）

(一)形态特征

成虫　前翅的环形纹、肾形纹、横线不清晰，亚缘线锯齿状较均匀，外线较斜。

卵　卵孔不明显，纵棱 2 岔或 3 岔式，直达卵底部，卵中部有纵棱 26～29 根。

幼虫　气门上线分为不连续的 3～4 条，上有连续的白色斑点，体表小刺长而尖，腹面小刺明显，前胸气门前两根侧毛的连线与前胸气门下端相切。

蛹　长 13～23.8 mm，宽 4.2～6.5 mm，纺锤形，赤褐至黑褐色。腹部末端刺基的基部分开，腹部第 5～7 节背面与腹面有 7～8 排稀而大的半圆形刻点。

(二)发生规律

棉铃虫一年发生 3～8 代，由北向南逐渐增多。以蛹在土中越冬。成虫有趋光性和趋化性，对黑光灯和半枯萎的杨树、柳树枝把趋性较强。卵散产。幼虫有假死性、转移为害习性，老熟后入土作土室化蛹。在番茄和辣椒上，以幼虫蛀食花、花蕾、果实，造成落花、落果及虫果腐烂，也可咬食嫩芽、嫩叶、嫩茎。初孵幼虫先取食卵壳、嫩叶、嫩梢，2 龄幼虫蛀食花蕾、花和果实。花蕾受害时，苞叶呈黄绿色并张开，很快脱落。

棉铃虫属喜温湿型害虫，温湿度及田间小气候影响棉铃虫的发生。一般地势低洼、水肥条件较好、生长茂密的地块为害重。成虫发生期蜜源植物丰富，成虫补充营养充足，产卵量大，为害重。

(三)防治措施

1.农业防治

及时耕翻，杀死部分越冬蛹，减少越冬虫源。人工捕捉幼虫，结合番茄整枝打杈消灭部分卵。

2. 物理防治

用杨树枝把或黑光灯诱杀成虫。

3. 生物防治

人工繁殖赤眼蜂、草蛉，或用 Bt 乳剂 200～250 倍液喷雾防治。

4. 化学防治

幼虫尚未蛀入果内(幼虫孵化盛期至 2 龄幼虫盛发期)及时喷药防治。可选用 5%氯虫苯甲酰胺悬浮剂 450～750 mL/hm²、2.5%高效氯氟氰菊酯乳油 600～900 mL/hm²、25 g/L 溴氰菊酯乳油 600～750 mL/hm²、1.8%阿维菌素乳油 2 000～3 000 倍液、2.5%联苯菊酯乳油 3 000～4 000 倍液等。

三、茄科蔬菜其他害虫

茄科蔬菜害虫有多种，其他主要害虫及防治要点见表 3-4。

表 3-4 茄科蔬菜其他害虫及防治要点

害虫种类	危害特点	生活史与习性	防治要点
茄黄斑螟(*Leucinodes orbonalis* Guenée) 鳞翅目 螟蛾科	以幼虫食害花蕾、花蕊、子房、嫩茎、嫩梢及果实，引起枝梢枯萎、落花、落果及果实腐烂，蛀孔外有虫粪	1 年多代，以老熟幼虫越冬。世代重叠。老熟幼虫多在植株中上部缀合叶片中吐丝结茧化蛹，成虫白天隐蔽，受惊后在株行间作短距离低飞，夜间活跃，趋光性弱	及时剪除被害植株嫩梢及果实；收获后及时清洁田园；幼虫孵化期喷药防治，可选用 80%敌敌畏乳油 1 000 倍液，或 50%杀螟松乳油 1 000 倍液
茶黄螨[*Polyphagotarsonemus latus*(Banks)] 蛛形纲 蜱螨目 跗线螨科	以成螨、幼螨和若螨刺吸植株的幼嫩部位，尤其喜欢在嫩叶背面取食。茄子受害后嫩叶变小，叶片增厚僵直，叶背茶褐色、油浸状，叶缘下卷，嫩茎、果实、果柄、萼片均呈茶褐色，后期果皮龟裂，种子外露	在冬季生产的温室和大棚蔬菜上越冬，个别也有野外越冬的。高温季节 5 天繁殖 1 代，孤雌生殖。变为成螨后 1～3 天开始产卵，1 头雌成虫可产卵 100 余粒，为害严重时 1 片叶子有螨 100 余头	铲除、消灭温室里的杂草，蔬菜收获后及时清除枯枝落叶。药剂防治选用 73%克螨特乳油 1 500 倍液，或 5%尼索朗乳油 2 000 倍液喷施

项目三 葫芦科蔬菜害虫

一、温室白粉虱

温室白粉虱[*Trialeurodes vaporariorum*(Westwood)]属半翅目粉虱科，又称白粉虱，小白蛾，白蝇(图 3-13)。分布范围比较广，在东北、华北、华中、华东等地均有分布。寄主植物包括多种蔬菜、花卉、特用作物、牧草和木本植物等 600 种以上，尤偏嗜黄瓜、番茄、烟草、茄子和豆类。以成虫和若虫群集叶背刺吸汁液，受害叶片褪绿变黄、萎蔫，严重时全株枯死；除直接为害外，还能传播病毒病。粉虱成、若虫的排泄物，污染叶片和果实，诱发煤污病，影响植株的呼吸作用和光合作用，以致削弱长势，降低产量和品质。

(一)形态特征

成虫　体长1～1.5 mm,淡黄色。体表和翅面覆盖白蜡粉,栖息时双翅在体上合成屋脊状,翅膜质,翅端半圆状遮住整个腹部,沿翅外缘有一排小颗粒,翅脉简单,前翅有1长1短2条翅脉,后翅有1条翅脉。

卵　长约0.2 mm,椭圆形,基部有卵柄,淡绿色渐变褐色,覆有蜡粉。

若虫　体长0.3～0.5 mm,体扁平,长椭圆形,淡绿色或黄绿色,足和触角退化,紧贴在叶片上。体表有长短不一的蜡质丝状突起。4龄若虫称伪蛹,体长0.7～0.8 mm,椭圆形,初扁平,逐渐加厚,淡绿至黄褐色,体背有长短不一的蜡质丝状突起。

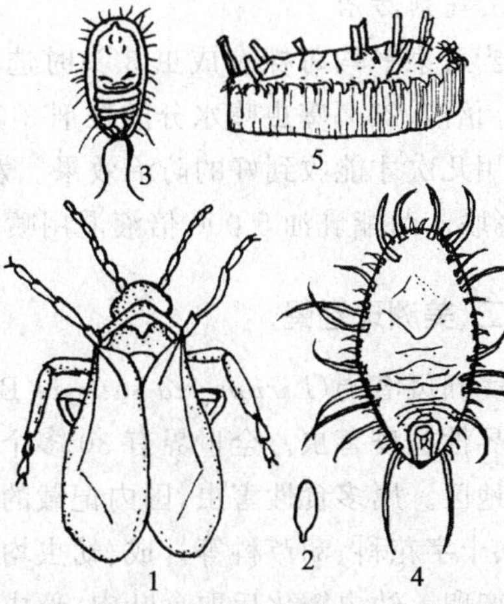

1.成虫　2.卵　3.若虫　4.蛹的背面
5.蛹的侧面

图3-13　温室白粉虱

(费显伟.园艺植物病虫害防治.2005.)

(二)发生规律

温室白粉虱除在温室等保护地发生较重外,对露地栽培植物为害也很严重。温室条件下一年发生10余代。在自然条件下不同地区的越冬虫态不同,一般以卵或成虫在杂草上越冬。繁殖适温18～25℃,成虫有群集性,趋嫩性,对黄色也有趋性。温室白粉虱繁殖力强,发育速度快,世代重叠现象明显。成虫不善飞翔,有选择嫩叶群集为害和产卵的习性,卵多散产于叶片上,排列成圆环状。若虫期共3龄。各虫态的发育受温度因素的影响较大,抗寒力弱。早春由温室向露地扩散,在田间点片发生。白粉虱的种群数量,由春至秋持续发展,夏季的高温多雨抑制作用不明显,到秋季数量达高峰,并可随菜苗运输远距离传播,集中为害瓜类、豆类和茄果类蔬菜。在北方由于温室和露地蔬菜生产紧密衔接和相互交替,可使白粉虱周年发生。

(三)防治措施

1.加强检疫

注重对温室白粉虱的检验、检疫工作,防止从害虫发生地区调入带虫种苗。

2.农业防治

育苗前清除棚室杂草残株并熏蒸棚室除去残余虫卵等;合理布局,尽量避免黄瓜、西红柿、菜豆等混栽;保护地及温室秋冬茬最好种植白粉虱不喜食的十字花科、百合科蔬菜,可切断其生活史。生产中打下的枝杈、枯老叶及时处理掉。老龄若虫多分布于下部叶片,茄果类整枝时适当摘除部分老叶,深埋或烧毁以减少其种群数量。

3.物理防治

利用黄板诱杀成虫,黄色对白粉虱成虫有强烈诱集作用,白粉虱发生初期,在温室设置黄板诱杀成虫。

4.生物防治

当白粉虱成虫在0.5头/株以下时,释放丽蚜小蜂或草蛉防治。

5. 药剂防治

当蔬菜平均每株有成虫 3 头时选用 25%噻嗪酮可湿性粉剂 2 000 倍液、3%啶虫脒乳油 1 200 倍液、25%噻虫嗪水分散粒剂 3 000 倍液、10%吡虫啉可湿性粉剂 1 500 倍液喷雾防治，需连用几次才能收到好的防治效果。发生较重时，可用 25%噻嗪酮可湿性粉剂 1 500 倍液与 2.5%联苯菊酯乳油 5 000 倍液混用喷雾防治。

二、美洲斑潜蝇

美洲斑潜蝇(*Liriomyza sativae* Blanchard)属双翅目潜蝇科，又称蔬菜斑潜蝇(图 3-14)。为世界性检疫害虫。全世界有 30 多个国家和地区严重发生。1993 年传入我国，现已分布 20 多个地区。属多食性害虫，国内记载的寄主植物有 21 科 100 多种，在蔬菜中，主要为害豆科、茄科、十字花科、葫芦科等。成、幼虫均可为害。雌成虫用产卵器把植物叶片正面刺伤，吸食汁液并产卵。幼虫孵化后取食叶肉，形成先细后宽的蛇形弯曲或蛇形盘绕虫道，其内有交替排列整齐的黑色虫粪，虫道后期呈棕色的干斑块区，一般 1 虫 1 道，1 头老熟幼虫 1 d 可潜食 3 cm 左右。发生严重时，每片叶可达 20 多个虫道，导致叶片脱落，引起果实日灼，造成减产。其卵和幼虫还可随植株的运输远距离传播。除直接危害外，幼虫和成虫通过取食还可传播某些病毒病。

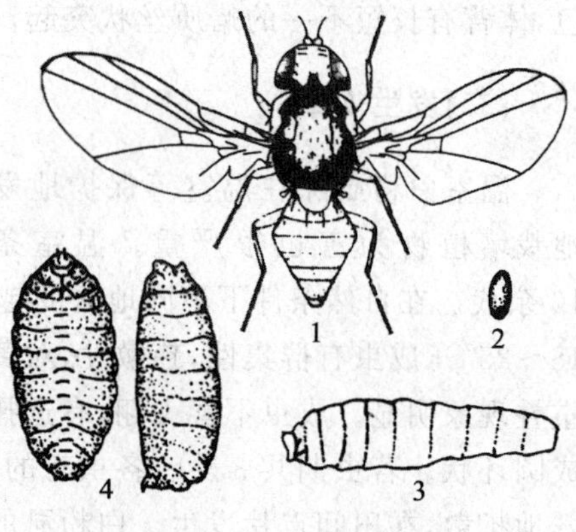

1. 成虫 2. 卵 3. 幼虫 4. 蛹

图 3-14 美洲斑潜蝇

(洪晓月，丁锦华. 农业昆虫学. 2016.)

(一)形态特征

成虫 体小型，长 1.3～2.3 mm，雌虫比雄虫体大。浅灰黑色，背面黑色有光泽，腹部背面黑色，侧面和腹面黄色。头黄色，复眼红色，触角小而圆，3 节，亮黄色。前足黄褐色，后足黑褐色。

卵 椭圆形，米色，长 0.2～0.3 mm。

幼虫 蛆状，老熟幼虫体长约 3 mm，共 3 龄，1 龄幼虫透明，2～3 龄鲜黄色，后气门呈圆锥状突起，顶端三分叉，各具 1 开口。

蛹 椭圆形，长 1.3～2.3 mm，腹部稍扁平，初为鲜黄色，渐变为暗黄褐色。

(二)发生规律

美洲斑潜蝇在低纬度地区或在温室中全年都能繁殖，一年可发生 10 余代。北方自然条件下不能越冬，只能在温室和冬暖式大棚内越冬，南方可周年繁殖为害，冬季和春季可在温室内繁殖为害。成虫大部分在上午羽化，8～14 时是成虫羽化高峰期。一般雄虫较雌虫先出现，成虫羽化后 24 h 即可交尾产卵，雌虫一生只交尾一次。雌成虫以产卵器刺伤叶片，吸食汁液，雌虫把卵产在部分伤孔表皮下，卵经 2～5 d 孵化，幼虫期 4～7 d，末龄幼虫咬破叶表皮在叶外或土表下化蛹，蛹经 7～14 d 羽化为成虫，每世代夏季 2～4 周，冬季 6～8 周，美洲斑潜蝇发育周期短，繁殖力强，存活率高，种群数量增长快，世代重叠现象明显。

(三)预测预报

田间植株上出现潜道时，5 点取样法，每点调查 10～20 株，每株查 3～5 片叶，植株较大时，按上、中、下分别取样，统计每片叶上的虫口数。当每片叶上的虫口密度达 5 头时，应及时喷雾防治。

(四)防治措施

1. 加强检疫

严禁从疫区向保护区调运种苗及带虫蔬菜。

2. 农业防治

收获后及时清洁田园并深翻，使蛹不能羽化；合理布局，把斑潜蝇嗜好的瓜类、茄果类、豆类与其不为害的作物进行套种或轮作；及时摘掉带虫叶片，深埋或烧掉；化蛹高峰期大水漫灌，致使蛹窒息死亡。

3. 物理防治

在成虫始盛期至盛末期，用黄板、诱蝇盘或诱蝇纸诱杀成虫。

4. 化学防治

防治时注意农药的交替使用，以降低抗药性的产生。

(1)种子处理　每 100 kg 种子用 77%吡虫啉种衣剂 200～300 mL 搅拌均匀包衣，晾干后播种。

(2)土壤处理　蔬菜定植前或化蛹高峰期，用 3%氯唑磷颗粒剂 222.5 kg/hm^2，拌细土 450～750 kg 撒施田间，杀死落地的蛹。

(3)喷雾防治　幼虫 2 龄前及时喷药防治，于 8～11 时露水干后喷洒，可选用 1.8%阿维菌素乳油 3 000 倍液、50%灭蝇胺乳油 5 000 倍液、5%氟虫脲乳油 2 000 倍液等，连续几次用药以提高防治效果。

三、黄守瓜

黄守瓜[*Aulacophora indica*(Gmelin)]，俗称守瓜、黄萤、瓜叶虫，幼虫称白蛆(图 3-15)。属鞘翅目叶甲科。成、幼虫均可为害，其可为害 19 科 69 种植物，以葫芦科植物为主，偶尔也可为害豆科、十字花科、茄科等植物。

(一)形态特征

成虫　体长 6～9 mm，长椭圆形，黄、橙黄或橙红色，有光泽，中、后胸腹面及腹部为黑色，足棕黄色或棕红色。前胸背板宽约为长的 2 倍，中央有一弯曲较深的横沟，鞘翅上分布许多细刻点，腹部末端露出鞘翅外。

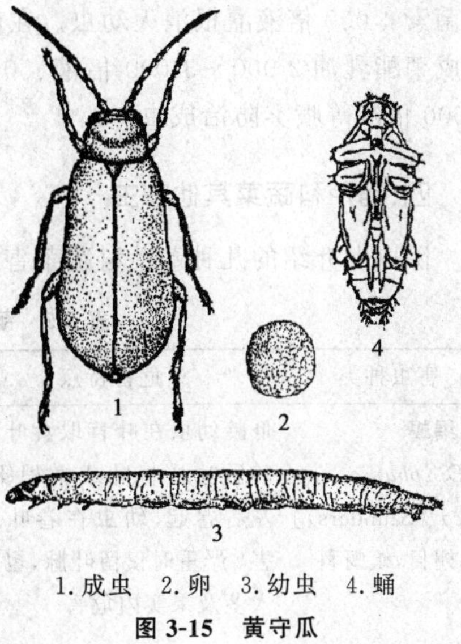

1. 成虫　2. 卵　3. 幼虫　4. 蛹

图 3-15　黄守瓜

(费显伟. 园艺植物病虫害防治. 2005.)

卵　近球形，长约 1 mm，淡黄色，表面有六角形蜂窝状网纹。

幼虫 老熟幼虫体长 12 mm，圆筒形，头灰褐色，胸、腹部淡黄白色，各节有小黑瘤，上生细毛，臀板向后方伸出。

蛹 长约 9 mm，纺锤形，黄白色，头顶、腹部及尾端有粗短的刺，腹末有两根较长的刺。

（二）发生规律

黄守瓜在我国由北向南每年发生 1～3 代，均以成虫群集在田间背风向阳的杂草根际、土缝间、落叶下越冬，第二年春，土温达 6℃时开始活动。成虫飞翔力强，喜温湿，耐热性强，抗寒力差，有假死性和趋黄性，喜食瓜类嫩茎、叶及花。产卵量大，卵多产于潮湿的表土内，湿度愈大产卵愈多。卵耐水及高温能力强，相对湿度低于 75％卵不能孵化。幼虫孵化后很快潜入土内为害侧根、主根、茎基部，导致瓜苗枯死；还可蛀入主根、幼茎及近地表的幼瓜内为害，引起瓜条腐烂。幼虫有转株为害习性，老熟幼虫在被害株根际附近作土室化蛹。成虫啃食幼苗的叶片、嫩茎、花及幼瓜，常引起死苗，为害叶片时形成环形或半环形缺刻，严重时蛀食成网状，仅残留叶脉。一般成虫产卵盛期，若降雨多有利于害虫大发生。壤土和黏土中卵的孵化率高，虫口数量大，为害重。

（三）防治措施

1. 农业防治

提早移栽，避开越冬成虫危害盛期；瓜类作物与甘蓝、芹菜、莴苣等间作可减轻为害；采用地膜覆盖栽培或在瓜苗周围撒草木灰、麦壳、木屑等，可减少成虫在瓜苗根部的产卵量。

2. 物理防治

利用其假死性，清晨露水未干时，人工捕捉成虫。

3. 化学防治

可用 50％敌敌畏乳油 1 000～1 500 倍液、50％辛硫磷乳油 1 000～1 500 倍液或 1.8％阿维菌素 4 000 倍液灌根消灭幼虫。在苗期，可选用 5％氯氰菊酯乳油 1 000～1 500 倍液、20％氰戊菊酯乳油 2 000～3 000 倍液、50％敌敌畏乳油 1 000 倍液、10％氯氰菊酯乳油 2 000～4 000 倍液等喷雾防治成虫。

四、葫芦科蔬菜其他害虫

除以上介绍的几种葫芦科蔬菜害虫外，其他葫芦科蔬菜害虫及其防治见表 3-5。

表 3-5 葫芦科蔬菜其他害虫及防治要点

害虫种类	危害特点	生活史与习性	防治要点
瓜绢螟 [*Diaphania indica* (Saunders)] 鳞翅目，螟蛾科	低龄幼虫在叶背取食叶肉，3 龄后吐丝将叶或嫩梢缀合，左右卷起，幼虫在卷叶内为害，严重时仅留叶脉，也可蛀入茎及果实内危害	1 年多代，以老熟幼虫或蛹在枯叶或表土中越冬。成虫昼伏夜出，弱趋光性，卵产于叶背，散产或几粒在一起，幼虫 3 龄后卷叶取食，在卷叶、落叶或根际表土中化蛹	及时摘除卷叶，消灭幼虫；及时清洁田园，消灭藏匿的老熟幼虫和蛹；保护和利用天敌；在幼虫盛发期进行药剂防治

续表 3-5

害虫种类	危害特点	生活史与习性	防治要点
瓜蚜 (*Aphis gossypii* Glover) 同翅目，蚜科	群集叶背和嫩茎上刺吸汁液，嫩叶及生长点被害后，叶片卷曲、皱缩，严重时卷曲成团，生长停滞，甚至萎蔫枯死。传播病毒病，分泌的蜜露能导致煤污病的发生	1 年 10～30 代，条件适宜可周年繁殖。长江以北以卵在鼠李等枝条上越冬，也可在保护地无性繁殖。高温高湿可抑制其繁殖发育。干旱年份、距冬寄主近或背风地块为害重。趋黄性强，对银灰色有负趋性	参见菜蚜。（抗蚜威对瓜蚜无效）
瓜亮蓟马 *Thrips flevus* Schrank 缨翅目，蓟马科	锉吸寄主心叶、嫩芽汁液，被害株生长点萎缩、变黑、心叶不能展开。受害幼瓜畸形，毛茸变黑，严重时造成落果。成瓜受害后，瓜皮粗糙有斑痕，极少茸毛，或带有褐色波纹，或瓜皮长满锈斑，畸形	1 年多代，以成虫潜伏在土块下、土缝中、枯枝落叶间越冬，少数以若虫越冬。世代重叠严重，成虫能飞善跳，畏光，卵散产于嫩叶、生长点及幼瓜表面，可孤雌生殖。较耐高温，降水量影响发生，夏秋两季少雨发生重	调整播种期；出苗后用薄膜覆盖降低虫口数量；清除田间及附近杂草，降低虫源基数；每株顶梢有蓟马 2～3 头时及时喷药防治

项目四　其他蔬菜害虫

一、葱蓟马

葱蓟马（*Thrips tabaci* Lindeman），别称烟蓟马、棉蓟马。属缨翅目蓟马科（图 3-16）。主要为害葱、洋葱、大蒜及葫芦科和茄科蔬菜，葱和洋葱受害最重。成虫和若虫吸食植物心叶和嫩芽的汁液，在葱叶上形成许多细密的灰白色长形斑纹，严重时叶尖枯黄，叶片枯萎扭曲。

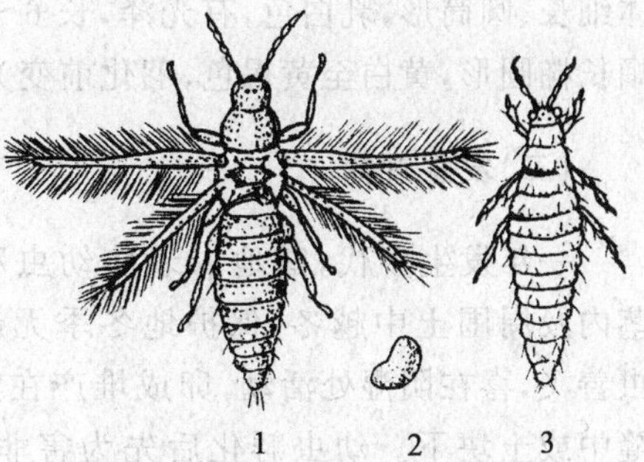

1. 成虫　2. 卵　3. 若虫

图 3-16　葱蓟马

（费显伟. 园艺植物病虫害防治. 2005.）

（一）形态特征

其成虫体微小，长 1～1.3 mm，浅黄至深褐色，复眼紫红色，触角黄褐色，翅狭长透明，翅缘密生长缨毛，翅脉稀少。卵长 0.2～0.3 mm，肾形，乳白色，渐变卵圆形，黄白色，可见红色眼点。若虫形似成虫，1、2 龄均无翅芽，3 龄（前蛹）翅芽达腹部第三节，触角向两侧伸出；4 龄（伪蛹）触角伸向头胸部背面。

（二）发生规律

葱蓟马在华南地区可周年繁殖，无越冬现象；在北方地区每年发生 6～10 代，主要以成虫和若虫在未收获的葱、洋葱、大蒜叶鞘内越冬，少数以伪蛹在残株、杂草及土中越冬。成虫活泼善飞，喜阴怕光，白天多在背阴或叶腋处，早晚和阴天到叶面取食活动，卵散产于茎叶组织内，可孤雌生殖。初孵若虫群集葱叶基部为害，2龄若虫后期入土蜕皮变为“前蛹”，再蜕皮变成“伪蛹”。葱蓟马喜温暖和较干燥的环境条件，干旱年份为害重。一般气温25℃，相对湿度60%以下有利于葱蓟马发生和危害，高温、高湿、暴风雨对葱蓟马发生有明显抑制作用。

(三)防治措施

1. 农业防治

早春清除葱、蒜地及周围的杂草和残株落叶，加强肥水管理，干旱时要勤浇水。

2. 药剂防治

在其为害严重时可选用25%乙基多杀菌素水分散粒剂150～200 g/hm² 喷雾防治。

二、韭菜迟眼蕈蚊

韭菜迟眼蕈蚊(*Bradysia odoriphaga* Yang et Zhang)属双翅目眼蕈蚊科(图3-17)。幼虫称为韭蛆。分布广泛，主要为害韭菜。幼虫钻食韭菜地下部的鳞茎和假茎。露地及冬、春季保护地韭菜均可受害。

(一)形态特征

成虫体长2～4.5 mm，黑褐色，头小，复眼发达，在头顶相接成桥状；触角丝状有微毛；胸部背面隆起，前翅翅脉褐色。卵椭圆形，乳白色，长约0.2 mm。幼虫体细长、圆筒形，乳白色，有光泽，长6～7 mm，无足。蛹长椭圆形，黄白至黄褐色，羽化前变为灰黑色。

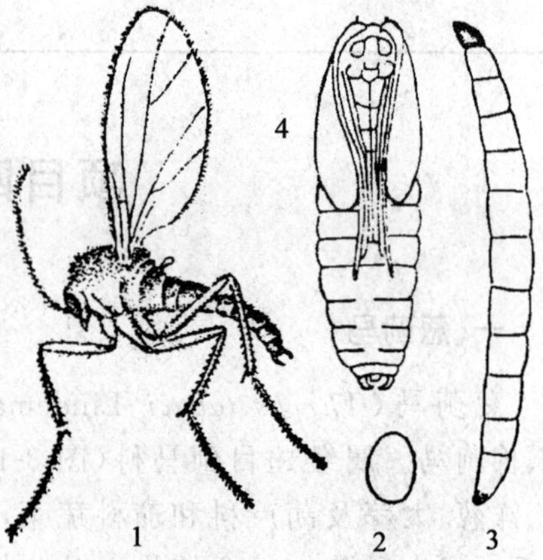

1. 成虫 2. 卵 3. 幼虫 4. 蛹

图3-17 韭菜迟眼蕈蚊

(费显伟. 园艺植物病虫害防治. 2005.)

(二)发生规律

一年发生多代，露地以老熟幼虫和蛹在韭菜鳞茎内及周围土中越冬，保护地冬季无越冬现象。成虫善飞，喜在阴湿处活动，卵成堆产在韭菜根周围土缝中或土块下。幼虫孵化后先为害韭菜叶鞘，后蛀入茎内，并向下为害根茎部。幼虫喜湿怕干，春、秋季主要为害幼茎引起腐烂，夏季蛀入鳞茎为害，使叶片枯黄萎蔫，严重时可使整个株丛腐烂死亡。老熟幼虫在韭菜根附近土里化蛹。3～4 cm土层含水量15%～24%最适于幼虫孵化和成虫羽化，沙壤土比黏土发生重。

(三)防治措施

1. 农业防治

适时冬灌或春灌，春天韭菜萌发前剔根、紧撮，可消灭部分越冬幼虫。

2. 浸根

定植或分株移栽及温室囤韭时，用50%辛硫磷乳油1 000倍液浸根防治幼虫。

3.撒施毒土

剔根和紧撮时,用4%敌马粉剂或5%辛硫磷颗粒剂30 kg//hm^2,拌细土撒于韭菜根附近,然后覆土盖严。

4.喷雾防治成虫

成虫羽化盛期,每日9～10 h喷雾防治成虫,药剂可选用10%吡虫啉可湿性粉剂1 000～1 500倍液、20%杀灭菊酯乳油3 000倍液等。

5.灌根

幼虫为害始盛期,若叶尖发黄变软并逐渐向地面倒伏时,用70%辛硫磷乳油5 250～8 550 mL/hm^2 灌根。

技能三　蔬菜主要害虫识别与防治

一、目的

了解十字花科、茄科、葫芦科、百合科等蔬菜上经常发生的害虫种类、发生规律及防治现状,掌握害虫的识别及防治技术。明确杀虫剂科学合理使用要求,掌握防治用药的科学使用技术。

二、材料及用具

十字花科蔬菜田(白菜、萝卜、甘蓝等)、番茄田、茄子田、辣椒田、葫芦科蔬菜田(黄瓜、冬瓜、南瓜等)、葱田、记录本、笔、天平、砝码、镊子、体视显微镜、载玻片、培养皿、挑针、量筒、搅拌棒、桶、杀虫剂、喷雾器、防护服、口罩等。

三、方法与步骤

1.仔细观察菜粉蝶、菜蚜、小菜蛾、甘蓝夜蛾、茄二十八星瓢虫、棉铃虫、温室白粉虱、葱蓟马等害虫的标本、图片及视频资料,能正确描述这些害虫的识别要点。

2.在教师指导下,完成菜粉蝶、菜蚜、小菜蛾、甘蓝夜蛾、茄二十八星瓢虫、棉铃虫、温室白粉虱、葱蓟马等害虫的显微观察。

3.结合生产实习课,选择当地种植的十字花科蔬菜田(白菜、萝卜、甘蓝等)、番茄田、茄子田、辣椒田、葫芦科蔬菜田(黄瓜、冬瓜、南瓜等)、葱田等,调查为害严重的害虫的发生、为害及防治情况,撰写调查报告,有针对性制定出综合防治方案并予以实施。

4.结合生产实习课,采集害虫各个虫态的标本。应尽量设法保持害虫标本的完整,害虫的翅、足、触角及蛾的鳞片等极易破损,故应避免直接用手捕捉、采集和整理。采到标本后,要及时做好采集记录,记录内容包括编号、采集日期、采集地点、采集人等,也要记录当时的环境、寄主以及害虫生活习性等,还要注意当地的气象记录,如气温、降水量、风力等。

四、要求

1.能准确识别白菜、萝卜、甘蓝、番茄、茄子、辣椒、黄瓜、冬瓜、南瓜、葱、韭菜等蔬菜上常见的害虫。

2.结合生产实习课,调查当地菜粉蝶、菜蚜、小菜蛾、甘蓝夜蛾、茄二十八星瓢虫、棉铃虫、温室白粉虱、葱蓟马等害虫的发生、为害及防治情况，撰写调查报告，并分析几种害虫发生与环境的关系。

3. 根据所选蔬菜田中几种害虫的发生情况，有针对性制定出综合防治方案，结合生产实习课予以实施。

4. 在防治方案拟定及实施过程中，要注意科学合理、安全使用杀虫剂，施药人员注意做好安全防护，防止急、慢性药物中毒，确保人身安全。

5. 由于很多蔬菜可直接食用，生育期又相对较短，在使用杀虫剂时要严格按照使用要求，注意杀虫剂的安全间隔期，防止蔬菜中农药残留超标，危害人们身体健康。

6. 要严格遵守高毒和高残留农药禁止和限制在蔬菜上使用。

模块巩固三

1. 蚜虫的口器与为害状的关系如何？如何选择用药？
2. 列举十字花科蔬菜常见害虫的种类。
3. 十字花科蔬菜常见刺吸式口器的害虫有哪些？简述其防治方法。
4. 为害十字花科的夜蛾有哪4种？如何区别其成、幼虫的形态特征？
5. 调查当地十字花科蔬菜常发生害虫的种类，并对防治中存在的问题提出建议。
6. 列举茄科蔬菜常见的害虫种类。
7. 茄二十八星瓢虫的为害状有哪些？
8. 朱砂叶螨的为害状有哪些？
9. 调查当地茄科蔬菜常发生的害虫种类，并对防治中存在的问题提出建议。

二维码 3-1
模块巩固三参考答案

模块四

果树害虫防治技术

【知识目标】

通过本模块学习，使学生了解当地发生的果树害虫的种类，掌握主要果树害虫的识别要点、发生规律和防治方法。

【能力目标】

掌握根据形态特征和被害状症诊断当地经常发生的果树害虫种类的能力，具备根据当地发生的果树害虫种类和发生规律，制定害虫综合防治方案的能力，能够独立完成果树害虫综合防治方案的制定工作和指导果树害虫的防治工作。

项目一　蛀果类害虫

一、桃小食心虫

桃小食心虫(*Carposina sasakii* Matsumura)属鳞翅目蛀果蛾科。又称桃蛀果蛾、桃蛀虫、桃小食蛾、桃姬食心虫(图 4-1)。广泛分布在我国北方果区，其寄主植物分属于蔷薇科和鼠李科，主要有苹果、梨、枣，还有海棠、花红、槟子、榅桲、山楂、桃、杏等。以幼虫由果实胴部或底部蛀入果内，2～3 d 蛀孔流出水珠状的果胶，俗称“淌眼泪”，干后形成白粉，随果实生长蛀孔愈合成针头状的小黑点，周围凹陷。幼虫在果内纵横取食造成畸形，果实表面凹凸不平，称为“猴头”果，成熟果被害，果形不变或稍变，但在虫道内充满红褐色虫粪，俗称“豆沙馅”，幼虫蛀果后不久，若被药剂杀死，入果孔愈合成绿色小点，俗称“青疔”，幼虫老熟后脱果，脱果孔 2～3 mm，孔外有虫粪。近几年许多果园食心虫数量回升，虫果率约在 50%，严重的高达 80%以上，成为北方果园生产中突出的问题。

(一)形态特征

成虫　灰白色或灰褐色，体长 6～8 mm，翅展 16～18 mm，前翅前缘中央处有一个近三角形蓝黑色有光泽的大斑纹，翅基部和中央有 7 簇蓝黑色斜立的鳞片，后翅灰白或青灰色，缘毛长，浅灰色。雌蛾较大，触角雌蛾丝状，雄蛾栉齿状。下唇须 3 节，雌蛾下唇须长而直，稍向下方倾斜，雄蛾短而上翘。

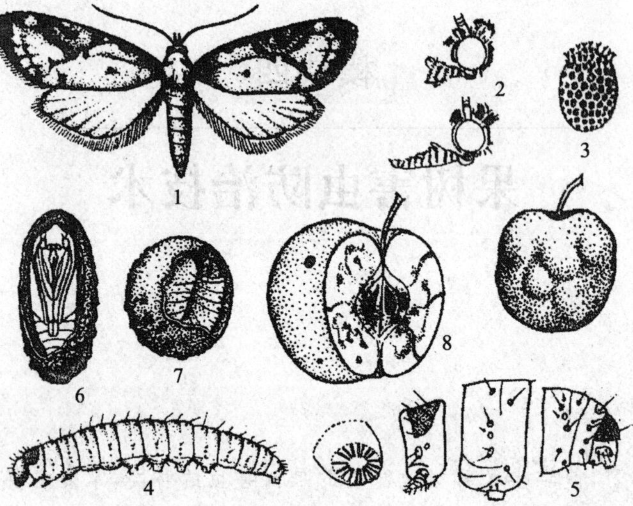

1. 成虫　2. 雄(上)雌(下)蛾的下唇须　3. 卵　4. 幼虫　5. 幼虫腹足趾钩、前胸、腹部第四、八、九节侧面
6. 夏茧　7. 冬茧　8. 被害果

图 4-1　桃小食心虫

(仵均祥. 农业昆虫学. 2013.)

卵　椭圆形，初产时橙红色，渐变深红色，卵壳上有不规则椭圆形刻纹，端部有 2～3 圈“Y”字形刺。

幼虫　幼龄幼虫淡黄白色，老熟幼虫体长 13～16 mm，头褐色，体红色，腹足趾钩单序环 10～24 个，无臀栉。

蛹　淡黄色，体长 6.5～8.6 mm，翅、足、触角端部不紧贴蛹体。

茧　有夏茧和冬茧两种。夏茧纺锤形，长 7～10 mm，质地疏松较薄，一端有羽化孔，幼虫在夏茧内化蛹。冬茧扁球形，直径 5～6 mm，质地致密较厚，以老熟幼虫在冬茧内越冬。

(二)发生规律

桃小食心虫在我国北方苹果产区一年发生 1～2 代，在山楂、梨树上发生 1 代。以老熟幼虫外结扁圆形冬茧在树盘 3～15 cm 的土层中越冬，冬茧在苹果园中的分布位置因地形、土壤、果园耕作制度和管理情况的不同而异。在平地果园中，如果树盘土层较厚，土壤松软，无杂草，冬茧主要集中在树冠下距树干 1 m 范围内。此外，凡是堆放过果实的地方，如临时堆果场、选果包装场、果品收购站、果酒厂和果窖等处土中，都可能有较多数量的冬茧。桃小食心虫越冬幼虫出土时期长达 2 个月，发生不整齐，给防治带来困难。第二年 5 月中旬出蛰，6 月初为出土盛期，7 月中、下旬基本结束。当旬平均气温达到 16.9℃，土温达到 19.7℃时，越冬幼虫开始出土，如果有适宜的雨水，即可连续出土。土壤干燥(含水量＜5%)出土困难，含水量达 10%，大量出土，当土温高于 25℃，土壤含水量低于 5%时，出土就会受到抑制。幼虫咬破冬茧出土后，在石块、草根、隐蔽处结夏茧化蛹，蛹期 9～15 d，6 月中旬出现成虫，直到 8 月中旬，成虫昼伏夜出，有一定趋光性，夜间活动交尾，产卵于果品萼洼处，越冬代成虫产卵对苹果品种有选择性。在金冠品种上产卵最多，红玉、元帅和赤阳等中熟品种上也较多，但在国光、白龙等晚熟品种上很少产卵或不产卵。卵期6～7 d，幼虫孵化后先咬破果皮钻入果内危害，入孔周围流出胶状水滴，不久干涸，容易识别，幼虫在果内为害20余天开始脱果，若在8月中旬以前脱果就有一大部分继续结夏茧完成第2代，8月中旬以后脱果的幼虫则结扁圆冬茧入土越冬。

成虫的繁殖力、卵的孵化率与温度和湿度有着密切关系。早春温暖多雨，夏季气温正常而潮湿的年份，桃小食心虫就可能发生较重。反之，早春低温干燥，夏季炎热缺雨的年份，桃小食心虫发生就可能较轻。长期下雨或有暴风雨，会影响桃小食心虫成虫的活动和产卵。

(三)预测预报

1. 发生趋势预测

根据前年的虫果率和苹果产量，结合当年农业气象条件可预测其发生趋势。如果前一年果实产量较高，虫果率也较高，当年5月下旬至6月份降水较多，地面5 cm以下土壤含水量达10%左右，越冬幼虫可顺利出土，预计当年桃小食心虫发生量要大，应做好防治的准备工作。

桃小食心虫虫果率调查，可在果实近成熟前进行。对主栽品种，选定受害轻、重程度不同的果园3～5片，按5点取样法，在每片果园中选取5点，每点调查3～5株树，每株随机检查各部位果实50～100个，统计虫果数和好果数。

2. 防治适期预测

在悬挂诱捕器果园中，当诱到第1头成虫时，随即在挂诱捕器树的邻近处，选定5～10株进行定树、定果调查。每株树按照不同方位调查50～100个果，总共调查500～1 000个果。每3天用扩大镜检查果实萼洼处的产卵数，进行记载。在一般防治园中也可在田间进行随机调查，即每百株果树随机选择5～10株。每株按上梢、内膛、外围和下垂四个部位枝上调查50～100个果，共调查500～1 000个果。

当诱捕器诱到第1头成虫时，应发出警报。当诱蛾头数连日增加，同时田间第二次调查卵量继续上升，卵果率达到0.3%～0.5%时，应进行第一次树上喷药。当成虫数量连续激增，大量产卵，同时个别幼果“淌眼泪”时，应进行突击防治(1～2 d打完药)。然后根据第一次药剂防治效果和药后成虫数量消长情况，确定是否需要喷第二次药。

(四)防治措施

防治桃小食心虫应采用地面防治与树上防治相结合，化学防治与人工防治相结合，园内防治与园外防治相结合的综合防治措施。

1. 地面药剂防治，消灭出土越冬幼虫和蛹

可选用40%辛硫磷乳油等药剂与水、细土按1∶5∶300制成药土，或加水稀释为300倍液均匀撒、喷施在地面上，然后轻耙。每次用药剂7.5 kg/hm^2，每隔15 d左右施药一次，酌情连施2～3次。

还可应用天敌微生物线虫、白僵菌进行地面防治。

2. 树上药剂防治

当卵果率达到0.5%～1.0%时立即喷药防治。树上喷药防治桃小食心虫，主要是触杀刚孵化的小幼虫，因此喷药时一定要使果面均匀着药才能取得良好的防治效果。常用药剂有1.8%阿维菌素乳油2 000～4 000倍液，或25 g/L溴氰菊酯乳油1 500～2 500倍液、或25 g/L高效氯氟氰菊酯1 500～4 000倍液、或522.5 g/L氯氰·毒死蜱1 400～1 900倍液等。

3. 其他防治

可采用挖茧、摘掉虫果、诱集出土幼虫及果实套袋等方法防治。5 月份以前进行人工挖茧；6 月下旬开始及时摘除虫果，挖土、换土、埋土使茧不能正常羽化；在堆果场上铺沙，幼虫脱果入沙后，进行集中消灭；实施果实套袋，防止害虫侵入；在成虫发生期利用黑光灯和性诱剂诱杀成虫；此外，要保护利用天敌，中国齿腿姬蜂和甲腹茧蜂等是桃小食心虫的寄生性天敌。

二、梨小食心虫

梨小食心虫(*Grapholitha molesta*)属鳞翅目小卷叶蛾科。又称桃折梢虫、东方果蠹蛾、梨小蛀果蛾、黑膏药等(图 4-2)。危害寄主有梨、桃、苹果、李、杏、樱桃、欧李、枇杷、山楂等，一般在桃树与梨树混栽的果园中为害严重。

幼虫可为害桃梢和果实。在桃树新梢上，小幼虫多自顶端第 2、第 3 幼嫩叶柄的基部蛀入，向下蛀食髓部，直至木质化部分，蛀孔外有虫粪并流出胶液，不久被害新梢先端一叶下垂，继而数叶下垂，最后新梢萎蔫变黑枯死。幼虫转移，每头幼虫可为害 2～3 个桃梢。幼虫多从梨果两端或两果相接处蛀入，早期为害梨果时，蛀果孔比较大，还有虫粪排除，蛀果孔周围逐渐扩大腐烂变黑，稍稍凹陷，俗称“黑膏药”，脱果孔 3～4 mm，虫道有幼虫吐的丝。但晚期为害梨果时，蛀果孔很小，周围青绿色，果面稍微凹陷，幼虫入果后直达果心，然后蛀食果肉，虫粪堆积在果内。

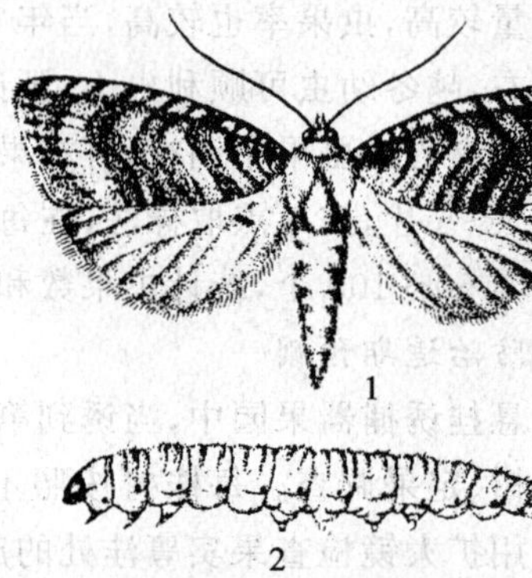

1. 成虫　2. 幼虫

图 4-2　梨小食心虫

(一)形态特征

成虫　体长 6～7 mm，翅展 13～14 mm，全身灰褐色，无光泽，前翅前缘有 8～10 组白色短斜线，在翅中央近外缘 1/3 处有明显的白点一个。

卵　乳白色，半透明，长 0.1～0.15 mm，扁圆形，中央隆起，周缘扁平。

幼虫　老熟幼虫体长 10～13 mm，全体粉红色，头部、前胸盾、臀板和胸足黄褐色，毛片黄白色，不明显，趾钩单序环状，臀栉 4～7 个。

蛹　蛹长 6～7 mm，纺锤形，黄褐色，腹部 3～4 节，背面后缘有两排小刺，腹部末端有 8 根钩刺。

(二)发生规律

梨小食心虫一年发生 3～4 代，以老熟幼虫结茧在树皮缝或树干的根颈、剪锯口、石块下、堆果场、包装点等处越冬。4 月上旬开始化蛹，蛹期 16 d，4 月中旬至 6 月出现越冬代成虫，5 月上旬为盛期，雌蛾可产生性激素，每头雌蛾产卵 50～100 粒。1～2 代卵主要产在桃叶上，幼虫主要为害桃树的新梢和果实，3～4 代卵产在梨果的萼洼处，幼虫从萼洼、梗洼处蛀入梨果，遇水腐烂称“水眼”，幼虫老熟后从内爬出，到树干上化蛹。

成虫傍晚活动，对黑光灯有一定的趋性，对糖醋液有较强的趋性。在梨树品种间，以味甜、皮薄、肉细的鸭梨，秋白梨等受害较重；而果皮粗糙、石细胞多的品种受害较轻。中国梨品种受害较重,西洋梨受害较轻。

(三)防治措施

1. 农业防治

果树发芽前刮除树上的翘皮,可消灭越冬幼虫。剪除被害桃梢、摘除被害虫果。建立新果园时,尽可能避免梨树与桃、李等混栽。

2. 物理防治

利用频振式杀虫灯可以有效诱杀成虫。也可采用糖醋液、性诱剂等诱杀成虫。

3. 生物防治

释放松毛虫赤眼蜂,可以有效地防治其第1、2代卵。在成虫发生高峰期后1～2 d,每5天放1次,共放5次,每亩每次放蜂量2.5万头左右。

4. 药物防治

自8月份开始进行卵果率调查,当卵果率达1%～2%时开始喷药防治,可选用2.5%溴氰菊酯乳油2 500倍液、10%氯氰菊酯2 000倍液、50%杀螟硫磷乳油1 000倍液、40%水胺硫磷1 000倍液或1.8%阿维菌素3 000～4 000倍液。

三、桃蛀螟

桃蛀螟[*Dichocrocis punctiferalis* (Guenee)]属鳞翅目,螟蛾科(图4-3)。又称桃蠹、桃斑蛀螟,俗称蛀心虫、食心虫。为害桃、柿、核桃、板栗、无花果、高粱、玉米、粟、向日葵、蓖麻、姜、棉花、葵花等。近年在一些地方为害高粱、玉米较重,应引起重视。幼虫孵化后多从果蒂部或果与叶及果与果相接处蛀入,蛀入后直达果心。被害果内外有大量虫粪和黄褐色胶液。幼虫老熟后多在果柄处或两果相接处化蛹。

1. 成虫　2. 卵　3. 幼虫　4. 蛹

图4-3　桃蛀螟

(费显伟. 园艺植物病虫害防治. 2005.)

(一)形态特征

成虫　体长约12 mm,全体鲜黄色,前后翅上散生许多小黑斑,雄蛾尾端有一丛黑毛。

卵　扁椭圆形,长约0.6 mm,初产时乳白色,后渐变红褐色。

幼虫　老熟幼虫体长15～20 mm,体背淡红色,各体节都有粗大的灰褐色斑。

蛹　长12～15 mm,褐色,尾端有臀刺6个。

(二)发生规律

北方地区一年发生2～3代,南方地区一年发生4～5代,以老熟幼虫在向日葵籽及玉米、高粱果穗和残株内越冬,第1代和第2代幼虫蛀害桃果为主,第3、4代为害玉米、高粱、向日葵等作物。越冬代成虫发生期为5月中、下旬,5月下旬至6月上旬是第1代卵孵化高峰期,以后各代多世代重叠。成虫夜间活动,有较强趋光性;以枝叶较密及留果较多的树上,以及两果相接处产卵较多。早熟品种上见卵一般较中、晚熟品种为早。

(三)防治措施

1. 农业防治

冬季及时处理玉米、高粱、向日葵等作物残株,消灭越冬幼虫。桃树要合理修剪,合理留果,避免枝叶和果实密切接触;桃园内不可间作玉米、高粱、向日葵等作物,减少虫源;掌握越冬代成虫产卵盛期前(5月下旬)及时套袋保护果实。兼防桃小食心虫、梨小食心虫和卷叶蛾等多种害虫。

2. 化学防治

适时进行第一、二代成虫产卵高峰期喷药防治。可选用50%辛硫磷乳油1 000倍液、2.5%溴氰菊酯乳油5 000倍液或2.5%高效氯氟氰菊酯乳油3 000倍液。桃树品种不同,成熟期早晚不同,受害的时间也不同。因此,喷药时间和次数也应有所不同。

四、苹小食心虫

苹小食心虫(*Grapholitha inopinata* Heinrich)属鳞翅目,小卷叶蛾科。又称苹果小蛀蛾(图4-4),寄主有苹果、梨、桃、花红、山楂、山荆子。以幼虫由果实胴部蛀入,在果皮下浅处为害,被害部位果皮干枯变色,形成1 cm左右的虫痕,俗称"干疤",虫疤上有入果孔、脱果孔和排粪孔等小孔。

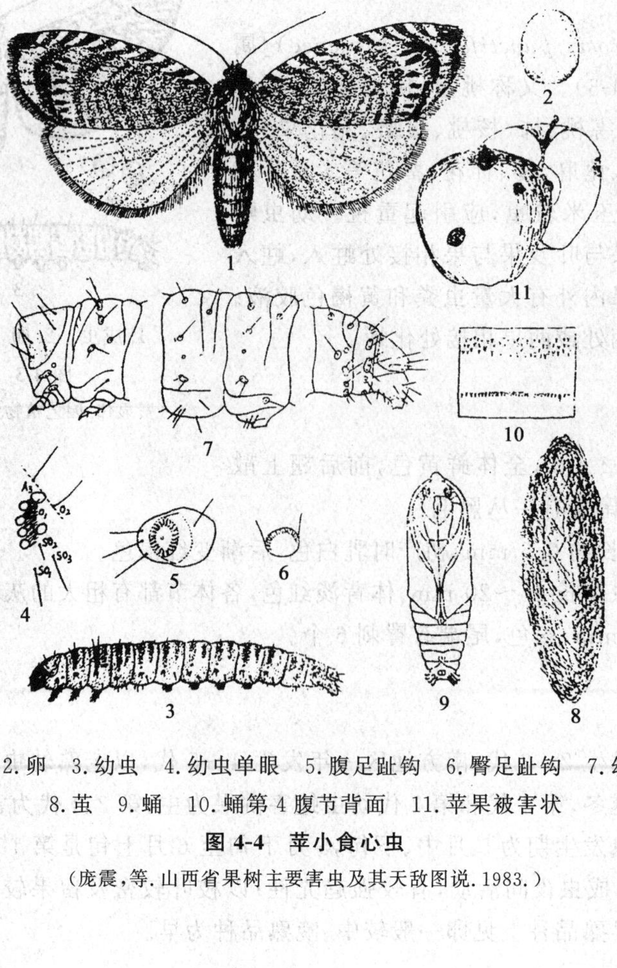

1. 成虫 2. 卵 3. 幼虫 4. 幼虫单眼 5. 腹足趾钩 6. 臀足趾钩 7. 幼虫毛序 8. 茧 9. 蛹 10. 蛹第4腹节背面 11. 苹果被害状

图4-4 苹小食心虫

(庞震,等. 山西省果树主要害虫及其天敌图说. 1983.)

(一)形态特征

成虫　体长 4～4.5 mm，翅展 10～11 mm，体暗褐色带紫光泽。前翅前缘处有 7～9 组白色短斜纹，翅上有很多白鳞毛，形成很多白色斑点。

卵　在果实胴部每处一粒，无色，半透明，近孵化时琥珀色。

幼虫　老熟时体长 7～9 mm，头淡黄褐色或红色，有臀栉 4～6 个，腹背 3～8 节各有两条红纹，前条宽大，后条细小。

蛹　长 4.5～6.5 mm，黄褐色，腹背 2～7 节各有短刺两排。

(二)发生规律

在辽宁、山东、河北、河南、山西和陕西等地 1 年发生 2 代，以老龄幼虫在剪锯口、树皮缝隙里和枝干、果筐、果箱内做成平伸的灰色薄茧越冬。次年 5 月初化蛹，蛹期 10 d 左右，苹果落花后 10 多天越冬代成虫出现，6 月中旬为盛期，第 1 代幼虫蛀果在 6 月中旬开始，第 2 代幼虫蛀果盛期在 8 月中旬，8 月下旬老熟幼虫开始陆续脱果到潜伏场所越冬。成虫对果汁、糖蜜、糖醋有趋性，趋光性弱。

(三)防治措施

1. 农业防治

刮树皮，消灭越冬幼虫，或在越冬前绑草诱杀；成虫发生期用糖醋液诱杀。幼虫蛀果期及时摘除虫果，捡拾落地果。

2. 生物防治

苹小食心虫的天敌主要有姬蜂，另外还有步甲、蜘蛛和蚂蚁等。

3. 药剂防治

可参看梨小食心虫防治方法。

五、梨大食心虫

梨大食心虫(*Myelois perivorella* Matsumura)属鳞翅目，螟蛾科(图 4-5)。梨大食心虫又称梨云翅斑螟，梨斑螟蛾等，简称梨大，俗称吊死鬼、黑钻眼等。

全国各地均有发生，为害严重，是梨树重要害虫之一。主要为害梨，有时也为害桃和苹果。在梨树品种间，鸭梨、秋白梨、花盖梨受害严重。

梨树被害虫芽干瘪，鳞片松散，在芽基部有一蛀孔，蛀孔外有虫粪。春季梨树花芽膨大露白时，越冬幼虫从越冬虫芽内钻出，转移为害附近膨大的花芽，由基部蛀入鳞片下危害，吐丝黏结鳞片，花芽开绽后鳞片仍不脱落。当花序伸出时，幼虫蛀入花序基部，使花序凋萎。当梨果长到手指盖大小时，幼虫转移为害幼果，果面有较大虫孔，孔外附着虫粪。小幼果被害后易脱落。稍大果实被害时，幼虫老熟后从果内爬出，到果柄基部吐丝，将果柄缠绕在果台上，虫果变黑干缩后仍悬挂枝头不落，俗称吊死鬼。老熟幼虫在果肉内化蛹。后期果实被为害，蛀入孔多在萼洼附近，孔口发黑，易被腐生真菌感染腐烂。

另外，梨食芽蛾幼虫也为害梨树花芽，其为害状与梨大食心虫相似。开花期越冬幼虫从花丛、叶丛基部蛀入，使花丛、叶丛凋萎枯死。当梨果长到指头大时，越冬幼虫又转蛀幼果，蛀孔很大，蛀孔周围堆积大量黄褐色虫粪。以后被害果皱缩，变黑，干枯脱落。有些幼虫化蛹前，将果柄基部用丝缠在枝上，被害果变黑枯死，悬挂枝上，至冬不落。

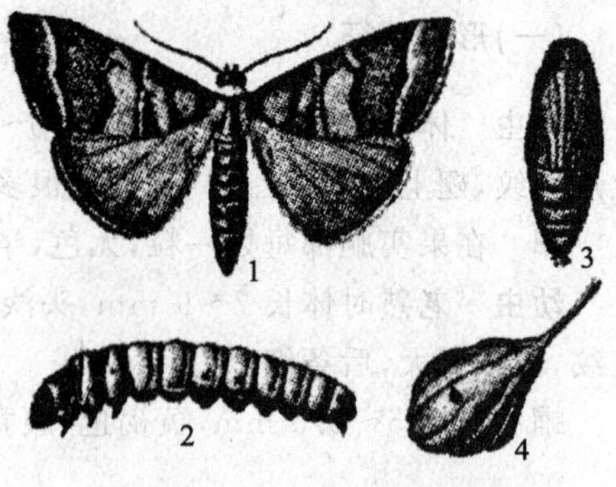

1. 成虫　2. 幼虫　3. 蛹　4. 被害果

图 4-5　梨大食心虫

(李照会. 农业昆虫鉴定. 2002.)

(一)形态特征

成虫　体长 10～15 mm，翅展 20～27 mm，全体暗灰褐色。前翅暗灰褐色，具紫色光泽。距前翅基部 2/5 和 4/5 处，各有一条灰白色波状横纹，横纹两侧镶有黑色的宽边，两横纹间，中室上方有一黑褐色肾状纹。后翅灰褐色。

卵　椭圆形，稍扁平，长约 1 mm，红色。

幼虫　越冬幼虫体长约 3 mm，胴部紫褐色。老熟幼虫体长 17～20 mm，粗壮。头部、前胸盾、臀板及胴部第 12 节背面斑纹均为黑色，而胴部其他部位的背面为暗绿色，最后 1 对气门大。

蛹　体长约 13 mm，黄褐色至黑褐色。腹部末端有 6 根弯曲的钩刺，排成一横列。

(二)发生规律

梨大食心虫一年发生 1～2 代，以幼龄幼虫多在花芽内结灰白色薄茧越冬。越冬幼虫在翌年 4 月中旬，日平均气温达到 6℃时开始“拱盖”出蛰，日平均气温达到 7～9.5℃时大量出蛰。从物候期来看，当鸭梨、秋白梨花芽抽芽，鳞片间露出 1～2 道 1 mm 宽的白绿色裂缝时为出蛰始期，花芽开放期为出蛰盛期，花序分离时为出蛰终止期。

每头越冬幼虫可连续为害梨芽 1～3 个。在 5 月中旬至 6 月中旬，当梨果长到指头大，越冬幼虫又转害梨果，此称为转果期。转果期长达 17～37 d，每头幼虫可连续为害幼果 2～4 个。越冬幼虫可为害 20 余天，在最后被害的果实内化蛹，化蛹前老熟幼虫吐丝将果梗缠在枝上，再将蛀果孔封闭成为一半圆形的羽化道，然后在该果内化蛹。

当幼果皱缩开始变黑时，幼虫多已化蛹；当整个虫果变黑干枯时，其羽化飞出。越冬代幼虫多在 6 月上旬化蛹，蛹期 8～15 d。越冬代成虫发生在 6 月中旬至 7 月下旬，盛期在 7 月上、中旬。成虫对黑光灯有趋性。雌蛾产生的性激素，可诱来大量雄蛾。每头雌蛾平均产卵 64 粒，最多 213 粒。产卵在果实萼洼内和短枝、果台、腋芽及叶片上。到 7 月下旬在芽内作小茧越冬，这部分梨大食心虫一年只发生 1 代。

其中一年发生 2 代的，第 1 代幼虫，有的直接为害果实，有的先为害芽，然后为害果实。幼虫老熟后在果内化蛹。由此看出，越冬代幼虫害果期与第 1 代幼虫害果期首尾相接，即从 5 月中旬延续到 7 月中旬，长达 70 多天。第 1 代成虫在 7 月中旬至 8 月下旬发生。第 2 代幼虫为害 1～2 个梨芽，即在芽内作小茧越冬。

梨大食心虫有多种天敌，主要有黄眶离缘姬蜂、梨大食心虫聚瘤姬蜂、梨大食心虫长尾瘤姬蜂、喜马拉雅聚瘤姬蜂、黄足绒茧蜂、卷叶蛾赛寄蝇等。

(三)预测预报

1.越冬幼虫密度调查

早春越冬幼虫出蛰前，整个果园按不同品种用对角线取样法选取5点，每点1～2株，共调查5～10株，每株按不同方位随机调查100～200个花芽，记载健康芽数、被害芽数和有虫芽数，求出有虫芽率。

当梨树在大年果多的情况下，花芽有虫芽率在5%以上时，可认为是大发生年，应加强药剂防治。当梨树在小年果少的情况下，有虫芽率在1%以下，可认为是小发生年，不用药剂防治，但应进行人工防治。有虫芽率3%以上，可认为是中发生年，应进行药剂防治。

2.越冬幼虫转芽期调查

自4月上旬至4月下旬，在前一年梨大食心虫发生较多的地块，选择调查树3～5株，按不同地势、品种，采用固定或随机取芽调查法，每2天调查1次，每次检查30～100个虫芽，记载越冬幼虫转出数量，发现转芽后应每天定时检查一次。另外，越冬幼虫转芽与梨树物候期有相关性，应注意鸭梨花芽是否萌动或鳞片间露出1～2道白绿色裂缝。当越冬幼虫转芽率达到5%以上，同时气温明显回升时，应立即进行药剂防治。

(四)防治措施

1.人工防治

结合冬剪，剪除虫芽。在梨树开花末期，随时掰下虫芽和萎凋的花丛、叶丛，捏死幼虫，连做几次，可减轻幼虫为害幼芽和幼果。在5月中旬以后，幼果期成虫羽化前虫果尚未变黑，可连续2～3次彻底摘除虫果，集中放在纱笼中置于果园内，等寄生蜂飞出后，再深埋。

2.药剂防治

越冬虫芽率高于1%时，应进行幼虫出蛰转芽期的预测预报，当梨花芽膨大露白开绽时，梨大食心虫越冬幼虫大部分拱盖，个别蛀入新芽时立即喷药防治。梨大食心虫越冬幼虫出蛰期比较集中，如抓住防治关键时期，细致喷一次药就可有效控制其危害。如果此时防治效果不好，危害十分严重，可在花蕾露项、鳞片脱落时再喷药一次。药剂参照桃小食心虫防治方法。

项目二　食叶(潜叶、卷叶)类害虫

一、棉褐带卷蛾

棉褐带卷蛾[*Adoxophyes orana*(Fisher Roslerstamm)]属鳞翅目，卷叶蛾科(图4-6)。又称苹果小卷叶蛾，俗称卷叶虫、舔皮虫。食性很杂，能为害30多种植物，北方以苹果、桃和李为主。春季新叶长出后幼虫吐丝缀连叶片，潜居其中为害，当树上有果时常将叶片缀贴在果实上，幼虫啃食果皮及果肉，呈现一个个小坑洼或针孔状伤口，故称舔皮虫。

(一)形态特征

成虫　体长5～17 mm，翅展16～20 mm，体棕黄色。前翅、基斑、中带、端纹深褐色，中带前半部狭窄，后半部向外部突然增宽，似倾斜的“h”形。

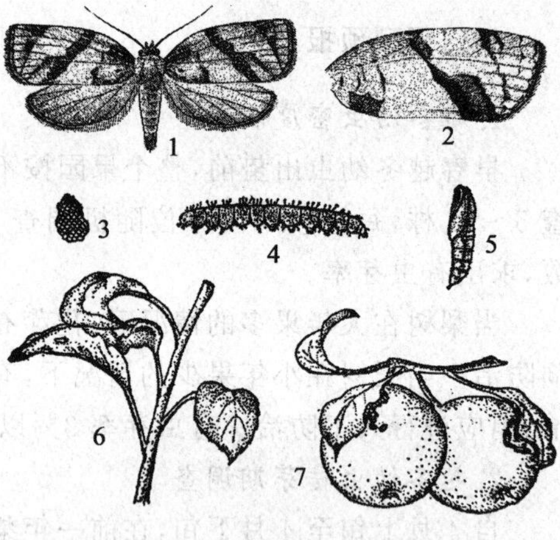

1.雌成虫 2.雄虫前翅 3.卵块 4.幼虫
5.蛹 6.叶被害状 7.果被害状
图 4-6 棉褐带卷蛾
（仵均祥.农业昆虫学.2013.）

卵 扁平、椭圆形，浅黄色半透明，孵化前黑褐色，数十粒排成毛鳞片卵块。

幼虫 体长 13～18 mm，体翠绿色，头浅绿色，臀栉 6～8 个。

蛹 体长 9～10 mm，黄褐色，腹部第 2～7 节各节背面有 2 横列刺突，后面 1 列较小而密，尾端有 8 个钩状刺毛。

（二）发生规律

其一年发生 3 代，以初龄幼虫潜伏在剪口、锯口、树杈的缝隙中、老皮下，做白色薄茧越冬。苹果花芽开绽时出蛰，金冠苹果盛花期为出蛰盛期，国光苹果初花期为出蛰末期。出蛰后潜伏于嫩芽、花蕾上为害，叶展开后缀叶形成虫苞，在内取食称为"紧苞期"，老熟后在苞内化蛹，越冬代成虫盛期在 6 月中、下旬，寿命 4～6 d，产卵于叶面及果实胴部，产卵量 200 粒左右，第 1 代成虫盛期 8 月上、中旬，第 2 代成虫盛期 9 月中，第 3 代幼虫 9～10 月发生，不久便寻找缝隙越冬。

幼虫非常活泼，稍受惊吓，迅速前进或后退，吐丝下垂，随风飘荡，转移到其他新梢上为害，成虫白天潜伏于叶丛间，夜间活动，有趋光性，对糖醋、果醋趋性较强。喜湿，多雨年份发生严重，干旱年份发生较少。

（三）防治措施

1.人工防治

刮老翘皮，剪虫梢，消灭虫源，组织人工捏虫苞或剪虫苞。

2.诱杀成虫

可采用黑光灯或糖醋液诱杀成虫（糖 5 份：酒 5 份：醋 20 份：水 80 份），也可选用性诱剂进行诱杀。

3.生物防治

卵发生期释放赤眼蜂。

4.药剂防治

可选用 25%灭幼脲悬浮剂 1 000～1 500 倍液防治出蛰幼虫。6 月中旬结合苹果套袋可选用 10%氯氰菊酯乳油，或 20%甲氰菊酯乳油 2 000 倍液杀灭 1 代初孵幼虫。9 月中旬结合防治苹果绵蚜于摘袋前用 40%毒死蜱乳油 1 500 倍液杀灭 3 代幼虫。

二、梨星毛虫

梨星毛虫（*Illiberis pruni* Dyar）属鳞翅目，斑蛾科。别称梨叶斑蛾，俗称饺子虫、梨包虫、裹叶虫（图 4-7）。除为害梨树外，还为害苹果、海棠、桃、杏、樱桃和沙果等果树。越冬幼虫蛀食花芽、花蕾。刚开绽的花芽被蛀食，花不能开放，部分被蛀花虽能张开，但歪扭不正，并有褐色伤口或孔洞。展叶期幼虫吐丝将叶片纵卷成饺子状，幼虫居内为害，啃食叶肉，留下表皮和叶脉成网状。6～7月份当年第1代幼虫多群居叶片上，啃食叶肉，但叶不卷，叶片呈筛网状。

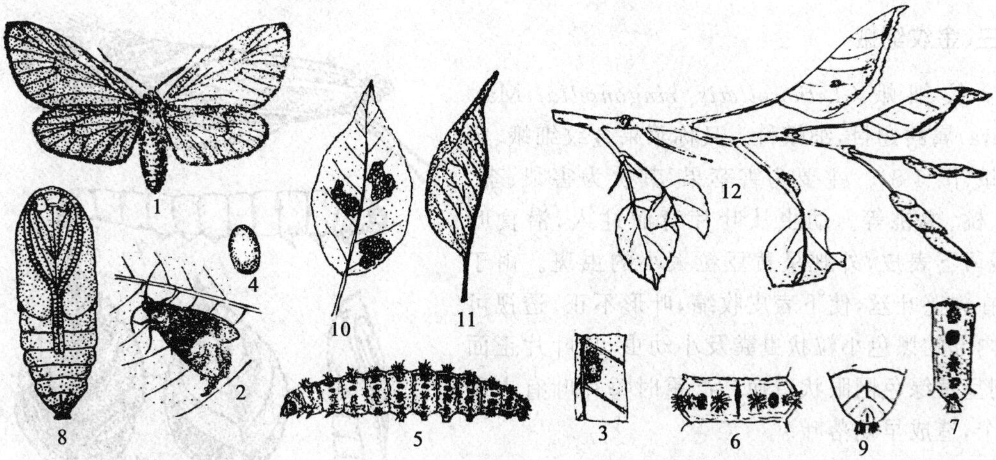

1.成虫　2.成虫休止状及产卵于叶上的卵　3.卵块　4.卵　5.幼虫　6、7.幼虫第3腹节背面与侧面　8.雄蛹　9.雌蛹腹部末端　10.初龄幼虫为害状　11.中龄以上幼虫为害状　12.梨树叶被害状

图 4-7　梨星毛虫

（庞震，等.山西省果树主要害虫及其天敌图说.1983.）

(一)形态特征

成虫　体长11 mm左右，翅展20～30 mm。体黑色，翅半透明，翅脉清晰，翅面分布黑色绒毛。雄成虫触角羽状，雌成虫触角锯齿状。

卵　椭圆形扁平状，长0.75 mm左右，初产时乳白色，后变紫褐色，几十粒或百余粒排列成块状。

幼虫　体长15～20 mm，头、胸、足黑褐色，体肥硕，呈纺锤形，淡黄白色。头部中段粗，中胸至腹部8节，每节具黑色圆斑2个，有横列毛簇6个，上生白色长毛和短毛。

蛹　长11～14 mm。初黄白渐变黑褐色。腹背有1列刺突。蛹外有2层丝茧。

(二)发生规律

梨星毛虫在北方大多1年发生1～2代，但均以2～3龄幼虫在树干粗皮缝内和根茎部结茧过冬，梨花芽膨大期开始活动，蛀食花蕾或芽基。展叶期则卷叶为害。叶向正面卷成饺子状，啃食正面叶肉，留下叶脉和下表皮，每吃光一叶则转移到另一新叶，仍吐丝将叶纵卷为害，一幼虫可为害5～8片叶，严重时将全树叶片吃光。幼果期幼虫在最后一片包叶内结茧化蛹。蛹期约10 d，6月中旬出现成虫，傍晚活动，交尾产卵，卵期7～8 d，6月出现当年第1代幼虫，群居叶背，啃食叶肉，留上表皮成透明状，但不卷叶，叶呈筛网状。幼虫取食10～15 d，即转移到树皮缝结长椭圆形似革质的厚茧越夏并越冬。

(三)防治措施

秋、冬季可刮树皮消灭越冬幼虫；摘叶杀死幼虫；花芽开绽、吐蕾期喷药防治，以杀死出蛰的越冬幼虫。可选用2.5%高效氯氟氰菊酯、2.5%溴氰菊酯2 000倍液,在开花前连喷2次,一般可控制危害;或在成虫盛发期和第1代幼虫在叶片上为害期各喷1次。

三、金纹细蛾

金纹细蛾(*Lithocolletis ringoniella* Matsumura)属鳞翅目,细蛾科。又称苹果金纹细蛾、苹果细蛾(图4-8)。主要为害苹果,其次为害梨、李、海棠、桃、樱桃等。幼虫从叶片背面蛀入,潜食叶肉,残留下表皮,外观呈黄豆粒大小的虫斑。由于幼虫在内壁吐丝,使下表皮收缩,叶形不正,透视可看到内部的黑色小粒状虫粪及小幼虫,从叶片正面看,则呈黄绿色网眼状虫疤。严重时每片叶有虫斑十多个,造成早期落叶。

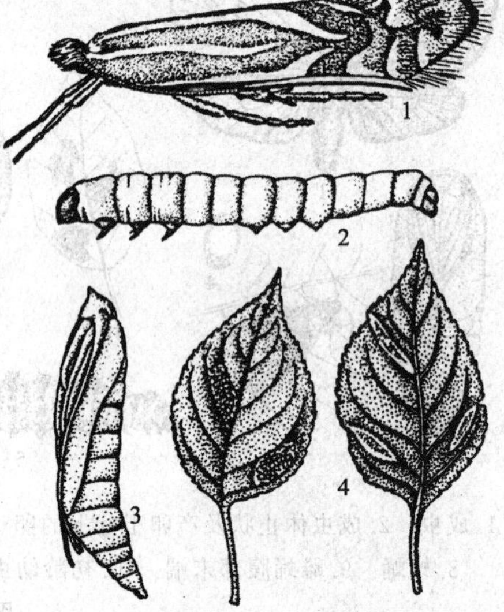

1.成虫　2.幼虫　3.蛹　4.被害叶正反面

图4-8　金纹细蛾

(仵均祥.农业昆虫学.2013.)

(一)形态特征

成虫　体长2～3 mm,翅展7 mm,体金黄色,头银白色,前翅披针状,从基部至中部有3条银白色纵带。前翅端部前缘和后缘各有3条银白色爪形纹,呈放射状排列,爪状纹前后相对。后翅狭长,灰褐色,缘毛甚长。

卵　扁平、椭圆形,长约0.3 mm,乳白色,半透明,有光泽。

幼虫　老熟幼虫体长约6 cm,体细长,扁纺锤形,黄白色,头尾两端多呈白色,头扁平,胸足及尾足发达,腹足3对。1龄幼虫体扁平,头三角形,胸足退化,腹足呈一毛片,体乳白色,半透明。

蛹　椭圆形,长3～4 mm,初黄褐色,后为黑褐色。头顶三角形,向前方弯曲,头部两侧有一对角状突起。

(二)发生规律

金纹细蛾1年发生5～6代,以蛹在被害落叶中越冬。翌年苹果树发芽前开始羽化,羽化期20天左右。越冬代成虫盛期在4月中旬前后,由于发生世代多,后期世代重叠。成虫多于晴天早、晚在树体附近飞舞交配。雌蛾产卵45～50粒,多散产于嫩叶背面绒毛下。越冬代成虫多产卵在发芽早的树种或品种上,其中以海棠和沙果等着卵较多,其次为红元帅、金冠等。卵期7～13 d。幼虫5龄,历期12～22 d。非越冬代的蛹期为6～10 d。

(三)防治措施

1.农业防治

越冬代成虫羽化前,彻底清扫果园落叶及树上枯叶,消灭越冬蛹。

2.生物防治

注意保护天敌。金纹细蛾有多种天敌,其中以金纹细蛾跳小蜂为最重要,秋季寄生率可达

50%以上。

3. 药剂防治

金纹细蛾的越冬代成虫和第1代成虫发生期比较集中。在这两代成虫盛发期到初孵幼虫蛀入叶片，尚未出现网眼状虫斑时，杀虫剂喷雾，对成虫、卵、初孵幼虫及刚蛀入叶片的小幼虫都有良好的防治效果。可选用25%灭幼脲2 000倍液、80%敌敌畏乳油1000倍液。

四、苹果巢蛾

苹果巢蛾(*Yponomeuta padella* Linnaeus)又称苹果巢虫，属鳞翅目，巢蛾科(图4-9)。东北、华北、西北各地均有分布。国外分布于欧洲、北美等地区。主要为害苹果，沙果、海棠、山楂等，也能为害梨、李、杏、樱桃等。以幼虫群集在果树的枝梢上，食害花蕾和嫩叶，吐白色丝，结成网巢，潜伏为害，在一个网内食光后，再转移到新巢为害，严重时树冠全被网巢笼罩，树叶被吃光，甚至食害嫩枝的表皮和幼果，严重影响当年和来年产量。

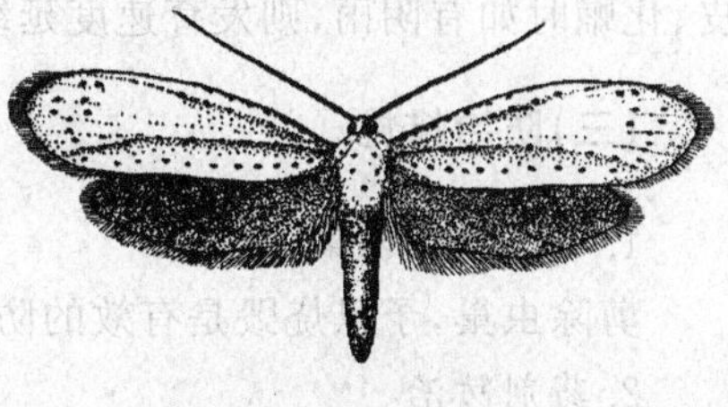

图4-9　苹果巢蛾
(仿北京农业大学《农业昆虫学》)

(一)形态特征

成虫　体长9～10 mm，翅展19～22 mm。全体有丝质的银色闪光，复眼黑色，丝状触角黑白相间。中胸背板中央有5个黑点，加上每一肩板上的两个黑点，共为9个。前翅上约有25个黑斑，其中有15个较大的排列为不规则3行，一行近前缘，两行近后缘，近端部约有10个更小黑斑。后翅正反面均为银灰色。

卵　扁椭圆形，长0.6 mm，有纵行的沟纹。卵30～40粒排列成块，覆盖如鱼鳞。初产卵块如奶油黄色，2～3 d后呈紫红色，最后变为灰褐色。卵块上有红褐色的黏性物覆盖，干枯后形成卵块上的卵鞘。

幼虫　老熟幼虫体长18 mm左右，淡黄色。头部、胸足和前胸左右分离的两大块背板及臀板均为黑色。

蛹　长6～11 mm，一般为9 mm左右。初化蛹时呈绿色，以后逐渐变为棕黄色，末端背面有8根刺毛，蛹藏在稀薄的白色丝茧中。

(二)发生规律

苹果巢蛾具有滞育习性，全国各地均为每年发生1代。以第1龄幼虫在卵鞘下越夏和越冬。越冬幼虫于4月下旬到5月上旬，天气初暖，昼夜平均温度达14℃，开始出鞘为害。幼虫共5龄，各龄期平均9 d，幼虫取食为害约43 d，6月上、中旬幼虫陆续老熟，老熟幼虫在网内做茧、化蛹，蛹期约11 d，6月中旬开始羽化为成虫。成虫期1个月，白天在树叶上栖息，夜间飞翔产卵，卵期20余天，孵化的1龄幼虫即在卵壳下越夏和越冬。越冬后的幼虫，从卵壳的一端爬出卵鞘外，遇到早春寒潮时，部分幼虫又潜入卵鞘内，出鞘的幼虫将嫩叶用丝缠缚在一起，潜入嫩叶尖端的组织内，在上下表皮间取食叶肉，为害10 d左右，叶尖呈现干缩枯焦，苹果树花蕾色泽变化期，幼虫纷纷从残叶爬出，进入2龄吐丝连缀花蕾及新叶片，在网内为害花瓣及嫩叶片，仅剩下大部分叶脉；然后，又进一步转移，形成更大的网巢，巢内有幼虫10～100头。4～

5 龄幼虫 2～3 d 迁巢一次，幼虫不仅在巢内取食，也爬到巢外为害叶片，也能将整个花朵毁掉，5 龄幼虫有啃食果皮和新梢现象，老龄幼虫一受惊扰即迅速倒退，并吐丝下垂。老熟幼虫一般在树上化蛹，但在大发生年份，也有到树下杂草上化蛹的。成虫白天休息，晚间特别是清晨进行飞行和交配，雌蛾飞行能力不强，每个雌成虫能产卵 2～3 块，大部分产在 2 年生的枝条上，在上部的枝条最多，中部次之，下部最少，在施药防治时，应注意树冠的上部。

温度主要影响越冬幼虫早期活动和生长发育，4 月下旬到 5 月上旬，幼虫开始出鞘前 10 d 之内，连续 4 d 以上日平均气温达 10℃以上，幼虫从卵鞘外出的速度与数量随温度上升而增多。在 10%～90%的相对湿度条件下苹果巢蛾都能生存，但随湿度的不同生长发育也不同，以 75%相对湿度为最适宜，过低使其生长发育不正常，春季多雨，1～2 龄幼虫死亡较多，在蜕皮、化蛹时如有阴雨，则发育速度延缓，甚至停止。

（三）防治措施

1. 人工清除网巢

剪除虫巢，予以烧毁是有效的防治措施。

2. 药剂防治

苹果花芽膨大期及苹果落花后 7～10 d，是施药保花保果的有利时机。常用药剂有 95%敌百虫 1 000～2 000 倍液，或选用 50%敌百虫 800～1 000 倍液、50%辛硫磷乳油 1 000～1 500 倍液、20%杀灭菊酯乳油 2 000～4 000 倍液、2.5%溴氰菊酯乳油 3 000 倍液，10%氯氰菊酯乳油 1 500～2 000 倍液。

3. 微生物制剂

可使用 0.5 亿/mL 浓度的苏芸金杆菌液喷雾，防治 3～5 龄幼虫。苏芸金杆菌对该虫作用迅速、稳定、但防治期不宜过晚。

五、葡萄天蛾

葡萄天蛾（*Ampelophaga rubiginosa*）属鳞翅目、天蛾科（图 4-10）。全国各地普遍分布。以幼虫取食叶片，食量很大，虫情严重时，顶梢、嫩叶甚至整叶或连续成片的树叶都被食光。

（一）形态特征

成虫 体长 38～42 mm，翅展 80～100 mm，茶褐色，体背中央有一条白色背线。前翅各有 4～5 条茶褐色弧形横线，中横线较宽呈带状，外横线较细，两翅展平后这些横线各在同一环圈上，形似车轮，故称车天蛾。后翅基角黑褐色，后翅周缘棕褐色。

卵 圆球形，表面光滑，淡绿色。

幼虫 老熟幼虫体长 70～80 mm，全体青绿色或灰褐色。气门圆，呈红褐色。虫体较平滑，体背各节有八字纹，体侧有 7 条斜线。第 8 腹节背面具 1 锥状尾角。

蛹 黄褐色，蛹壳较薄，体表散生黑褐色细点。

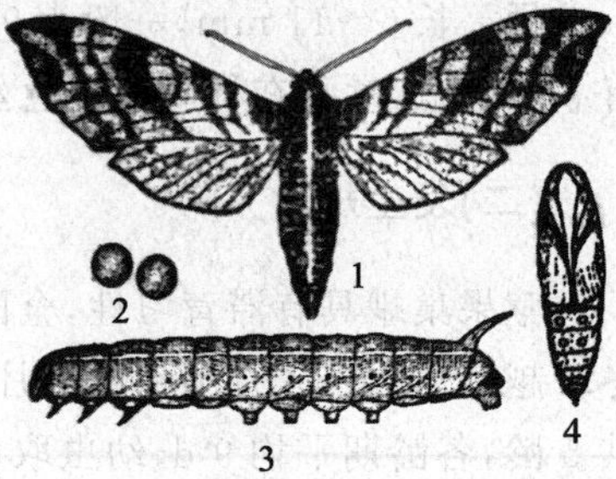

1. 成虫 2. 卵 3. 幼虫 4. 蛹

图 4-10 葡萄天蛾

（费显伟. 园艺植物病虫害防治. 2005.）

(二)发生规律

北方1年发生2代,南方每年发生2～3代,以蛹在土下30～70 mm深处越冬。翌年5月下旬至7月初成虫羽化,6月上、中旬始见幼虫。幼虫期为40～50 d,于7月下旬开始入土化蛹。8月上旬第1代成虫开始发生,8月中旬开始出现第2代幼虫危害,9月下旬幼虫老熟入土化蛹越冬。

成虫白天静伏于叶丛、杂草中,晚间开始活动,具趋光性。卵散产于叶背或新梢上。初孵幼虫可栖息在叶背主脉和叶柄上,夜晚取食。天敌有天蛾卵平腹小蜂、紫瘦姬蜂等。天蛾幼虫易感染病毒而死亡,死亡后的虫体变软且呈黑色,以尾足攀住树枝倒挂在树上。

(三)防治措施

1. 农业防治

可根据地面虫粪寻找植株上幼虫进行人工捕杀。

2. 物理防治

于成虫发生期利用其趋光性点灯诱杀。

3. 生物防治

幼虫易患病毒病,用田间自然死亡的幼虫制成200倍液喷洒果园。

4. 化学防治

低龄幼虫是防治的适宜时期,可选用80%敌敌畏乳油1 000倍液、2.5%高效氯氟氰菊酯乳油、或2.5%溴氰菊酯乳油2 000～2 500倍液,连喷雾防治2～3次,隔10～15 d 1次。

六、黄刺蛾

黄刺蛾[*Cnidocampa flavescens*(Walker)]属鳞翅目,刺蛾科。幼虫俗称洋辣子(图4-11)。国外分布于日本、朝鲜和俄罗斯西伯利亚南部。国内各省几乎都有发生。食性很杂,可以为害多种果树和林木。果树中以苹果、梨、李、杏、樱桃、桃、核桃等蔷薇科果树受害最普遍;林木中受害最重的是杨、柳、榆等。低龄幼虫只食叶肉,残留叶脉,将叶片蛀成网状,幼虫长大后,将叶片蛀成缺刻,仅留叶柄及主脉,发生严重时,全树没有完整的叶片,影响树势和结果。幼虫体上有毒毛易引起人的皮肤痛痒。

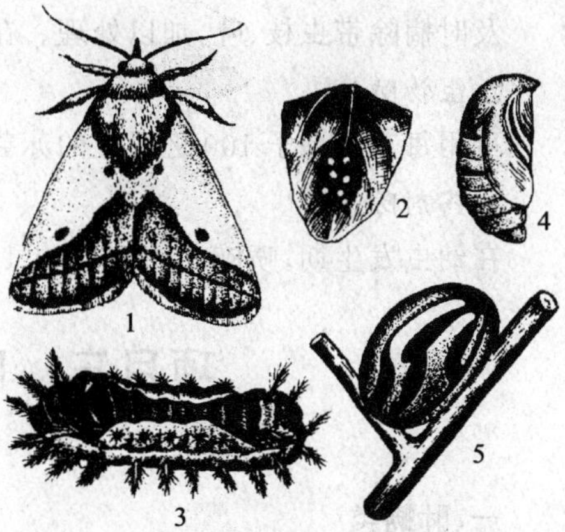

1. 成虫 2. 卵 3. 幼虫 4. 蛹 5. 茧

图4-11 黄刺蛾

(一)形态特征

成虫 体长13～16 mm,翅展30～34 mm。头和胸部黄色,腹背黄褐色。前翅黄褐色,自顶角有一条细斜线伸向翅中室,斜线内方为黄色,外方为棕色,在棕色部分有一条褐色细线,自顶角伸至后缘中部,两条线汇合于一点,呈倒"V"字形,中室部分有一黄褐色圆点;后翅灰黄色。

卵 扁平、圆形,一端略尖,长1.4～1.5 mm,宽0.9 mm,淡黄色。

幼虫 体粗肥，老熟幼虫体长19～25 mm，胸部黄绿色。自第2节起，各节背线两侧有1对刺，以第3、4、10节为大，刺上有黑色刺毛。体背有紫褐色大斑纹，前后宽大，中部狭细，似哑铃，体侧中部有2条蓝色纵纹，气门上线淡青色，气门下线淡黄色。胸足3对，短小，不明显，腹足退化，身体腹面为乳白色。

蛹 椭圆形，粗肥，体长13～18 mm，体淡黄褐色。头、胸部背面黄色，腹部各节背面有褐色背板。

茧 椭圆形，质坚硬，黑褐色，有灰白色不规则纵条纹，极似雀蛋。

(二)发生规律

在我国北方，每年发生1代，中部地区一年发生2代。以老熟幼虫在小枝杈处、主侧枝以及树干的粗皮上结茧越冬。在发生1代地区，成虫于6月中旬出现。成虫羽化多在傍晚，羽化时，将茧盖冲开，蛹体露出茧外。成虫夜间活动，白天伏在叶背，产卵也多在叶背。卵散产或数粒产在一起，卵多在白天孵化，幼虫共7龄，初孵化幼虫取食叶片的下表皮和叶肉，留下上表皮，形成圆形透明的小斑，4龄时取食叶片成孔洞，6龄幼虫能将叶片吃光，仅留叶脉。老熟幼虫在树枝上做茧，在高大树木上多在树枝分叉处，苗木上则结于树干上，茧最初透明，后即凝成硬茧，茧初为灰白色，不久变为褐色，并露出白色纵纹。幼虫做茧后，在茧顶部咬一圆形伤痕，以便成虫羽化时冲破茧盖而出。

(三)防治措施

1. 农业防治

及时摘除带虫枝、叶，加以处理。在冬季或早春，剪除果树上和附近保护林的越冬茧。

2. 生物防治

可用每克含孢子100亿以上的苏芸金杆菌1 000倍稀释液喷洒。

3. 药剂防治

在幼虫发生期，喷施90%敌百虫1 500～2 000倍液，或75%辛硫磷乳油1 200倍液。

项目三 吸汁类害虫防治技术

一、叶螨类

果树叶螨俗称果树红蜘蛛，属蛛形纲，蜱螨目，叶螨科。叶螨是果树主要害虫之一，以刺吸式口器吸食植物汁液，极易成灾。这类害虫虽然个体很小，行动能力有限，但繁殖力强，世代多。可以借风传播，对果树的为害是相当严重的。主要有山楂叶螨(*Tetranychus viennensis* Zacher)、苹果全爪螨(*Panonychus ulmi* Koch)、果苔螨[*Bryobia rubrioculus*(Schenten)]、二斑叶螨(*Tetranychus. urticae* Koch)等。山楂叶螨为害苹果、梨、桃、李、杏、山楂等；苹果全爪螨主要为害苹果。均吸食叶片及嫩芽的汁液，严重年份也为害幼果。芽受害严重时不能继续萌发而死亡，叶片受害严重时最初呈现失绿斑点，而后扩大连片，最后全叶变为焦枯而脱落，大发生年份，7～8月份叶片大部分脱落，甚至造成第二次开花，对当年和第二年产量均有影响。

(一)形态特征

表 4-1　两种红蜘蛛雌成虫的主要形态区别

形态特征	山楂叶螨	苹果全爪螨
体形	椭圆、背部隆起	半卵形,整个背隆起
体色	越冬雌虫鲜红有亮点,夏季雌虫深红,背面两侧有黑斑	深红,取食后变成褐红色
刚毛	26 根细长,基部无瘤	26 根粗长,基部有黄白色瘤

(二)发生规律

1. 山楂叶螨

山楂叶螨(图 4-12)以受精雌螨在树体各种缝隙内及干基附近土缝里群集越冬。翌春日平均气温达 9～10℃,苹果芽膨大露绿时出蛰为害幼芽,展叶后到叶背为害,此时为出蛰盛期,整个出蛰期达 40 d。取食 7～8 d 后开始产卵,盛花期为产卵盛期,卵期 8～10 d,落花后 7～8 d 卵基本孵化完毕,同时第 1 代成螨出现,第 1 代卵在落花后 30d 达孵化盛期,此时各虫态同时存在,世代重叠。一般 6 月前温度低完成 1 代需 20 d,虫量增加缓慢,夏季高温干旱 9～15 d 即可完成 1 代,卵期 4～6 d,麦收前后为全年发生的高峰期,严重为害造成早期落叶,由于食料不足营养恶化,常提前出现越冬雌螨潜伏越冬。食料正常的情况下,进入雨季高湿,加之天敌数量的增长,致其虫口显著下降,至 9 月份可再度上升,为害至 10 月份陆续以末代受精雌螨潜伏越冬,不太活泼,喜欢群居叶背吐丝拉网,除进行两性生殖外,也可进行孤雌生殖,孤雌生殖的后代均为雌性。

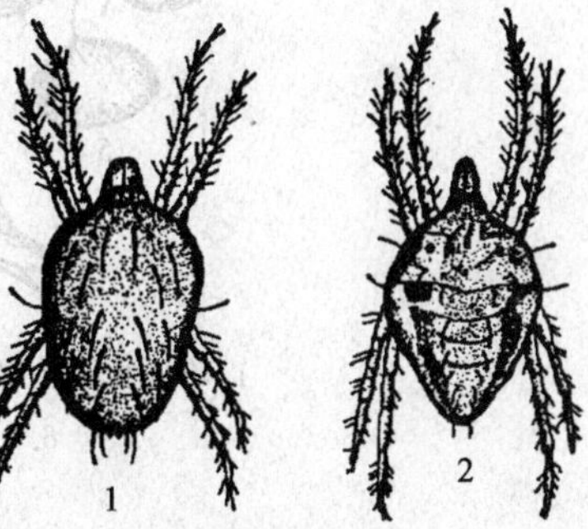

1. 雌成虫　2. 雄成虫

图 4-12　山楂叶螨

(仿北京农业大学《昆虫学通论》)

2. 苹果全爪螨

苹果全爪螨(图 4-13)一年发生 7～9 代,以卵在小枝背阴面(二年生枝)、果台、轮痕、盲节处越冬。国光苹果花序分离期(平均气温 12～13℃)是越冬卵孵化盛期,这时是药防关键时期,元帅品种盛花期为越冬代成虫发生盛期,落花后 1 周左右,第 1 代成虫出现尚未产卵,世代比较整齐,是药防的好时机,以后出现世代重叠,7 月份为害最严重,8 月份产生越冬卵,成虫比较活泼,在叶的正反面都有,喜欢在叶的主脉两侧及叶的基部产卵,发生多时也吐丝结网,生殖方式与山楂红蜘蛛相同。

(三)防治措施

药剂防治时应掌握两个关键时期,一是越冬雌成虫出蛰盛期,二是第一代卵或苹果全爪螨越冬卵孵化盛期。

1. 消灭越冬虫源

在越冬雌虫出蛰前刮果树老翘皮消灭越冬雌成虫。

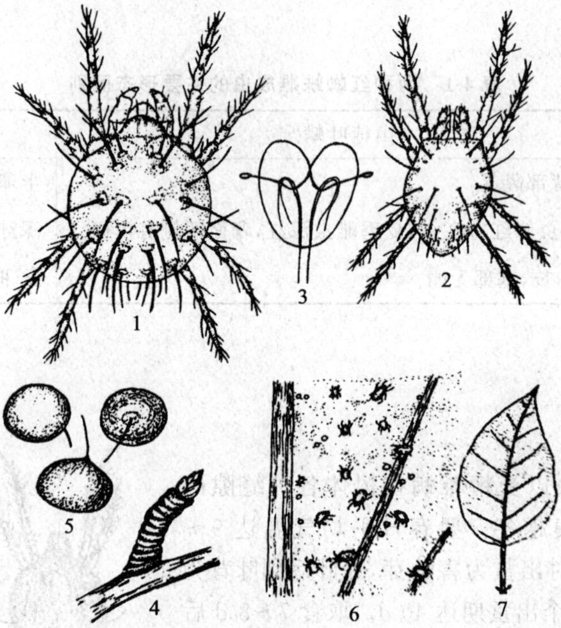

1.雌成虫　2.雄成虫　3.气门　4.产于枝上的越冬卵　5.卵
6.叶上栖息为害的各虫态　7.被害叶

图 4-13　苹果全爪螨

（庞震，等.山西省果树主要害虫及其天敌图说.1983.）

2.人工诱杀

在越冬雌成虫越冬前，树干绑草，诱集其在草上越冬，早春出蛰前解除绑草烧毁。

3.树干涂白

落叶后，在树干及各大枝的主干部位涂白。

4.清理果园

秋季落叶后，清理果园，将果园内树下的枯枝、落叶、杂草等全部清理干净，消灭越冬成虫，减少虫口密度。

5.生物防治

保护和利用小黑瓢虫、塔六点蓟马、小黑花蝽、大草蛉、中华草蛉、小黑隐翅甲、异色瓢虫、捕食螨类等天敌。

6.药剂防治

早春可选用 3～5 波美度石硫合剂喷雾防治越冬雌虫和越冬卵；或在花前花后选用 0.3～0.5 波美度石硫合剂，并注意与其他杀螨剂交替使用和混合使用。也可选用 1%阿维菌素乳油 5 000 倍液，或 0.3%苦参碱水剂 800～1 000 倍液，或 10%浏阳霉素乳油 1 000 倍液，或 40%水胺硫磷 1 500 倍液（花后禁用），或 50%溴螨酯 1 000 倍液等。

二、蚜虫类

果树蚜虫类属半翅目、蚜科。蚜虫又称腻虫，全世界约有 30 000 种，我国有 150 种。蚜虫个体虽小，但繁殖量惊人，世代多，既可以两性生殖又可以孤雌生殖，一头成虫可产几十头甚至几百头幼虫，有群居习性，对新梢幼叶为害较重。为害果树的蚜虫主要有苹果瘤蚜（*Myzus malisuctus* Matsumura）、苹果绵蚜[*Eriosoma lanigerum*（Hausmann）]、梨黄粉蚜[*Aphanostigma jakusuiensis*（Kishida）]、绣线菊蚜[（*Aphis citricola* Van der（Goot）]、桃蚜[*Myzus persicae*（Sulzer）]等。

（一）苹果瘤蚜

苹果瘤蚜属半翅目，蚜科。又称苹果卷叶蚜，俗称腻虫、油汗（图 4-14）。在我国各苹果产区均有分布。国外日本、朝鲜有分布。寄主植物主要有苹果、梨、沙果、海棠等。以成虫和若虫群集在嫩芽、叶片和幼果上吸食汁液。初期被害嫩叶不能正常展开。后期被害叶片皱缩，叶缘向背面纵卷，卷曲部分变色、变厚、变脆。幼果被害后，果面出现许多凹陷的红斑，严重时畸形。枝条受害扭曲生长，节间短，叶小，冬季不落。苹果瘤蚜还能传播苹果花叶病。

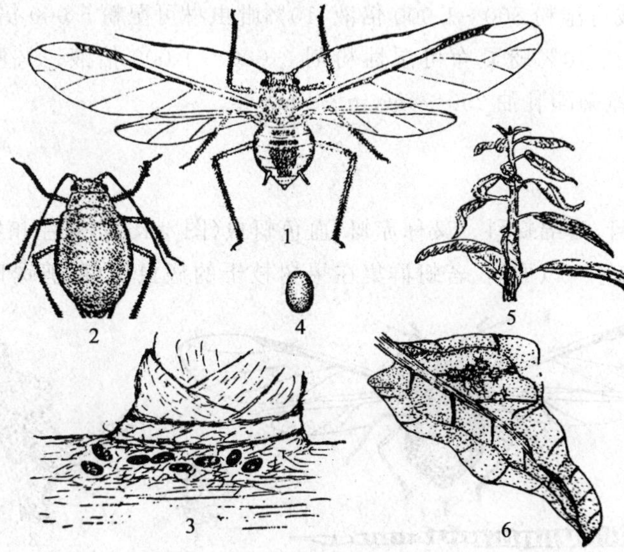

1.有翅胎生雌蚜　2.无翅胎生雌蚜　3.产于芽基部的越冬卵　4.卵　5.茎为害状　6.叶为害状

图 4-14　苹果瘤蚜

（庞震，等.山西省果树主要害虫及其天敌图说.1983.）

1.形态特征

无翅胎生雌蚜　体长 1.4～1.6 mm，纺锤形，暗绿色或褐绿色。头部淡黑色，触角比体短，复眼红色，额瘤明显。胸、腹部背面均有黑色横带。腹管长圆筒形，末端稍细，黑色。

有翅胎生雌蚜　体长约 1.5 mm，卵圆形。头胸部暗褐色，额瘤明显，生有 2～3 根黑毛。触角黑色，有感觉孔，尾片三角形，有 3 对毛。

若虫　体小，淡绿色，似无翅蚜。其中有的个体胸背上具有 1 对暗色的翅芽，日后发育成有翅蚜。

卵　长约 0.5 mm，长椭圆形，黑绿色而且有光泽。

2.发生规律

苹果瘤蚜一年发生 10 多代，以卵在一年生枝梢、腋芽或剪锯口等处越冬。翌年 4 月上旬孵化，4 月中旬达孵化盛期。从春季至秋季均孤雌生殖，6 月中下旬为害最重，10～11 月出现性蚜,交尾后产卵,以卵态越冬。苹果瘤蚜的生活周期为留守式,即在一种植物上完成,无中间寄主。苹果瘤蚜越冬卵孵化期与苹果的物候期有较稳定的相关性,一般在苹果花芽萌动期越冬卵开始孵化,展叶期孵化已达盛末期。

3.防治措施

(1)农业防治　结合冬剪,剪除卵枝,消灭越冬卵。生长季节,及早剪除被害新梢,控制蚜虫扩散危害。

(2)生物防治　保护和利用好蚜虫的天敌,选择对天敌安全的农药及施药时期。苹果蚜虫天敌有多种,常见的有瓢虫类,如七星瓢虫、异色瓢虫、龟纹瓢虫等;草蛉类,如大草蛉、丽草蛉等;食蚜蝇类,如黑带食蚜蝇、六斑食蚜蝇等;捕食蝽类,如小黑花蝽、欧花蝽等;寄生蜂类,如麦芽茧蜂、苹果瘤蚜小蜂等;菌类,如弗雷生虫霉菌、串珠镰孢菌等。

(3)化学防治　重点抓好蚜虫越冬卵孵化期的防治,喷雾要细致周到。在苹果萌芽至展叶期,可选用50%抗蚜威可湿粉800～1 000倍液、10%吡虫啉可湿粉5 000倍液、48%毒死蜱乳油1 000～1 500倍液或10%蚜虱净可湿性粉剂3 000～4 000倍液、3%啶虫脒乳油600～750 mL/hm^2、10%氯氰菊酯乳油250～450 mL/hm^{2}等。

(二)苹果绵蚜

苹果绵蚜属半翅目,瘿绵蚜科。又称赤蚜、血色蚜虫(图4-15)。寄主植物有苹果、海棠、山荆子、花红、沙果、山楂等。以成蚜、若蚜群集在果树枝干的病虫伤口、剪锯口、老皮裂缝、新梢

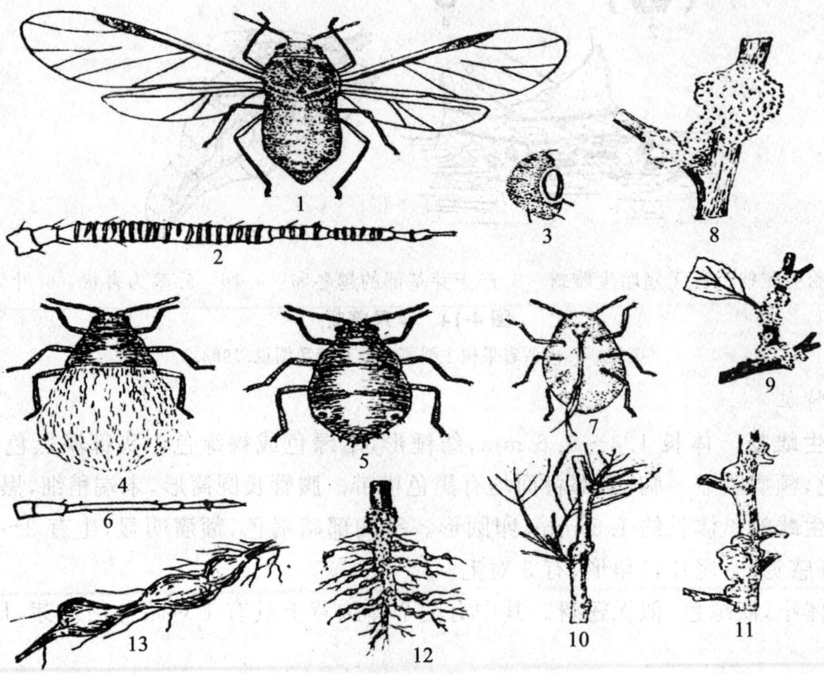

1-3.有翅胎生雌蚜及触角、腹管　4-6.无翅胎生雌蚜自然形及其蜡形触角　7.无翅若蚜
8、9.群集枝干为害状　10、11.枝条被害形成的虫瘿初期和后期　12、13.根被害状(虫瘿)

图4-15　苹果绵蚜

(庞震,等.山西省果树主要害虫及其天敌图说.1983.)

叶腋、短果枝、果实的梗洼、萼洼和果柄，以及地下的根部等处刺吸危害，受害处逐渐形成瘤状突起，被覆许多白色蜡质绵状物。可削弱树势，降低产量。

1. 形态特征

有翅胎生雌蚜：体长 1.7～2.0 mm。头、胸部黑色，腹部橄榄绿色。全身被白粉，腹部白絮状物较少。触角 6 节，第 3～6 节上有感觉环。翅透明，前翅中脉有一分枝。腹管退化为环状黑色小孔。

无翅胎生雌蚜：体长 1.8～2.2 mm，卵圆形，赤褐色，身体密被白色蜡质绵状物。头部无额瘤，触角 6 节，复眼红黑色，有眼瘤。腹管退化，呈半圆形裂口。

有性雌蚜：体长约 1 mm。身体淡黄褐色。触角 5 节。口器退化。腹部赤褐色，稍被绵毛。

卵：椭圆形，长约 0.5 mm。初产时为橙黄色，后变为褐色，表面光滑，外覆白粉。

若虫：若虫共 4 龄。身体略呈圆筒状，体色赤褐，喙细长，向后延伸。触角 5 节，身体被有白色绵状物。

2. 发生规律

苹果绵蚜一年发生 12～18 代，以若蚜在树干伤疤、裂缝和近地表根部越冬。5 月上旬越冬若蚜发育为成蚜，开始胎生第一代若蚜，多在原处为害。5 月下旬至 6 月是全年繁殖盛期，1 龄若蚜四处扩散。7～8 月份受高温和寄生蜂影响，蚜虫数量大减。9 月中旬以后，虫口数量又有增长，到 11 月中旬若蚜进入越冬状态。

3. 防治措施

(1)加强检疫　禁止从发生苹果绵蚜疫区调进苗木、接穗。

(2)根部施药　4～5 月份，扒土露根，撒入乐果、辛硫磷等药物颗粒剂或毒土，撒药后原土覆盖。

(3)枝干喷药　生长期可喷施药剂或进行枝干轻刮皮、涂抹药剂。可参考苹果瘤蚜防治方法。

三、朝鲜球坚蚧

朝鲜球坚蚧(*Didesmococcus koreanus* Borchsenius)属半翅目蚧科(图 4-16)。为害桃、李、海棠、苹果、杏等果树。以成虫和若虫寄生于树干和枝条上，吸食汁液，严重时可使枝条或全株枯死。

(一)形态特征

雄虫　蚧壳椭圆形，半透明，背面有龟甲状隆起线。成虫体长约 1.5 mm，翅展约 2.5 mm，暗红色。具翅 1 对，翅白色，末端有 1 对尾丝，1 根性刺。

雌虫　蚧壳近半球形，高约 3.5 mm，横径约 4.5 mm，暗红褐色，雌虫壳尾端略突出并有一纵裂缝，表面覆有薄层蜡质，略有光泽。雌成虫初呈黄褐色，后呈深褐色，半球形，直径约 4.5 mm，背覆薄蜡粉。

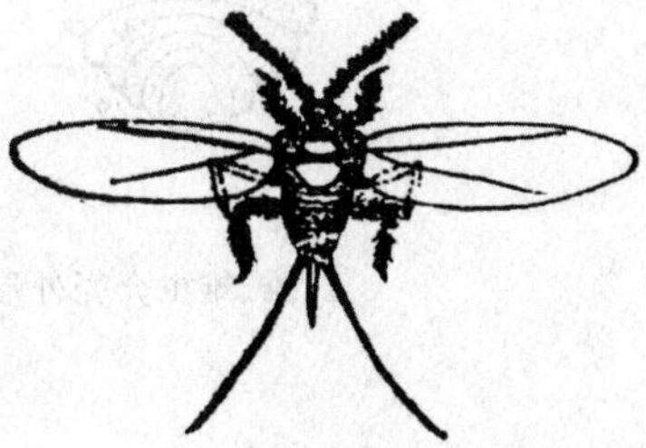

图 4-16　朝鲜球蚧(雄成虫)

卵　椭圆形，橙黄色，长约 0.3 mm。

若虫 长椭圆形，褐色，眼赤色，全体覆有白色蜡粉，腹末有两条尾丝。

(二)发生规律

该虫1年发生1代，以若虫在寄主枝干蚧壳内越冬。3月中旬至4月初开始活动危害，成群固着于枝干上吸汁。4月中、下旬，成虫羽化交尾，受精雌虫体渐渐膨大成球形。5月中、下旬产卵，6月份卵孵化，初孵若虫从母虫体下爬出，1～2 d后固着于树枝上吸汁为害。

(三)防治措施

1.人工防治

春季雌虫产卵前，人工剪除虫枝或刮除虫体，集中烧毁。

2.生物防治

注意保护黑缘红瓢虫等捕食性天敌和寄生蜂。

3.药剂防治

在初夏卵孵化盛期，可选用0.2～0.3波美度石硫合剂，或80%敌敌畏乳油1 000倍液喷杀初孵若虫。

四、桑白蚧

桑白蚧[*Pseudaulacaspis pentagona* (Targioni Tozzetti)]属半翅目，盾蚧科。又称桑介壳虫、桃介壳虫、桑盾蚧、树虱(图4-17)。为害桃、李、杏、樱桃、苹果、梨、葡萄、核桃、梅、柿、枇杷、醋栗、柑橘、桑等。以雌成虫和若虫群集固着在枝干上吸食养分，严重时灰白色的介壳密集重叠，形成枝条表面凹凸不平，树势衰弱，枯枝增多，甚至全株死亡。

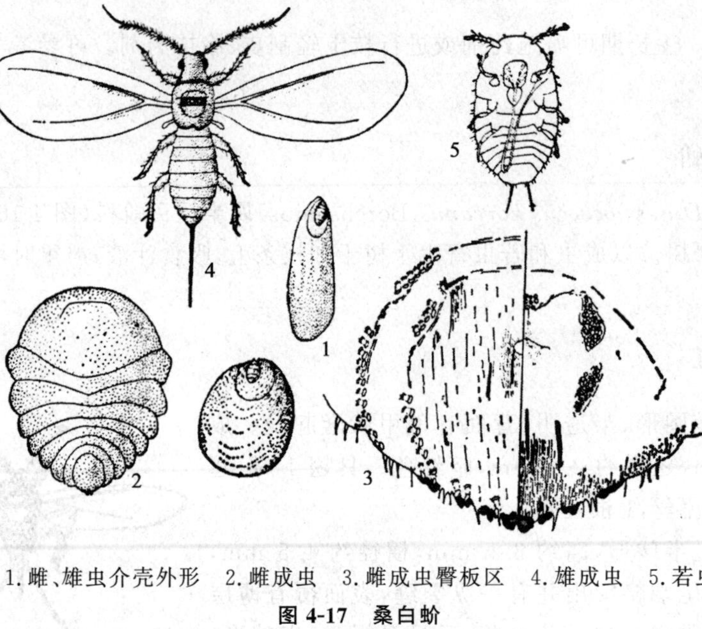

1.雌、雄虫介壳外形 2.雌成虫 3.雌成虫臀板区 4.雄成虫 5.若虫

图4-17 桑白蚧

(仿均祥.农业昆虫学.2013.)

(一)形态特征

雌成虫　橙黄或橙红色,体扁平卵圆形,长约 1 mm,腹部分节明显。雌成虫圆形,直径 2～2.5 mm,略隆起,有螺旋纹,灰白至灰褐色,壳点黄褐色,在介壳中央偏向一侧。

雄成虫　橙黄至橙红色,体长 0.6～0.7 mm,有翅 1 对。雄成虫细长,白色,长 1 mm 左右,背面有 3 条纵脊,壳点橙黄色,位于介壳的前端。

卵　椭圆形,长仅 0.25～0.3 mm。初产时淡粉红色,渐变淡黄褐色,孵化前橙红色。

若虫　初孵若虫淡黄褐色,扁椭圆形、体长 0.3 mm 左右,可见触角、复眼和足,能爬行,腹末端具尾毛两根,体表有绵状物遮盖。脱皮之后眼、触角、足、尾毛均退化或消失,开始分泌蜡质介壳。

(二)发生规律

桑白蚧在不同地区发生世代不同,北方一年发生 2～3 代,以雌成虫在枝条上越冬,次年 3 月开始产卵,卵产于介壳下,每个雌虫产卵 40～400 粒,4 月中下旬第 1 代若虫出现,6～7 月份第 2 代若虫出现,9～10 月份第 3 代若虫出现。出现后在附近的枝干上面群集固定吸汁危害,并分泌白色蜡粉,有世代重叠现象,一般以二、三年生枝条受害严重。

(三)防治措施

1.人工防治

冬季或春季萌芽前,可用硬毛刷或破布刷掉密集在枝干和枝条上的虫体,消灭越冬虫源,以减轻第一代虫口基数,并且结合修剪,剪除被害严重的枝条,带出田外集中烧毁。

2.化学防治

在初孵若虫分散爬行期进行药剂防治。可选用 50%混灭威乳剂、50%杀螟松可湿性粉剂 1 000 倍液、40%速扑杀乳剂 700 倍液。还可选用松碱合剂 20 倍液、融杀蚧螨 80 倍液。

3.保护利用天敌

田间寄生蜂的自然寄生率比较高,有时可达 70%～80%。此外,瓢虫、方头甲、草蛉等的捕食量也很大,均应注意保护。

五、梨网蝽

梨网蝽(*Stephanitis nashi* Esaki et Takeya),属半翅目,网蝽科。又称梨冠网蝽、梨花网蝽、小臭大姐等(图 4-18)。该虫分布广泛,主要为害梨、苹果、海棠、桃、山楂、月季等。以成虫和若虫群集叶背刺吸危害,使叶片正面形成苍白色小点,严重时全叶苍白引起早落。由于成虫产卵形成的小黑点和排出的褐色斑点状粪便,使叶背呈现铁锈色,易于识别。

(一)形态特征

成虫　体长 3.5 mm,宽 1.7 mm,扁平、黑褐色。触角浅黄色,共 4 节,第 3 节长。前胸背板两侧向外突出如翼片状。前翅呈长方形,静止时两翅叠起出现"X"形黑褐色斑纹。体背面有网状花纹。

卵　0.4～0.6 mm,长椭圆形,一端稍弯。初淡绿,后淡黄。

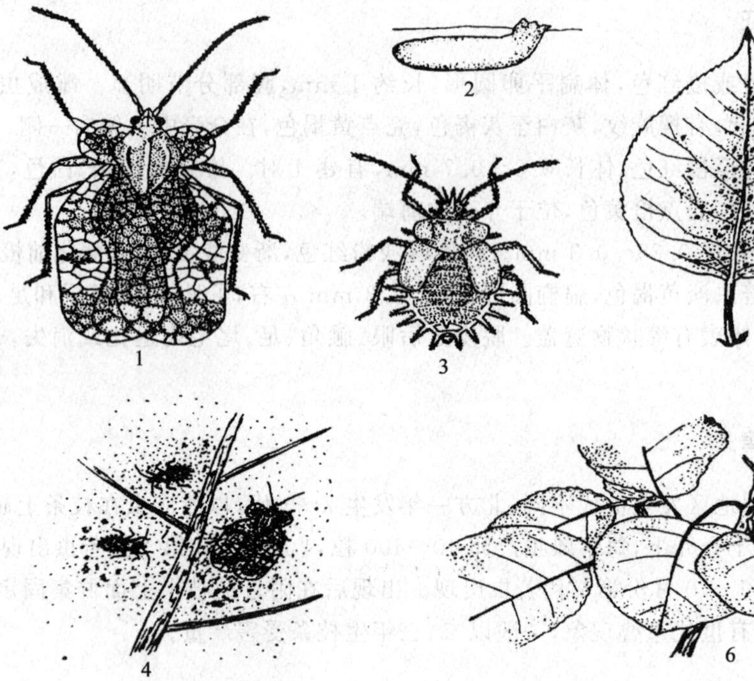

1.成虫 2.卵 3.若虫 4.成虫与若虫于叶背为害状及其排泄物
5.被害叶背面 6.被害叶叶面失绿状

图 4-18 梨网蝽

(庞震,等.山西省果树主要害虫及其天敌图说.1983)

若虫 初孵若虫体白色透明,2 龄时腹部黑色,3 龄出现翅芽,身体周缘有短刺。若虫 5 龄。

(二)发生规律

在河北一年发生 3～4 代,河南、陕西一年发生 4 代,华中、华南地区一年发生 5～6 代。各地均以成虫在树干老翘皮、裂缝、落叶、杂草、土缝、石缝中越冬。北方翌年 4 月上、中旬越冬成虫开始出蛰,4 月下旬至 5 月上旬为出蛰盛期,6 月上旬出蛰结束。4 月下旬开始产卵,成虫产卵于叶背主脉两侧的叶肉组织内,卵单产,上有褐色胶状物覆盖。常几粒到几十粒相邻产于一处。1 头雌虫可产卵 15～60 粒。卵期 15 d 左右。若虫孵化盛期在 5 月下旬,初孵若虫群集危害,若虫期 12～15 d。一个世代 30 d 左右。全年以 7、8 月份为害最重。河南各代若虫发生期大体为 5 月下旬、7 月中旬、8 月上旬、9 月中旬。9 月下旬以后成虫陆续越冬。各地以第一代若虫发生比较集中,是药剂防治的关键时期。后因世代重叠严重,会给防治带来一定困难。

(三)防治措施

1.人工防治

早春结合其他病虫防治刮除老翘皮,清洁果园,消灭越冬成虫。

2.药品防治

在成虫出蛰盛期及第 1 代若虫发生盛期(5 月下旬后,当发现一代若虫有白色成虫出现时)，各喷施一次药剂，防效良好。常用药剂有 40.7％毒死蜱乳油 2 000～3 000 倍液、0.5％阿维菌素 1 500 倍液、10％氯氰菊酯 4 000 倍液、90％敌百虫 1 000 倍液、80％敌敌畏乳油 1 000～1 500 倍液。

六、葡萄短须螨

葡萄短须螨(*Brevipoalpus lewisi* McGregor)属真螨目、细须螨科，又称葡萄红蜘蛛(图 4-19)。分布于全国各葡萄产区。每年随着葡萄新梢的抽出，由基部开始先后为害嫩梢、叶片、果穗等。叶片受害后，由绿色变成淡黄色，然后变红，最后焦枯脱落。为害叶柄、穗轴、新梢后，表面变为黑褐色，质地变脆，极易折断。果实受害，果面呈铁锈色，表皮粗糙龟裂，影响果实着色和品质。

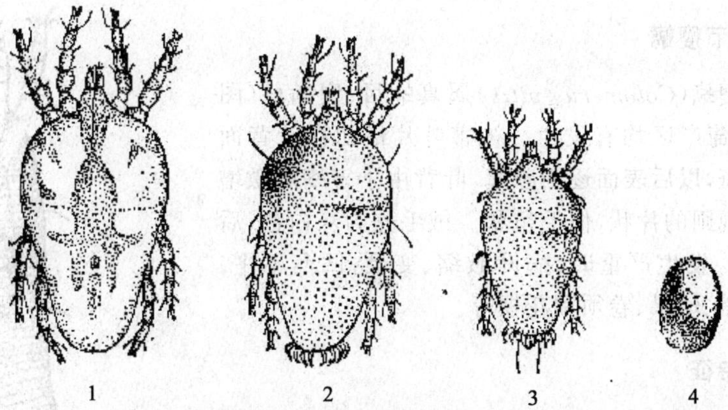

1. 成螨　2. 若螨　3. 幼螨　4. 卵

图 4-19　葡萄短须螨

(费显伟. 园艺植物病虫害防治. 2005.)

(一)形态特征

雌成螨　体长约 0.32 mm，扁椭圆形，赭褐色，背面体壁有网状花纹，足短粗多皱。

幼螨　体鲜红色，有足 3 对。体两侧前、后足各有 2 根叶片状刚毛。

若螨　体较扁平，有足 4 对。体淡红色或暗灰色，体末端边缘上生有 4 对叶片状刚毛。

卵　椭圆形，鲜红色，有光泽。

(二)发生规律

葡萄短须螨年发生代数各地不一，一般为 5～10 代，福建为 10 代左右。主要以成螨在树根颈部、枝蔓翘皮下或裂缝中越冬。在我国南方冬季温暖，无明显休眠现象。每年 4 月上、中旬葡萄萌芽时，越冬代雌螨出蛰危害嫩芽，随着新梢长大，不断向上蔓延。全年以幼螨，若螨和成螨为害嫩芽基部、叶片、果实。7～9 月是危害盛期。10 月底转移到叶柄基部和叶腋间，11 月中旬全部隐蔽越冬。不同品种，发生密度大小也不一样，一般喜欢在叶片绒毛密而短的品种上为害，如玫瑰香、黄金钟、佳利酿。绒毛少而光滑的品种上发生数量少。

一般高温、干旱有利其生长发育。地势高燥，土壤含水量少，管理粗放的受害较重。

葡萄短须螨的天敌有瓢虫、捕食螨和蜘蛛等，对控制其数量消长有一定作用。

(三)防治措施

1. 农业防治

冬季清园，剥除枝蔓上的老粗皮烧毁，以消灭在粗皮内越冬的雌成螨。

2. 化学防治

春季葡萄发芽时，喷波美3度石硫合剂。从外地引进苗木，在定植前用波美3度石硫合剂浸泡3～5 min，晾干后定植。葡萄生长季节喷施15%速螨酮乳油2 000倍液，或70%克螨特乳油3 000倍液，或30%除螨特乳油1 000倍液。秋末至越冬前，用0.3～0.5波美度石硫合剂进行防治。

七、葡萄缺节瘿螨

葡萄缺节瘿螨(*Colomerus vitis*)属真螨目、瘿螨科(图4-20)。全国葡萄产区均有发生。被害叶片最初在叶背面发生苍白色病斑，以后表面逐渐隆起，叶背由于害螨刺激增生短绒毛成不规则的片状，似毛毡状。绒毛先为灰白色，后渐变成黑褐色。发生严重时，病叶皱缩、变硬，凹凸不平。该螨还为害嫩梢、幼果、卷须和花梗等。

图4-20 葡萄缺节瘿螨

(费显伟.园艺植物病虫害防治.2005.)

(一)形态特征

成螨 体似胡萝卜形，乳白色，半透明，体长0.1～0.3 mm，有许多环纹。近头部有2对足，腹部细长，尾部两侧各生1根细长刚毛。雄虫略小。

卵 椭圆形，淡黄色，极小。

(二)发生规律

葡萄缺节瘿螨1年发生3代，以成螨在一年生枝芽鳞间绒毛内及枝条基部翘皮下越冬。翌春花芽膨大时开始活动，展叶后爬至叶背茸毛底下取食，也可为害花序及卷须。被害处产生绒毛，在叶面出现瘤状突起。一般在葡萄开花前后和幼果期为害较重，在高温多雨季节发生较轻。

(三)防治措施

1. 加强检疫

对接穗及插条要进行检疫处理。

2. 早春防治

葡萄发芽前，刮除老皮，清洁果园，喷洒3波美度石硫合剂，尤其要注意喷布芽间。

3. 化学防治

葡萄展叶期或落花后，可喷2.5%高效氯氟氰菊酯乳油或15%扫螨净乳油3 000倍液。

项目四　蛀干类害虫防治技术

一、光肩星天牛

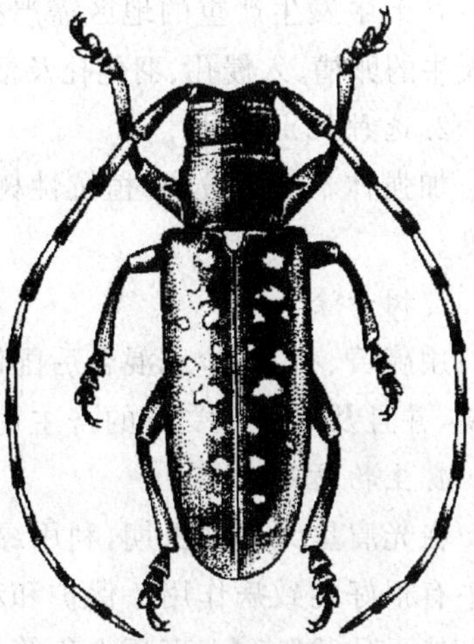
图 4-21　光肩星天牛
（仿萧刚柔）

光肩星天牛[*Anoplophora glabripennis*（Motsch.）]属鞘翅目，天牛科。又称柳星天牛，俗称老牛、花牛，幼虫又称凿木虫(图 4-21)。主要为害杨树、苹果、梨、李、樱桃、柳、元宝枫、樱花、榆、苦楝、桑等树种。光肩星天牛是我国重要的林木蛀干害虫，也是重要的森林检疫害虫。光肩星天牛在我国的发生区域逐渐扩大，已经到达黑龙江省境内，几乎遍布中国东北、华北、华东、中南等地；在世界范围，已经入侵澳大利亚、英国、美国等国家。成虫啃食嫩枝的皮和叶脉，幼虫蛀食树干韧皮部和边材，在生长期，寄主树木和主枝上有排粪孔，孔口有树液和锯末状虫粪排出，虫粪堆积于地面，杨、榆等树干的主干枝杈处有大型虫苞。被害树木质部被蛀成不规则坑道，常遭风折或枯死。

（一）形态特征

成虫　体长 20～36 mm，体色黑色，中带紫铜色。鞘翅基部无颗粒，光滑，翅面刻点较密，有细小皱纹，每翅具大小不同的白绒毛斑约 20 个，排列很不规则。

卵　乳白色，长 5.5～7 mm，椭圆形，两端稍弯，近孵化时变为黄色。

幼虫　初孵幼虫乳白色，老熟略带黄色，体长约 55mm。前胸大而长，背板后半部“凸”字形区色较深，其前沿无深褐色细边。

蛹　乳白色至黄白色，体长 30～37 mm，触角前端卷曲成环形。前胸背板两侧各有侧刺突一个。

（二）发生规律

光肩星天牛在我国 1 年或 2 年发生 1 代，多以幼虫在树干内蛀孔道，形成蛹室进行越冬，也可以卵壳内发育完全的幼虫或卵越冬。幼虫在 4 月下旬化蛹，5 月下旬羽化为成虫，成虫飞行能力较弱，只能飞到较近的寄主植物上进行取食和繁殖。成虫一般取食树的叶片、叶柄和嫩枝补充营养，雌虫比雄虫的食量大，因成虫暴露在寄主植物体外，容易被发现，所以较易进行防治。雌虫在交尾后的 3～4 d 产卵，主要将卵产在树干的枝杈和嫩枝上，也可在较粗的树干上产卵。产卵前雌虫不断地啃食树干进行刻槽，再将卵产在槽中。卵期一般为 13～14 d。幼虫共 5 龄，幼虫孵化后取食寄主植物韧皮部，3 龄后开始侵入木质部蛀食成洞进行危害。因此，光肩星天牛的幼虫和蛹在树体的内部隐蔽，很难发现和防治。

(三)防治措施

1. 植物检疫

在天牛发生严重的地区需严格实行检疫制度。重点检查对外运输的原木、苗木、种条等有无天牛的卵槽、入侵孔、羽化孔及活虫体等,发现后停止运输。对新种植的林木也需要进行检疫。

2. 选种抗虫品种

加强林木的培育,种植抗性树种,抗虫树种的培育可以有效降低害虫种群数量,降低危害程度。

3. 树干涂白

用硫黄、石灰、盐水混合后配制的液体进行树干涂白,从而恶化光肩星天牛的生存和繁殖环境,并且及时清理受害的寄主树木。

4. 生物防治

在光肩星天牛幼虫期,利用绿僵菌、白僵菌、粘质沙雷氏菌、异小杆线虫感染防治对光肩星天牛有很好的致病作用。保护和利用天敌,如释放寄生性天敌花绒寄甲、肿腿蜂等;引进和保护自然天敌戴胜和大斑啄木鸟等。

5. 药剂防治

卵期和1龄幼虫是防治的最佳时期。打孔注药、自流式树干注药以及喷雾等方法对光肩星天牛有一定的防治效果。喷雾可选用25g/L高效氯氟氰菊酯乳油40倍液或40%氧化乐果乳油40倍液,注干法可选用内吸性杀虫剂,如吡虫啉等。

二、桃红颈天牛

桃红颈天牛(*Aromia bungii* Faldermann)属鞘翅目,天牛科。别称红脖子老牛、铁炮虫、哈虫(图4-22)。为害桃、杏、李、梅、樱桃等。以幼虫蛀食树干,深达木质部造成中空,蛀食隧道弯曲,孔外有红褐色虫粪和木屑。

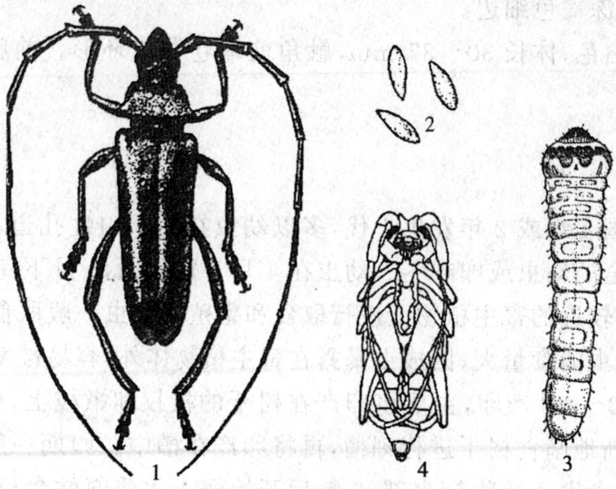

1. 成虫　2. 卵　3. 幼虫　4. 蛹

图4-22　桃红颈天牛

(仿浙江农业大学《农业昆虫学》)

(一)形态特征

成虫　体长 28～37 mm，宽 8～10 mm，体黑色，前胸背板红色，背面有 4 个光滑疣突。头顶部两眼间有深凹陷，前胸两侧各有一尖锐的刺突。鞘翅表面光滑，基部较前胸宽，后部较窄，雄成虫比雌成虫小，雄成虫前胸腹面密布刻点，触角比虫体长 4～5 节，雌虫前胸腹面不具刻点，但密布横皱，触角超过体长 2 节。

卵　长圆形，乳白色，长约 6～7 mm。

幼虫　老熟幼虫体长约 50 mm，初龄幼虫乳白色近老熟时稍带黄色，头小黑褐色，前胸背板扁平方形，前缘有两块中央凹入的黄褐色斑纹。

蛹　初为淡黄白色，后渐黄褐色，体长 36 mm，前胸两侧和前缘中央各有突起一个。

(二)发生规律

桃红颈天牛 2～3 年完成一代，以幼虫在蛀道内越冬，4～6 月老熟幼虫粘结粪便、木屑在木质部做茧、化蛹，6～7 月间出现成虫，晴天中午成虫多休息在枝上，雌虫受惊后多飞跑，雄虫则爬起躲避或掉落地上，交尾后雌虫多在主干和主枝基部缝隙处产卵，产卵前先咬一“丁”字形伤口，然后将卵产在其中，10 d 左右可孵化，孵化后的幼虫先蛀食枝干皮下，然后在枝干上蛀隧道进行危害，蛀孔外有红褐色锯末状虫粪。

(三)防治措施

1. 树干涂白

成虫发生前在树干和树枝上涂白涂剂(生石灰 10 份、硫黄粉 11 份、水 40 份)，防治成虫产卵。

2. 捕杀成虫

在 6～7 月份成虫发生期，利用中午静息于枝条的习性进行人工捕杀。用糖醋液(糖：酒：醋＝1：0.5：1.4)诱杀成虫，每隔 30 m 挂一个罐。

3. 刮出虫卵，挖掉幼虫

产卵期用小刀等刮去虫卵，幼虫刚蛀入树皮下，若有虫粪及时挖掉幼虫，用铁丝伸入虫孔钩杀幼虫。

4. 药剂防治

成虫发生盛期和幼虫刚刚孵化期，在树体上喷洒 10％吡虫啉 2 000 倍液。幼虫为害期，向蛀孔灌注 50％敌敌畏 800 倍液或 10％吡虫啉 2 000 倍液，然后用泥封蛀孔口。也可往蛀孔内塞入 50％敌敌畏棉花球或磷化铝片，封严蛀孔以毒杀幼虫。

三、葡萄透翅蛾

葡萄透翅蛾(*Paranthrene regalis* Butler)属鳞翅目、透翅蛾科(图 4-23)。我国南北各地均有发生，是葡萄枝蔓的重要害虫。幼虫蛀食枝蔓，被害茎上有蛀孔，并堆有虫粪。被害部位肿大，致使叶片发黄，果实脱落，枝蔓易被折断枯死。

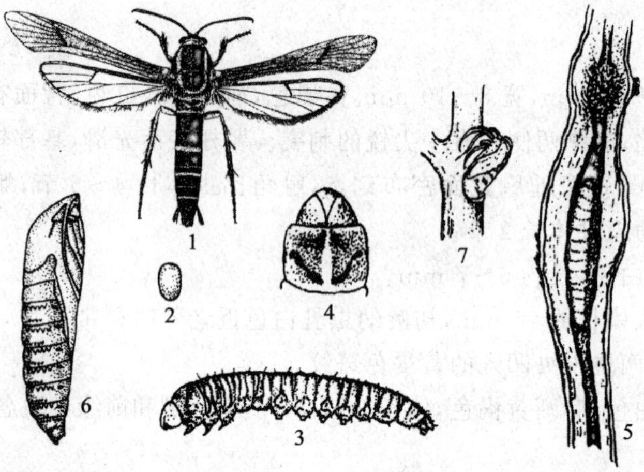

1.成虫 2.卵 3、4.幼虫及其头部、前胸背板 5.为害状 6.蛹 7.成虫羽化后的蛹壳

图 4-23 葡萄透翅蛾

(仵均祥.农业昆虫学.2005.)

(一)形态特征

成虫 体长约 20 mm,体蓝黑色,头部、颈部及后胸两侧均为黄色,头部颜面白色。前翅红褐色,前缘、外缘和翅脉黑色,后翅透明。腹部有 3 条黄色横带,以第 4 节的一条最宽。

卵 椭圆形,略扁平,红褐色。

幼虫 老熟幼虫体长 38 mm,圆筒形,头部红褐色,口器黑色,体淡黄白色,幼虫化蛹时体带紫红色,前胸背板有倒"八"字形纹。

蛹 似纺锤形,红褐色,腹部各节有刺列。

(二)发生规律

葡萄透翅蛾每年发生 1 代,以幼虫在被害枝蔓里越冬。春季萌芽后幼虫在枝蔓内做茧、化蛹。成虫白天羽化,有趋光性,夜间活动和交尾,卵产于当年生枝蔓的腋芽或幼茎上。幼虫孵化后,多从叶柄基部蛀入幼茎中为害,幼茎蛀空后,转入粗茎为害,被害处常膨大如瘤,蛀孔外堆有大量虫粪。

(三)防治措施

1.农业防治

结合冬季修剪,剪除被害的葡萄枯枝,及时烧毁,消灭越冬幼虫。在葡萄生长季节,如发现有枯死或带有虫粪的枝蔓,立即剪掉。

2.化学防治

掌握成虫发生期和幼虫孵化期,及时喷 90%敌百虫晶体 800 倍液杀死成虫和初孵幼虫。在粗枝上,可从蛀孔注入 80%敌敌畏乳油 500 倍液,然后用黄泥封孔,以熏杀蛀孔内幼虫。

技能四　常见果树害虫识别与防治

一、目的

了解苹果、梨、李子、葡萄等果树上常发生的害虫种类、发生规律及防治现状，掌握害虫的识别及防治技术。明确杀虫剂科学合理使用要求，掌握科学防治的用药技术。

二、材料及用具

苹果园、梨园、李子园、葡萄园、剪枝剪、锯、油漆、石灰、食盐、动物油脂、刷子、称、刮刀（挠）、利刀、塑料布、胶带或胶、记录本、笔、天平、镊子、体视显微镜、载玻片、培养皿、挑针、量筒、搅拌棒、桶、杀虫剂、喷雾器、防护服、口罩等。

三、方法与步骤

1.仔细观察桃小食心虫、梨小食心虫、桃蛀螟、苹小食心虫、棉褐带卷蛾、梨星毛虫、金纹细蛾、葡萄天蛾、黄刺蛾、山楂叶螨、苹果全爪螨、苹果瘤蚜、苹果绵蚜、桃红颈天牛等害虫的标本、图片及视频资料，能正确描述这些害虫的识别要点。

2.在教师指导下，完成桃小食心虫、梨小食心虫、棉褐带卷蛾、梨星毛虫、金纹细蛾、葡萄天蛾、黄刺蛾、山楂叶螨、苹果全爪螨、苹果瘤蚜、桃红颈天牛等害虫的显微观察。

3.结合生产实习课，选择当地种植的苹果园、梨园、李子园、葡萄园，调查为害严重的害虫的发生、为害和防治情况，撰写调查报告，有针对性制定出综合防治方案并予以实施。

4.结合生产实习课，采集害虫各个虫态的标本。应尽量设法保持害虫标本的完整，害虫的翅、足、触角及蛾的鳞片等极易破损，故应避免直接用手捕捉采集和整理。采到标本后，要及时做好采集记录，记录内容包括编号、采集日期、采集地点、采集人等，也要记录当时的环境、寄主以及害虫生活习性等，还要注意当地的气象记录，如气温、降水量、风力等。

四、要求

1.能准确识别苹果、梨、李子、葡萄等果树上常见的害虫。

2.结合生产实习课，调查当地桃小食心虫、梨小食心虫、棉褐带卷蛾、梨星毛虫、金纹细蛾、葡萄天蛾、黄刺蛾、山楂叶螨、苹果全爪螨、苹果瘤蚜、桃红颈天牛等害虫的发生、为害及防治情况，撰写调查报告，并分析几种害虫发生与环境的关系。

3.根据所选果园中几种害虫的发生情况，有针对性制定出综合防治方案，结合生产实习课予以实施。

4.在防治方案拟定及实施过程中，要注意科学合理、安全使用杀虫剂，施药人员注意做好安全防护，防止急、慢性中毒，确保人身安全。

5.由于苹果、梨、李子、葡萄等水果可直接食用，在使用杀虫剂时要严格按照使用要求，注意杀虫剂的安全间隔期，防止水果中农药残留超标，危害人们身体健康。

6.要严格遵守高毒和高残留农药禁止和限制在果树上使用。

模块巩固四

1. 桃小食心虫、苹果小食心虫、白小食心虫的成虫前翅形态特征有何区别？为害状有何不同？

2. 比较苹果小卷叶蛾、苹果舟形毛虫、旋纹潜叶蛾、金纹细蛾的幼虫形态特征。

3. 简述苹果蚜虫的发生规律。

4. 简述苹果红蜘蛛的防治方法。

5. 简述苹毛丽金龟成虫、幼虫的主要形态特征。

二维码 4-1

模块巩固四参考答案

参 考 文 献

[1] 彩万志. 普通昆虫学[M]. 北京:中国农业大学出版社,2011.

[2] 陈啸寅. 植物保护[M]. 北京:中国农业出版社,2008.

[3] 费显伟. 园艺植物病虫害防治[M]. 北京:高等教育出版社,2005.

[4] 洪晓月. 农业昆虫学[M]. 北京:中国农业出版社,2007.

[5] 胡志凤. 植物保护[M]. 北京:中国农业大学出版社,2018.

[6] 黄其林,田立新,杨莲芳,等. 农业昆虫鉴定[M]. 上海:上海科学技术出版社,1984.

[7] 李清西. 植物保护[M]. 北京:中国农业出版社,2002.

[8] 李照会. 农业昆虫鉴定[M]. 北京:中国农业出版社,2002.

[9] 马成云,张淑梅,窦瑞木,等. 植物保护[M]. 北京:中国农业大学出版社,2011.

[10] 郜春莲. 作物病虫害防治[M]. 北京:中国农业大学出版社,2014.

[11] 仵均祥. 农业昆虫学[M]. 北京:中国农业出版社,2009.

[12] 袁峰. 农业昆虫学[M]. 北京:中国农业出版社,2001.

[13] 袁水霞. 农业昆虫学[M]. 北京:中国农业出版社,2019.

[14] 张学哲. 作物病虫害防治[M]. 北京:高等教育出版社,2005.

[15] 洪晓月,丁锦华. 农业昆虫学[M]. 北京:中国农业出版社,2016.

[16] 河南农学院. 河南农业昆虫图册. 1975.

[17] 庞震,等. 山西省果树主要害虫及其天敌图说. 1983.